职业教育"十二五"规划教材

焊接技术

乌日根　主　编

宋博宇　副主编

U0367769

化学工业出版社

·北京·

本书以焊接基础知识和实际应用为主线，兼顾当前国家焊工考试大纲，满足高职院校的"双证制"教学需要。书中内容共7章，包括熔焊基础，焊接应力与变形，焊接接头，焊接材料，常用熔化焊方法，常用金属材料焊接，焊接质量检测等。在典型焊接方法部分，如焊条电弧焊、二氧化碳气体保护焊及钨极氩弧焊突出"操作技术"，以期培养学生的典型焊接方法的操作能力。为方便教学，本书附有习题参考答案，配套电子课件。

本书可作为高职高专院校非焊接专业学生及工程人员使用，也可供生产一线从事焊接技术技能人员使用。

图书在版编目（CIP）数据

焊接技术/乌日根主编. —北京：化学工业出版社，
2014.5（2022.1重印）
职业教育"十二五"规划教材
ISBN 978-7-122-20009-9

Ⅰ.①焊⋯　Ⅱ.①乌⋯　Ⅲ.①焊接-职业教育-教材
Ⅳ.①TG4

中国版本图书馆CIP数据核字（2014）第044909号

责任编辑：韩庆利　　　　　　　　　　　文字编辑：张绪瑞
责任校对：陶燕华　　　　　　　　　　　装帧设计：孙远博

出版发行：化学工业出版社（北京市东城区青年湖南街13号　邮政编码100011）
印　　装：北京虎彩文化传播有限公司
787mm×1092mm　1/16　印张14　字数348千字　2022年1月北京第1版第5次印刷

购书咨询：010-64518888　　　　　　　　售后服务：010-64518899
网　　址：http://www.cip.com.cn
凡购买本书，如有缺损质量问题，本社销售中心负责调换。

定　　价：39.00元

前　言

本教材是根据教育部高职高专教育的指导思想和高等职业教育教学改革与培养目标编写的，适合高职院校非焊接专业学生及工程人员使用，也可供生产一线从事焊接技术技能人员使用。

本教材共七章内容，第1章围绕熔化焊应知应会知识点，讲述焊接热过程、焊缝金属的构成、焊接接头的组织和性能、焊接缺陷；第2章讲述焊接应力与变形；第3、4章讲述焊接接头、焊缝形式及符号、焊接材料；第5章讲述常用熔化焊方法，并介绍几种典型焊接方法的操作技术；第6章讲述碳钢、合金结构钢、不锈钢、铸铁及铝合金等常用金属的焊接性及焊接工艺；第7章主要讲述焊缝无损检测技术，包括射线检测、超声波检测、磁粉检测及渗透检测。

本教材的编写具有以下特点：

（1）教学内容以焊接基础知识和实际应用为主线，涵盖现代焊接技术的焊接冶金、材料焊接、焊接工艺、焊接质量检测、焊接结构所需知识能力点。

（2）"综合练习"的编写兼顾当前国家焊工考试大纲和试卷格式要求，满足高职院校的"双证制"教学需要，强化学生对焊接技术的综合练习。

（3）按照"够用为度"原则，降低主要内容和习题的难度，删除推导等理论性较强的内容，突出应知应会的基础性知识。

（4）典型焊接方法，如焊条电弧焊、二氧化碳气体保护焊及钨极氩弧焊增加"操作技术"部分，以期培养学生的典型焊接方法的操作能力。

本教材由以下人员编审：

主编乌日根负责全书统稿，并编写绪论、第6章、第7章；副主编宋博宇编写第3章、第5章；参编朱霞编写第1章；参编曹润平编写第4章；参编吴高峰编写第2章。

北方重工集团公司教授级高工高云喜主审。

在编写过程中，编者参阅了国内外出版的焊接技术相关教材、资料及一些网络文献，在此一并表示衷心感谢！

本书配套有电子课件，可赠送给用本书作为授课教材的院校和老师，如有需要可发邮件到 hqlbook@126.com 索取。

由于编者水平有限，教材中疏漏之处在所难免，恳请广大读者批评指正。

编　者

目　录

绪 论

焊接是指被焊工件的材质（同种或异种），通过加热或加压或两者并用，并且用或不用填充材料，使工件的材质达到原子间的结合而形成永久性连接的工艺过程。近年来，焊接技术得到空前发展和进步，焊接结构的应用也越来越广泛，几乎渗透到国民经济的各个领域，如石油与化工设备、起重运输设备、宇航运载工具、车辆与船舶制造、冶金、矿山、建筑结构等。

0.1 焊接定义、分类及其特点

0.1.1 金属连接方式

在金属结构和机器的制造中，经常需要用一定的连接方式将两个或两个以上的零件按一定形式和位置连接起来。金属连接方式可分为两大类：一类是可拆卸连接，即不必毁坏零件（连接件、被连接件）就可以拆卸，如螺栓连接、键和销连接等；另一类是永久性连接，也称不可拆卸连接，其拆卸只有在毁坏零件后才能实现，如铆接、焊接和粘接等。

0.1.2 焊接的定义

焊接就是通过加热或加压，或两者并用，并且用或不用填充材料，使焊件达到结合的一种加工工艺方法。

由此可见，焊接最本质的特点就是通过焊接使焊件达到结合，从而将原来分开的物体形成永久性连接的整体。要使两部分金属材料达到永久连接的目的，就必须使分离的金属相互非常接近，使之产生足够大的结合力，才能形成牢固的接头。这对液体来说是很容易的，而对固体来说则比较困难，需要外部给予很大的能量如电能、化学能、机械能、光能、超声波能等，这就是金属焊接时必须采用加热、加压或两者并用的原因。

0.1.3 焊接分类

按照焊接过程中金属所处的状态不同，可以把焊接方法分为熔焊、压焊和钎焊三类，如图 0-1 所示。

熔焊是在焊接过程中，将焊件接头加热至熔化状态，不施加压力完成焊接的方法。目前熔焊应用最广，常见的气焊、电弧焊、电渣焊、气体保护电弧焊等属于熔焊。

压焊是在焊接过程中，必须对焊件施加压力（加热或不加热），以完成焊接的方法。如电阻焊、摩擦焊、气压焊、冷压焊、爆炸焊等属于压焊。

钎焊是采用比母材熔点低的钎料作填充材料，焊接时将焊件和钎料加热到高于钎料熔点、低于母材熔点的温度，利用液态钎料润湿母材，填充接头间隙并与母材相互扩散实现连接焊件的方法。常见的钎焊方法有烙铁钎焊、火焰钎焊等。

0.1.4 焊接的特点

(1) 主要优点

① 焊接结构不受外形尺寸限制，可以方便地拼成尺寸很大的工程结构。

② 与铆接或螺栓连接相比，焊接结构的重量较轻，没有铆钉或螺钉的附加重量。

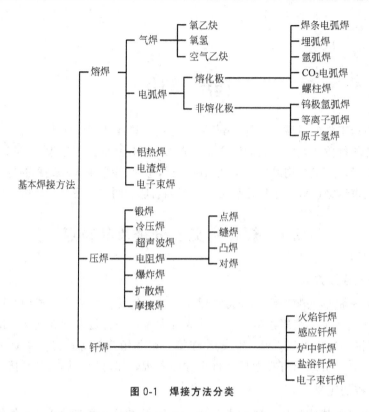

图 0-1　焊接方法分类

③ 与铸造相比，可方便地制成空心结构或封闭结构。

④ 焊接结构整体性、完整性好。

⑤ 焊接结构的密封性好，这对压力容器或真空容器的制造是不可缺少的条件。

⑥ 可根据结构服役及设计的需要，在不同的部位采用不同材质或不同级别的材料，也可采用不同厚度的材料，从而节省材料，包括节省贵重的材料，发挥材料的最大效能，而且结构也更为轻巧，降低成本。

(2) 主要缺点

① 止裂性能差，扩展的裂纹很容易穿过焊缝，可能导致灾难性的后果。

② 焊接结构及焊接接头的应力集中较大，焊接接头区域有可能存在缺陷，又是焊接残余应力较大的部位。

③ 必须采取科学的工艺设计进行控制，提高焊接接头的强韧性和结构寿命。

0.2　焊接技术的发展

在焊接技术中，应用最早的是钎焊技术。公元前 4000 年美索布达尼亚人就开始用铅（Pb）或锡（Sn）来连接铜（Cu），公元前 350 年罗马人开始用锡-铅合金连接铅制水管或铜制金属工具。我国在春秋中、晚期就开始采用锡或锡-铅合金作为钎料。安徽舒城九里墩春秋墓出土的鼓座，上面的龙身就是先铸造成若干段再钎焊起来，焊接处还残留有大块焊锡；曾侯乙墓出土的铜尊，就采用了 53Sn-41Pb 的钎料，钟荀铜套的钎料成分为 39Sn-61Pb，已与现今的某些钎料组成分接近。著名的秦兵马坑出土的铜车马还采用了青铜铸焊技术，焊接质量上乘，被英国焊接杂志推崇为 2000 年前的中国焊接技术。1000 年前的唐代，我国已掌据了铁器的锻焊技术，正如《天工开物》所述：凡铁性逐节粘合，涂上黄泥于接口之上，入火挥槌，泥滓成枵而去，取其神气为媒合，胶结之后，非灼红斧斩，永不可断也。

现代意义的焊接技术出现在 19 世纪初的西方国家，是从 1885 年出现碳弧焊开始，直到 20 世纪 40 年代才形成较完整的焊接工艺体系，特别是 40 年代初期出现了优质电焊条后，焊接技术得到了一次飞跃。焊接技术的重要发展阶段见表 0-1。

表 0-1 焊接技术的重要发展阶段

时 间	发明国家	焊接方法	时 间	发明国家	焊接方法
1802	俄国	电弧	1936	美国	熔化电极惰性气体保护焊（MIG）
1867	美国	电阻焊	1939	美国	等离子喷涂
1885	俄国	碳弧焊	1948	前苏联	摩擦焊
1888	俄国	金属电极电弧焊	1948	德国	电子束焊
1890	法国	氧-乙炔焊	1951	前苏联	电渣焊
1895	德国	热剂焊	1953	前苏联、日本等国的企业采用	CO_2 气体气体保护焊
1908	瑞典	药皮电焊条	1957	前苏联	扩散焊
1930	前苏联	埋弧焊	1960	美国	激光焊

随着工业和科学技术的发展，焊接技术也在不断进步，焊接已从单一的加工工艺发展成为综合性的先进工艺技术。焊接技术的新发展主要体现在以下几个方面。

(1) 计算机在焊接中的应用

弧焊设备微机控制系统，可对焊接电流、焊接速度、弧长等多项参数进行分析和控制，对焊接操作程序和参数变化等作出显示和数据保留，从而给出焊接质量的确切信息。目前以计算机为核心建立的各种控制系统包括焊接顺序控制系统、PID 调节系统、最佳控制及自适应控制系统等。这些系统均在电弧焊、压焊和钎焊等不同的焊接方法中得到应用。计算机软件技术在焊接中的应用越来越得到人们的重视。目前，计算机模拟技术已用于焊接热过程、焊接冶金过程、焊接应力和变形等的模拟；数据库技术被用于建立焊工档案管理数据库、焊接符号检索数据库、焊接工艺评定数据库、焊接材料检索数据库等；在焊接领域中，CAD/CAM 的应用正处于不断开发阶段，焊接的柔性制造系统也已出现。

(2) 能源方面的应用

当今，焊接热源已非常丰富，如火焰、电弧、电阻、超声、摩擦、等离子、电子束、激光束、微波等，但焊接热源的研究与开发并未终止，其新的发展可概括为三个方面：首先是对现有热源的改善，使它更为有效、方便、经济适用，在这方面，电子束和激光束焊接的发展较显著；其次是开发更好、更有效的热源，采用两种热源叠加以求获得更强的能量密度，例如在电子束焊中加入激光束等；第三是节能技术。由于焊接所消耗的能源很大，所以出现了不少以节能为目标的新技术，如太阳能焊、电阻点焊中利用电子技术的发展来提高焊机的功率因数等。

(3) 提高焊接生产率

提高焊接生产率是推动焊接技术发展的重要驱动力。提高生产率的途径有两个方面：其一，是提高焊接熔敷率，手弧焊中的铁粉焊、重力焊、躺焊等工艺，埋弧焊中的多丝焊、热丝焊均属此类，其效果显著；其二，是减少坡口截面及熔敷金属量，近10年来最突出的成就是窄间隙焊接。窄间隙焊接采用气体保护焊为基础，利用单丝、双丝或三丝进行焊接。无论接头厚度如何，均可采用对接形式。窄间隙焊接的主要技术关键是如何保证两侧熔透和保证电弧中心自动跟踪处于坡口中心线上。为解决这两个问题，世界各国开发出多种不同方案，因而出现了种类多样的窄间隙焊接法。电子束焊、激光束焊及等离子弧焊时，可采用对接接头，且不用开坡口，因此是理想的窄间隙焊接法，这是它们受到广泛重视的重要原因之一。

(4) 焊接机器人和智能化

焊接机器人是焊接自动化的革命性进步，它突破了焊接刚性自动化的传统方式，开拓了一种柔性自动化新方式，焊接机器人的主要优点是：稳定和提高焊接质量，保证焊接产品的均一性；提高生产率，一天可24h连续生产；可在有害环境下长期工作，改善了工人劳动条件；降低了对工人操作技术要求；可实现小批量产品焊接自动化；为焊接柔性生产线提供了技术基础。为提高焊接过程的自动化程度，除了控制电弧对焊缝的自动跟踪外，还应实时控制焊接质量，为此需要在焊接过程中检测焊接坡口的状况，如熔宽、熔深和背面焊道成形等，以便能及时地调整焊接参数，保证良好的焊接质量，这就是智能化焊接。智能化焊接的第一个发展重点在视觉系统，它的关键技术是传感器技术。虽然目前智能化还处在初级阶段，但有着广阔前景，是一个重要的发展方向。有关焊接工程的专家系统，近年来国内外已有较深入的研究，并已推出或准备推出某些商品化焊接专家系统。焊接专家系统是具有相当于专家的知识和经验水平，以及具有解决焊接专门问题能力范围的计算机软件系统。在此基础上发展起来的焊接质量计算机综合管理系统在焊接中也得到了应用，其内容包括对产品的初始试验资料和数据的分析、产品质量检验、销售监督等，其软件包括数据库、专家系统等技术的具体应用。

0.3 焊接技术在现代制造业中的应用

焊接俗称钢铁裁缝。中国钢产量2012年为7.16亿吨，占世界总产量的比重达46.3%，钢材消费量非常大。制造业的整体能力和水平，直接关系到国家的经济实力、国防实力、综合国力和在全球经济中的竞争与合作能力，也决定着我国实现现代化和民族复兴的进程。经过几代人的前仆后继，数亿人的奋发努力，我国已拥有相当规模和较高水平的制造体系，能够为国民经济和社会发展提供先进的产品和装备。这些成绩的取得均离不开焊接技术的发展和应用。

0.3.1 西气东输工程

在新疆塔里木盆地北部库车附近发现五个大中型气田，天然气的地质探明储量为3110亿立方米，在库车以外的塔里木其他地区还有1006亿立方米的地质储量，而且随着勘探工作的深入，油气的地质储量还将增加。为了缓解东部经济发达地区的能源需求，改善东部地区的环境压力，开发西部，中央政府及时地提出了西气东输的发展战略。西气东输管线西起轮南，与陕北气田汇合，经郑州、南京至上海，全长4200km。图0-2为西气东输的中卫黄河跨越工程。

西气东输工程焊管的管径为1016mm，壁厚14.6～26.2mm，X70级管线钢。其中螺旋埋弧焊管约占80%，其余为直缝埋弧焊管，管线钢用量170万吨。X70级管线钢 $w(C)$ 为0.1%～0.14%，钢中除Mn、Si外，尽量降低S、P等杂质含量，还加入Ti、V、Nb等微量合金元素。管线钢的碳含量低，淬硬倾向小，焊接性是好的。但在野外现场焊接时，还是要采取必要的措施，防止可能的冷裂纹倾向。

图 0-2　西气东输的中卫黄河跨越工程

在西气东输工程中，由于钢的强度等级较高，管径和板厚较大，管线建设中应以自动焊和半自动焊为主，焊条电弧焊为辅。技术关键是管道对口根焊道的焊接成形。自动焊主要涉及熔化极气体保护焊、自保护药芯焊丝电弧焊。焊条电弧焊主要为纤维素焊条下向焊和低氢焊条上向焊。

0.3.2　西电东送工程

西部可开发水能资源约 2.743 亿千瓦，占全国的 72%。西部已探明煤炭资源保有量为 3882 亿吨，约占全国的 39%。为了满足国民经济发展对电力增长的需要，实现能源资源和环境的可持续发展，必须加快开发西南和西北地区丰富的水能资源和煤炭资源丰富地区的火电厂，输往经济相对发达的东部沿海地区，实施电力发展的"西电东送"战略，以促进东西部地区经济和社会的协调发展。三峡工程是实现西电东送的最佳电源点。

三峡水电站总装机容量 18200MW，相当于 18 座大型核电站，是世界上最大的水电站。图 0-3 为三峡水轮机转子，转子材料为 410NiMo 马氏体不锈铸钢（13%Cr，4%Ni，0.5% Mo），焊接用于转子部件的组装和铸造缺陷的修补。主要焊接方法是焊条电弧焊及双丝埋弧自动焊，焊丝有实心及金属粉芯两种，每个转子的组装需焊接材料 7～10t。

图 0-3　三峡水轮机转子

在内蒙古、山西及贵州等西部煤电基地的建设中，由于机组容量大，参数提高，使用的钢材及焊接材料品种规格复杂，焊接工作量及焊口可靠性的要求很高。

0.3.3　钢桥建设

随着我国铁路与公路建设的需要，钢桥建设得到了飞速的发展，设计与制造技术已接近世界先进水平。以公路桥为例，已建成的江阴长江大桥主跨1385m，为全焊钢箱梁悬索桥，居世界第4位，采用全焊钢箱梁斜拉桥的南京长江二桥主跨628m，居世界第3位。世界全部斜拉桥排名前10位的焊接钢桥中，我国就占有6座。铁路桥的发展也很快，铁路钢桥的跨度将达到500m，钢桥的制造将从栓焊向全焊过渡，即从节点栓接过渡到全焊整体节点。

在公路斜拉桥和悬索桥钢箱梁的制造中，高效的 CO_2 自动焊和半自动焊得到了广泛应用。据润扬长江大桥建设统计，CO_2 焊已用到焊接工作量的75％，埋弧焊约占15％，其余为焊条手工焊。对于梁式铁路桥或公路铁路两用桥，主要采用埋弧焊，如芜湖长江大桥，埋弧焊占60％，CO_2 焊约占15％。图0-4为世界上最长的杭州湾跨海大桥，全长36km，为全封闭六车道公路桥，已于2008年建成。

图 0-4　杭州湾跨海大桥

0.3.4　船舶制造

焊接技术在船舶制造中占有举足轻重的地位，是最主要的工艺技术。在大拼板工序中采用多丝埋弧焊，单面焊双面成形，焊接的板厚为5～35mm，对船体的分段构件装焊采用自动及半自动气体保护焊。船厂已普遍采用药芯焊丝 CO_2 气体保护焊。造船厂是我国药芯焊丝的主要用户，目前我国船厂 CO_2 气体保护焊的应用比例已达65％。图0-5为导弹驱逐舰"哈尔滨号"。

0.3.5　建筑钢结构

大型建筑钢结构广泛采用H形及箱形截面构件，由厚钢板焊接而成。常用材料为低碳结构钢Q235、低合金结构钢Q345、Q390等牌号。广泛采用高效埋弧焊及气体保护焊。焊接构件的尺寸大、焊接工作量大是高层钢结构制造安装的突出问题，一般焊接梁柱的截面厚度都在30mm以上。在制造安装过程中，对装配、焊接应力和变形的控制要求也十分严格。图0-6为焊接钢结构建筑——鸟巢。"鸟巢"外形结构主要由巨大的门式钢架组成，共有24根桁架柱。建筑顶面呈鞍形，长轴为332.3m，短轴为296.4m，最高点高度为68.5m，最低点高度为42.8m。

图 0-5 导弹驱逐舰"哈尔滨号"

图 0-6 建筑钢结构——鸟巢

0.3.6 航空航天制造

在航空航天制造，飞船、飞机、发动机等的研制和生产中，焊接技术已经成为主导生产方法之一，它不仅能减轻产品的重量，而且还为其结构设计新构思提供技术支持。焊接结构件在喷气发动机零部件总数中所占的比例已超过 50%，焊接的工作量已占发动机制造总工时的 10%左右。我国的"神舟"系列飞船及大型空间环境模拟仓都采用了新型的焊接技术。

图 0-7 为大型空间环境模拟仓，是国内最大的空间环境模拟装置，属于大型不锈钢整体焊接结构，主舱是一个直径 18m、高 22m 的真空容器，辅舱直径 12m，主要应用在我国发

图 0-7 大型空间环境模拟仓

射的"神舟"号系列载人飞船的模拟实验。

0.4　本教材的内容及要求

本教材是根据焊接专业"焊接技术"课程教学大纲编写的,是介绍熔焊基础、焊接应力与变形、各种焊接方法及常用金属材料焊接性的一门主要专业课程。

本教材讲述的主要内容为:

① 焊接热过程,焊缝金属的构成、有害元素的影响等熔焊基础。

② 焊接应力与变形,焊接焊缝与接头的基本形式及标注方法。

③ 常用金属材料的焊接及各种熔化焊方法。

④ 焊接质量检验。

"焊接技术"课程为一门以焊接技术相关知识和技术应用为主要教学内容的综合课程,且是一门实践性较强的技术技能型课程。因此,在本教材的讲授过程中,特别要注重理论联系实际,安排一定课时的常用焊接方法的实习、实训操作训练环节,使学生不仅掌握焊接技术的应知应会知识外,还需培养学生焊接基本操作技术。

第1章 熔焊基础

1.1 焊接热过程

1.1.1 焊接热源

(1) 常用的焊接热源

生产中常用的焊接热源有以下几种。

① 电弧热　利用气体介质在两电极之间强烈而持续放电过程产生的热能作为焊接热源，是目前应用最广的一种焊接热源，如焊条电弧焊、气体保护焊、埋弧焊等。

② 化学热　主要是利用助燃和可燃气体或铝、镁热剂燃烧时产生的热量作为焊接热源，如气焊、热剂焊等。

③ 电阻热　利用电流通过导体时产生的电阻热作为焊接热源，如电阻焊、电渣焊等。

④ 摩擦热　利用机械摩擦产生的热能作为焊接热源，如摩擦焊。

⑤ 电子束　利用高压高速的电子束轰击金属局部表面所产生的热能作为焊接热源，即电子束焊。

⑥ 等离子弧　将自由电弧压缩成高温、高电离度及高能量的电弧热作为焊接热源，即等离子弧焊。

⑦ 激光束　利用高能量的激光束轰击焊件产生的热能进行焊接，即激光束焊。

焊接热源不仅影响焊接质量，而且对焊接生产率有决定性的作用。为了使焊接区能够迅速达到熔点并防止加热范围过大，我们希望焊接热源的加热面积小，单位面积的功率（功率密度）大，同时在正常的焊接条件下能达到较高的温度。近年来发展的电子束、等离子弧、激光束等新的焊接热源，其最小加热面积仅为 $10^{-5} \sim 10^{-8} \, cm^2$，而功率密度可达 $10^7 \sim 10^9 \, W/cm^2$，温度高达 $10000 \sim 20000 ℃$，从而可以获得很高的焊接质量与生产率。

(2) 焊接过程热效率

焊接热源所输出的功率在实际应用中并不能全部得到有效利用，而是有一部分热量损失于周围介质和飞溅中。一般来说，热源越集中，热量损失越少，热效率就越高，如气焊就比各种电弧焊的热效率要低得多。下面以电弧焊为例，来分析焊接过程中热效率的计算方法。

通常，电弧焊焊接时，电弧输出总功率为 P_0，则电弧输出功率为

$$P_0 = UI$$

式中　U——电弧电压；

$\qquad I$——焊接电流；

$\qquad P_0$——电弧功率，即电弧在电位时间内所析出的能量。

$$P = \eta' P_0$$

式中　P——有效热功率；

$\qquad \eta'$——焊接加热过程的热效率，或称功率有效系数。

η'值一般根据实验测定，不同焊接方法的 η' 不同，η' 值既与焊接方法有关，也与焊接参

数、被焊材料等因素有关。

η'值虽然代表了热源能量的利用率，但并不意味着其包含的热量全部得到了"有效"的利用。因为母材所吸收的热量并不完全用于金属熔化，其中传导于内部的那一部分使得近缝区母材的温度升高，以至组织发生变化而形成热影响区。

热源的熔化效率：指焊接时用于熔化金属的热量占热源效率的百分比。它不仅能说明能量的利用率，并可作为描述焊接热源先进性的判据之一。

1.1.2　焊接温度场

由于熔焊时热源对焊件进行局部加热，同时热源与焊件之间还有相对运动，因此焊件上的温度分布不均匀，而且各点的温度还要随时间变化。在实际生产中，这些变化还将受到焊接方法、焊接参数、产品结构等诸多因素的影响，从而使焊接区的温度分布与变化要比整体加热的工艺方法（如锻造、热处理）复杂得多。

根据物理学的知识，热量的传递共有传导、对流、辐射三种基本形式。在熔焊过程中，上述三种方式都存在，本课程主要讨论焊件上温度的分布和随时间的变化规律，因此以传导为主，适当考虑对流与辐射的作用。

焊接温度场研究的主要对象是焊件上一定范围内温度分布的情况。

（1）焊接温度场的概念

焊接温度场指某一瞬时焊件上各点的温度分布。在掌握焊接温度场定义时，应注意以下两点：

① 与磁场、电场一样，温度场考察的对象为空间一定范围内的温度分布状态；

② 因为焊件上各点的温度是随时间变化的，因此，温度场是某个瞬时的温度场。

在焊接进行过程中，焊件上温度分布的规律总是热源中心处的温度最高，向焊件边逐渐下降。不同的母材或热源，温度下降的快慢不同。焊接温度场的表示方式有列表、数学式和图像法，其中最常用的是图像法，即利用等温线或等温面来表示。

利用等温线或等温面可以形象直观地表达焊接温度场。等温线或等温面就是温度场中相同温度的各点所连成的线或面。在给定的温度场中，任何一点不可能同时有两个温度，因此不同温度的等温线或等温面绝对不会相交，这也是等温线或等温面的重要性质。

通常以热源所处位置作为坐标原点 O，X 轴为热源移动方向，Y 轴为宽度方向，Z 轴为厚度方向，如图 1-1（a）所示。如工件上等温线（或等温面）确定，即温度场确定，则可以知道工件上各点的温度分布。例如，已知焊接过程中某瞬时 XOY 面等温线表示的温度场如图 1-1（b）所示，则可知道瞬时 XOY 面任何各点的温度情况。同样也可画出 X 轴上和 Y 轴上各点的温度分布曲线，分别如图 1-1（c）和图 1-1（d）所示。

由图 1-1（b）、（c）可知，沿热源移动方向温度场分布不对称，热源前面温度场等温线密集，温度下降快，热源后面等温线稀疏，温度下降较慢。这是因为热源前面是未经加热的冷金属，温差大，故等温线密集；而热源后面的是刚焊完的焊缝，尚处于高温，温差小，故等温线稀疏。由图 1-1（b）、（d）可知，热源运动对两侧温度分布的影响相同。因此，整个温度场对 Y 轴分布不对称，而对 X 轴分布对称。

（2）影响温度场的因素

影响温度场的因素有以下几个。

① 热源的性质　不同热源功率不同，加热面积不同，从而温度场的分布也不相同。热源的能量越集中，则加热面积越小，温度场中等温线（面）的分布越密集。

② 焊接参数　同样的焊接热源，焊接参数不同，温度场分布也不同。在焊接参数中，热

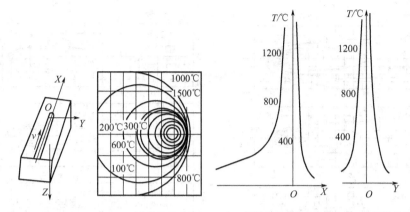

(a) 焊件上的坐标轴　(b) XOY面的等温线和最高　(c) 沿X轴的温度分布曲线　(d) 沿Y轴的温度分布曲线
温度点曲线(虚线)

图 1-1　焊接温度场示例

源功率和焊接速度的影响最大。当热源功率 P 一定时，随着焊接速度 v 的增加，则加热面积减小，等温线的范围变小，即温度场的宽度和长度都变小，但宽度的减小更大些，所以温度场的形状变得细长些，如图 1-2 (a) 所示。当焊接速度 v 一定时，随热源功率 P 的增加，加热面积明显增大，则温度场的范围随之增大，如图 1-2 (b) 所示。当线能量 P/v 一定时，等比例改变 P 和 v，则等温线有所拉长，温度场的范围也随之拉长，如图 1-2 (c) 所示。

③ 被焊金属的导热能力　被焊金属的导热能力对温度场的影响也较大。金属的导热能力可用热导率来表示，热导率是表示金属内部传导热量的能力的物理量。图 1-3 为几种热导率不同的金属在相同加热条件下对焊接温度场分布的影响。在线能量与工件尺寸一定时，热导率小的不锈钢 600℃ 以上高温区（图 1-3 中的阴影部分）比低碳钢大，而热导率高的铝、纯铜的高温区要小的多。这是因为导热能力强的金属（如铜、铝），焊接时向母材金属内部散失的热量多，焊件上温度分布比较均匀，但高温区面积较小。反之，导热能力较差的金属（如铬镍奥氏体钢），温度梯度大，高温区面积较大。四种材料的热导率关系是：纯铜＞铝＞低碳钢＞铬镍奥氏体钢。

④ 焊件的几何尺寸及状态　焊件的几何尺寸影响导热面积和导热方向。焊件的尺寸不同，可将热源分为点状热源、线状热源和面状热源三种，如图 1-4 所示。当工件尺寸厚大时 [图 1-4 (a)]，热量可沿 X、Y、Z 三个方向传递，属于三向导热，热源相对于工件尺寸可看做点状热源。当工件为尺寸较大的薄板时 [图 1-4 (b)]，可认为工件在厚度方向不存在温差，热量可沿 X、Y 方向传递，是二向导热，可将热源看做线状热源。如果工件是细长的杆件，只在轴向 X 方向存在温差，是属于单向导热，热源可看做面状热源 [图 1-4 (c)]。另外，焊件的状态（如预热、环境温度）不同，等温线的疏密也不一样，预热温度和环境温度越高，等温线分布越稀疏。

1.1.3　焊接热循环

焊接热循环讨论的对象是焊件上某一点的温度与时间的关系。这一关系决定了该点的加热速度、保温时间和冷却速度，对接头的组织与性能都有明显的影响。

(1) 焊接热循环的概念

在焊接热源作用下，焊件上某点的温度随时间变化的过程称为焊接热循环。

焊接热循环是针对某个具体的点而言的。当热源向该点靠近时，该点温度升高，直至达

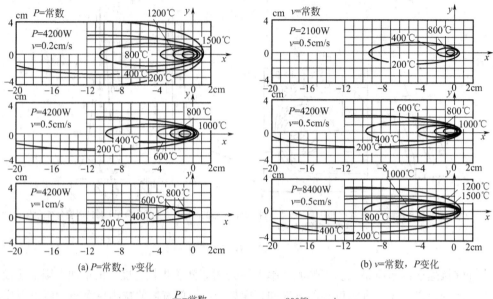

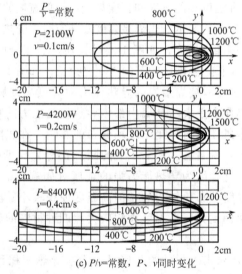

图 1-2　焊接参数对温度场的影响（母材为低碳钢）

到最大值，随着热源的离开，温度又逐渐降低，整个过程可用温度-时间曲线来表示，即热循环曲线，如图 1-5 所示。

（2）焊接热循环的基本参数及特点

焊接热循环的基本参数是加热速度（v_H）、最高加热温度（T_{max}）、相变温度以上停留时间（t_H）及冷却速度（v_C）。

① 加热速度（v_H）　加热速度是指热循环曲线上加热段的斜率大小。焊接时的加热速度要比热处理速度高很多，如焊条电弧焊时可高达 $200 \sim 1000$℃/s。随加热速度提高，相变温度也提高，从而影响接头加热、冷却过程中的组织转变。加热速度与焊接方法、工艺参数、焊件成分及工件尺寸等有关。

② 最高加热温度（T_{max}）　又称峰值温度，是焊接热循环中最重要的参数之一。焊件上各点的峰值温度取决于该点到焊缝中心的距离，图 1-6 为焊条电弧焊时焊缝附近各点的热循环。焊缝区的 T_{max} 可达 $1800 \sim 2000$℃，远高于钢铁冶炼时的最高温度。未熔化的近缝区

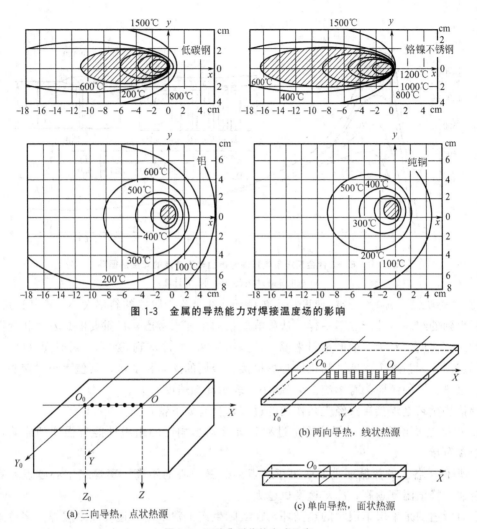

图 1-3 金属的导热能力对焊接温度场的影响

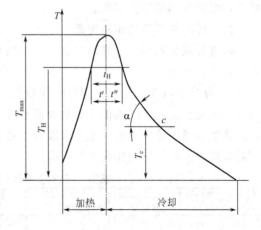

(a) 三向导热，点状热源

(b) 两向导热，线状热源

(c) 单向导热，面状热源

图 1-4 三种典型传热方式示意

（图 1-6 中 ① 点）之 T_{max} 亦可达到 1300 ~ 1400℃，比一般热处理也要高得多。焊件上各部位加热到最高加热温度后，可发生再结晶、重结晶、晶粒长大及熔化等一系列变化，从而影响接头冷却后组织。

③ 相变温度以上停留时间（t_H） 焊接时，近缝区必然要在高于相变温度的温度停留，热影响区的某些部位也自然会发生晶粒粗化的现象，从而对焊接质量带来不利的影响。通常，在相变温度以上停留时间越长越有利于奥氏体的均质化过程，但温度太高（如 1100℃ 以上），会使晶粒长大，温度越高，晶粒长大时间越短；所以，相变温度以上高温（1100℃）停留时间越长，晶粒长大越严重，接头的组织与性能越差。

图 1-5 焊接热循环曲线及特征

T_c—c 点瞬时温度；T_H—相变温度

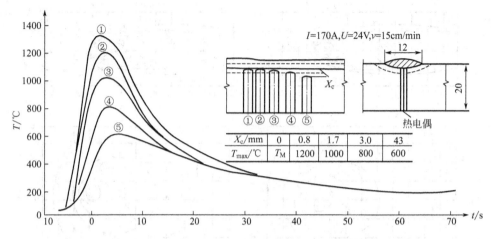

图 1-6 低合金钢焊条电弧焊时焊缝附近各点的焊接热循环

(t 从电弧通过该点的时间开始计算)

④ 冷却速度（v_C） 冷却速度是指热循环曲线上冷却阶段的斜率大小。冷却速度不同，冷却后得到的组织与性能也不一样。从影响质量的角度来考虑，最重要的是发生相变温度范围内的冷却速度。对于一般的钢材来说，就是用从 800℃ 冷却到 500℃ 所需时间（$t_{8/5}$）来表示冷却速度，因为这个温度区间正好是焊接接头金属的固态相变区，其值大小对接头金属的相变、过热、淬硬倾向都有影响。$t_{8/5}$ 越小，表示冷却速度越大。

焊接热循环是焊接接头经受热作用的过程，具有如下特点。

a. 焊接热循环的参数对焊接冶金过程和焊接热影响区的组织性能有强烈的影响，从而影响焊接质量。

b. 焊件上各点的热循环主要取决于各点离焊缝中心的距离。离焊缝中心越近，其加热速度越大，峰值温度越高，冷却速度也越大。

上面所述的是单层单道时的热循环，在实际生产中常采用多道焊或多层焊。多道多层焊的热循环是各道焊缝热循环的总和，因焊件上某点与每道每层焊时的热源距离不同，故每道或每层焊时的热循环也不同。

（3）影响焊接热循环的因素

影响焊接热循环的主要因素有焊接参数和热输入、预热和层间温度、焊件尺寸、接头形式、焊道长度等。

① 焊接参数及热输入 焊接参数是指焊接电流、电弧电压、焊接速度等。焊接热输入与焊接电流、电弧电压成正比，与焊接速度成反比。一般通过调整焊接参数来调整焊接热输入。热输入增大可显著增大相变温度以上停留时间（t_H）、降低冷却速度。热输入和预热温度对焊接热循环的影响如表 1-1 所示。

表 1-1 热输入和预热温度对焊接热循环的影响

热输入/(J/mm)	预热温度/℃	1100℃以上保留时间/s	450℃时的冷却速度/(℃/s)	热输入/(J/mm)	预热温度/℃	1100℃以上保留时间/s	450℃时的冷却速度/(℃/s)
2000	27	5	14	3840	27	16.5	4.4
2000	260	5	4.4	3840	260	17	1.4

② 焊接方法 不同焊接方法的热源特性不同。在线能量相同时，因所用电流与焊速之匹配不同，所形成的焊缝形状及熔深明显不同，必将对焊件上各点所经历的热循环产生影响。

③ 焊件尺寸　当热输入不变和板厚较小时，板宽增大，$t_{8/5}$ 明显下降，但板宽增大到 150mm 以后，$t_{8/5}$ 变化不大。当板厚较大时，板宽的影响不明显。焊件厚度越大，冷却速度越大，相变温度以上停留时间越短。

④ 接头形式　接头形式不同，导热情况不同，同样板厚的 X 形坡口对接接头比 V 形坡口对接接头的冷却速度大；角焊缝比对接焊缝的冷却速度大。接头形式对冷却速度 $t_{8/5}$ 的影响如图 1-7 所示。

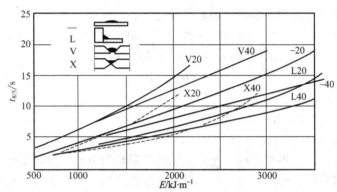

图 1-7　接头与坡口形式对 $t_{8/5}$ 的影响

(图中符号后的数字表示板厚 δ)

⑤ 焊道长度　焊道越短，其冷却速度越大。焊道短于 40mm 时，冷却速度急剧增大。

(4) 调整焊接热循环的措施

在生产中为了改善焊接接头的组织常要对焊接热循环进行调整，一般从以下几个方面着手。

① 根据被焊金属的成分和性能选择合适的焊接方法。

② 合理地选用焊接参数。

③ 采用焊前预热、焊后保温或缓冷等措施来降低冷却速度。

④ 调整多层焊的层数、焊道长度和控制层间温度。单道焊时，为保证焊缝质量及焊缝尺寸，热输入只能在很窄的范围内调整；多道焊时能通过调整焊道层数可在较大范围内调整线能量，从而调整焊接热循环。层间温度系指多层焊时，在施焊后续焊道前其相邻焊道应保持的最低温度。层间温度应等于或略高于预热温度，以降低冷却温度。在实践中可通过保温或加热等措施对层间温度加以控制。

1.2　焊缝金属的构成

焊件经过焊接后所形成的结合部分就是焊缝。熔焊时，焊缝金属是由熔化的母材与填充金属结合而成，其组成的比例取决于具体的焊接工艺条件。所以，有必要了解焊条金属与母材在焊接中加热和熔化的特点以及影响其组成比例的因素。

1.2.1　焊条（焊丝）的加热与熔化

焊条电弧焊时焊条是电弧放电的电极之一，加热熔化进入熔池，与熔化的母材混合而构成焊缝。焊条的加热与熔化，对焊接工艺过程的稳定性、化学冶金反应、焊缝质量以及焊接生产率都有直接的影响。

(1) 焊条的加热

焊条电弧焊时，加热与熔化焊条的热量来自于三方面：焊接电弧传给焊条的热能；焊接电流通过焊芯时产生的电阻热；焊条药皮组分之间的化学反应热。一般情况下化学反应热很小，仅占总热量的1%～3%，对焊条的加热熔化作用可以忽略不计。

焊接电弧传给焊条的热能占焊接电弧总功率的20%～27%，它是加热熔化焊条的主要能量。电弧对焊条加热的特点是热量集中于距焊条端部10mm以内，沿焊条长度和径向的温度很快下降，药皮表面的温度就比焊芯要低得多。

焊接电流通过焊芯所产生的电阻热与焊接时的电流密度、焊芯的电阻及焊接时间有关。焊接电流通过焊芯所产生的电阻热 Q_R（单位 J）为

$$Q_R = I^2 R t$$

式中　I——焊接电流，A；

　　　R——焊芯的电阻，Ω；

　　　t——电弧燃烧时间，s。

电阻加热的特点是从焊钳夹持点至焊条端部热量均匀分布。当焊接电流密度不大，加热时间不长时，电阻热影响可不考虑。但当焊接电流密度过大、焊条伸出长度过长时需要电阻热的影响。当电阻热过大时，会使焊芯和药皮温度升高，从而引起以下不良后果：

① 焊芯熔化过快产生飞溅；

② 药皮开裂并过早脱落，电弧燃烧不稳；

③ 焊缝形成变坏，甚至产生气孔等缺陷；

④ 药皮过早进行冶金反应，丧失冶金反应和保护能力；

⑤ 焊条发红变软，操作困难。

因此，为了焊接过程的正常进行，焊接时必须对焊接电流与焊条长度加以限制。焊芯材料的电阻变大时（如不锈钢焊芯），应降低焊接电流，加以控制。

(2) 焊条金属的熔化

焊条端部的焊芯熔化后进入熔池，焊条金属的熔化速度决定了焊条的生产率，并影响焊接过程的稳定性。焊条金属的熔化速度可以用单位时间内焊芯熔化的质量来表示。试验证明，在正常的工艺条件下，焊条金属的熔化速度与焊接电流成正比，即

$$V_m = m/t = \alpha_P I$$

式中　V_m——焊条金属的平均熔化速度，g/h；

　　　m——熔化的焊芯质量，g；

　　　t——电弧燃烧时间，h；

　　　α_P——焊条的熔化系数，g/(h·A)；

　　　I——焊接电流，A。

$$\alpha_P = \frac{m}{It}$$

α_P 的物理意义是：熔焊过程中，单位电流、单位时间内焊芯（或焊丝）的熔化量。

实际焊接时，熔化的焊芯（或焊丝）金属并不是全部进入熔池形成焊缝，而是有一部分会损失掉。把单位电流、单位时间内焊芯（或焊丝）熔敷在焊件上的金属量称为熔敷系数（α_H），可表示为

$$\alpha_H = \frac{m_H}{It}$$

式中 m_H——熔敷到焊缝中的熔敷金属质量，g；

$\quad\quad\alpha_H$——熔敷系数，g/（h·A）。

由于金属蒸发、氧化和飞溅，焊芯（或焊丝）在熔敷过程中的损失量与熔化焊芯（焊丝）原有质量的百分比叫做飞溅率（ψ），可表示为

$$\psi=\frac{m-m_H}{m}=\frac{v_m-v_H}{v_m}=1-\frac{\alpha_H}{\alpha_P}$$

$$\alpha_H=(1-\psi)\alpha_P$$

式中 v_H——焊条的平均熔敷速度，g/h。

可见，熔化系数并不能真实地反应焊条金属的利用率和生产率，真正反映焊条利用率和生产率的指标是熔敷系数。

1.2.2 熔滴过渡的主要作用力及过渡形式

(1) 熔滴过渡的作用力

熔滴是指焊接时，在焊条（或焊丝）端部形成的向熔池过渡的液态金属滴。焊条金属或焊丝熔化后，虽然加热温度超过金属的沸点，但其中只有一小部分（不超过10%）蒸发损失，而90%～95%是以熔滴的形式过渡到熔池中去。

熔滴通过电弧空间向熔池的转移过程称为熔滴过渡。在熔滴的形成、长大及过渡的过程中，有多种力作用其上，常见的作用力有以下几种。

① 重力 熔滴因本身重力而具有下垂的倾向。平焊时重力可促进熔滴过渡，立、仰焊时重力则阻碍熔滴过渡。

② 表面张力 焊条金属熔化后，在表面张力的作用下形成球滴状。表面张力在平焊时阻碍熔滴过渡，在立、仰焊时，促进熔滴过渡。表面张力的大小与熔滴的成分、温度、环境气氛和焊条直径等因素有关。

③ 电磁压缩力 焊接时，把熔滴看成由许多平行载流导体组成，这样在熔滴上就受到由四周向中心的电磁力，称为电磁压缩力。电磁压缩力在任何焊接位置都能促使熔滴向熔池过渡。

④ 斑点压力 电弧中的带电质点（电子和阳离子）在电场作用下向两极运动，撞击在两极的斑点上而产生的机械压力，称为斑点压力。斑点压力的作用方向是阻碍熔滴的过渡，并且正接时的斑点压力较反接时大。

⑤ 等离子流力 电磁压缩力使电弧气流的上、下形成压力差，使上部的等离子体迅速向下流动产生压力，称等离子流力，它有利于熔滴过渡。

⑥ 电弧气体吹力 焊条末端形成的套管内含有大量气体，并顺着套管方向以挺直而稳定的气流把熔滴送到熔池中。无论焊接位置如何，电弧气体的吹力都有利于熔滴过渡。

(2) 熔滴过渡的形式

熔滴过渡的形式、尺寸、质量和过渡的频率等均随焊接参数变化而变化，并影响到焊接过程的稳定性、飞溅情况、冶金反应进行的程度以及生产率。熔滴过渡分为滴状过渡、短路过渡和喷射过渡三种形式。

① 滴状过渡（颗粒过渡） 熔滴呈粗大颗粒状向熔池自由过渡的形式。滴状过渡会影响电弧的稳定性，焊缝成形不好，通常不采用。

② 短路过渡 焊条（焊丝）端部的熔滴与熔池短路接触，由于强烈过热和电磁收缩力的作用使其爆断，直接向熔池过渡的形式。短路过渡时，电弧稳定，飞溅小，成形良好，广泛用于薄板和全位置焊接。

③ 喷射过渡　熔滴呈细小颗粒，并以喷射状态快速通过电弧空间向熔池过渡的形式。产生喷射过渡除要有一定的电流密度外，还须有一定的电弧长度。喷射过渡具有熔滴细、过渡频率高、电弧稳定、焊缝成形美观及生产效率高等优点。

1.2.3　母材的熔化与熔池

熔焊时，在热源的作用下焊条熔化的同时母材也局部熔化。由熔化的焊条金属和熔化的母材组成，具有一定几何形状的液体金属部分叫做熔池。在不加填充材料焊接时，焊缝仅由熔化的母材组成；在加填充材料焊接时，焊缝则由熔化的母材和填充材料共同组成。

液态熔池的形状、尺寸、体积、存在的时间以及其中流体的运动状态等，对熔池中冶金反应进行的方向和程度、熔池结晶方向、晶体结构和焊缝中夹杂物的数量及其分布、焊接缺陷（如气孔、结晶裂纹等）的产生和焊缝的形状都有影响。

（1）熔池的形状与尺寸

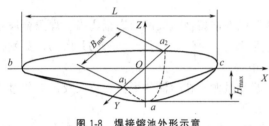

图 1-8　焊接熔池外形示意

当焊接过程进入稳定状态，焊接参数不变时，熔池的尺寸与形状不再变化，并与热源作同步运动。熔池的形状如图 1-8 所示，接近于不太规律的半个椭球，轮廓为熔点温度的等温面。熔池的主要尺寸有熔池长度 L，最大宽度 B_{max}，最大熔深 H_{max}，其中 B_{max} 即为焊缝宽度，称为熔宽，H_{max} 为焊缝深度，称为熔深。一般情况下，焊接电流增加，H_{max} 增加，B_{max} 减小；电弧电压增加，B_{max} 增加，H_{max} 减小。

熔池长度 L 与电弧能量成正比，熔池存在的时间与熔池长度成正比，与焊速成反比。

熔池表面积是熔池中液体金属与熔渣的接触面。理论计算困难，可实验测定。

熔池质量与焊接参数有关。根据实验得出图 1-9。

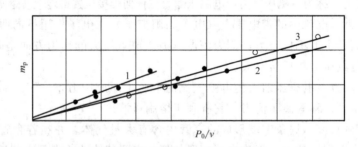

图 1-9　熔池质量 m_p 与 P_0^2/v 的关系

1—光焊条；2—纤维素焊条；3—氧化铁型焊条；P_0—电功率；v—焊接速度

熔池在液态时存在的最长时间 t_{max} 与熔池长度 L 的关系为

$$t_{max} = \frac{L}{v}$$

式中　L——熔池长度，mm；

　　　　v——焊接速度，mm/s。

t_{max} 在几秒到几十秒之间变化。焊缝轴线上各点在液态停留的时间最长，离轴线越远，停留时间越短。

（2）熔池的温度

熔池的温度分布很不均匀，边界温度低，中心温度高。具体见图 1-10。在电弧下面的熔池表面温度最高，在焊接钢时可达 2000℃ 以上，而其边缘是固液交界处，温度为被焊金属的熔点（对钢来说为 1500℃ 左右）。此外，在电弧运动方向的前方（即熔池头部）输入的热量大于散失的热量，温度不断升高，母材随热源运动不断熔化；而熔池尾部输入的热量小于输出的热量，温度不断下降，熔池边缘不断凝固而形成焊缝，也就是说熔池前后两部分所经历的热过程完全相反。

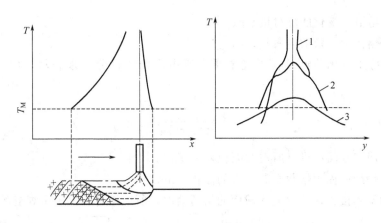

图 1-10　熔池的温度分布
1—熔池中部；2—头部；3—尾部

在讨论冶金反应时，为使问题简化，一般取熔池的平均温度，熔池的平均温度取决于被焊金属的熔点和焊接方法，不同焊接方法的熔池平均温度如表 1-2 所示。

表 1-2　熔池的平均温度

被焊金属	焊接方法	平均温度/℃
低碳钢 $T_M = 1535℃$	埋弧焊	1705～1860
	熔化极氩弧焊	1625～1800
	钨极氩弧焊	1665～1790
铝 $T_M = 660℃$	熔化极氩弧焊	1000～1245
	钨极氩弧焊	1075～1215
Cr12V1	药芯焊丝	1500～1610

（3）熔池金属的流动

由于熔池金属处于不断的运动状态，其内部金属必然要流动。熔池中液态金属的流动如图 1-11 所示。引起熔池金属运动的力分为以下两大类：

① 焊接热源产生的电磁力、电弧气体吹力、熔滴撞击力等。

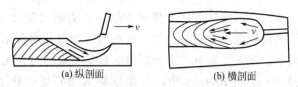

(a) 纵剖面　　(b) 横剖面

图 1-11　熔池中液态金属的流动

② 由不均匀温度分布引起的表面张力差和金属密度差产生的浮力。

(4) 焊缝金属的熔合比

焊条电弧焊时，填充金属与熔化的被焊金属的组成比例决定了焊缝的成分。熔焊时，被熔化的母材在焊缝金属中所占的百分比叫做熔合比，以符号 θ 表示。熔合比决定焊缝的成分，可用下式表示

$$\theta = \frac{G_m}{G_m + G_H}$$

式中　G_m——熔池中熔化的母材量，g；

　　　G_H——熔池中熔敷的金属量，g。

熔合比也可用熔化的母材在焊缝金属中所占面积的百分比来表示，此时其计算公式如下

$$\theta = \frac{A_m}{A_m + A_H}$$

式中　A_m——焊缝截面中母材所占的面积，mm^2；

　　　A_H——焊缝截面中熔敷金属所占的面积，mm^2。

图 1-12 为不同接头形式焊缝横截面的熔透情况，所以熔合比又表示焊缝的熔透。

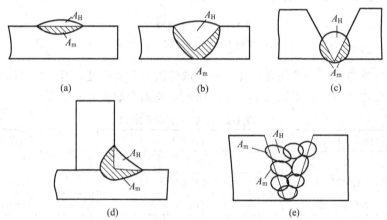

图 1-12　不同接头形式焊缝横截面的熔透情况

在实际生产中，除自熔焊接和不加填充材料的焊接外，焊缝均由熔化的母材和填充金属组成。由于母材与焊芯（或焊丝）的成分不同，当焊缝金属中的合金元素主要来自焊芯（如合金堆焊）时，局部熔化的母材将对焊缝金属的合金成分起稀释作用。因此，熔合比又称为稀释率，即熔合比越大，母材的稀释作用越严重。由于母材金属的稀释，即使用同一种焊接材料，焊缝的化学成分也不尽相同。在不考虑由冶金反应造成的成分变化时，焊缝的化学成分只取决于熔合比（稀释率）。

熔合比（稀释率）的大小与焊接方法、焊接参数、接头形状和尺寸、坡口形式及尺寸、焊道层数、母材金属的热物理性质等有关。当焊接电流增加时，熔合比增大；电弧电压或焊接速度增加，熔合比减小。在多层焊时，随着焊道层数的增加，熔合比逐渐下降。但坡口形式不同时，下降的趋势不同。在图 1-13 中，表面堆焊（Ⅰ）熔合比下降最快；V 形坡口（Ⅱ）次之；U 形坡口（Ⅲ）下降的最少。

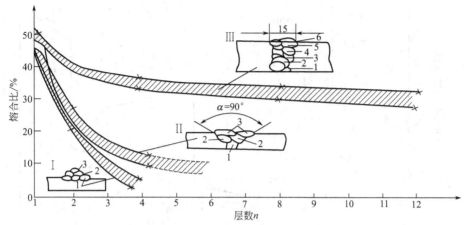

图 1-13 接头形式与焊道层数对熔合比的影响（奥氏体、焊条电弧焊）
Ⅰ—表面堆焊；Ⅱ—V 形坡口对接；Ⅲ—U 形坡口对接

1.3 有害元素对焊缝金属的作用及其控制

1.3.1 有害气体对熔池金属的作用及其控制

焊接过程中，焊接区充满大量气体，这些气体不断地与熔化金属发生冶金反应，从而影响焊缝金属的化学成分与力学性能。所以，必须了解这些有害气体的焊缝的作用，并采取有效的措施对其进行控制。

（1）氢对焊缝金属的作用及其控制

氢主要来自于焊条药皮或焊剂中的有机物、结晶水或吸附水、焊件和焊丝表面上的油污、铁锈等污染物、空气中的水分等。高温下，上述物质将分解产生 H_2 分子，H_2 分子可进一步分解为氢原子。H_2 的分解度随温度升高而增大。弧柱区的温度在 5000K 以上，H_2 的分解度可达 90% 以上，氢主要以原子的形式存在。而在熔池尾部，温度仅有 2000K，氢则主要以分子形式存在。

① 氢对焊缝金属的作用

a. 氢与金属的作用　氢与金属的作用方式可分为两种：第一种是与某些金属形成稳定的氢化物，如 ZrH_2、TiH_2、VH、TaH、NbH_2 等；第二种是与某些金属形成间隙固溶体，如 Fe、Ni、Cu、Cr、Al 等。当吸氢量不多时，氢与这些金属形成固溶体；当吸收氢量相当多时，则形成氢化物。

b. 氢的溶解　氢能溶解于 Fe、Ni、Cu、Cr、Mo 等金属中。氢向金属中的溶解途径因焊接方法不同而不同。气体保护焊时，氢通过气相与液态金属的界面以原子或质子的形式溶于金属。电渣焊时，氢通过渣层溶入金属。焊条电弧焊与埋弧焊时，上述两种途径兼而有之。

在碳钢与低合金钢中，氢不会形成稳定的化合物，而主要以原子（少量以离子）的形式溶解在熔池中。氢在铁中的溶解度与其在电弧气氛中的浓度（以分压 pH 表示）、温度及金属的晶体结构、氢的压力等因素有关，即电弧气氛中 pH 增大，溶入溶池中的氢增加；氢在铁中的溶解度随温度升高而加大，如在 1350℃ 时氢在固态铁中的溶解度是室温下的 10 倍左右；当金属的状态或晶体结构发生变化时，氢的溶解度要发生突变。当压力一定时，氢的溶解度与温度的关系如图 1-14 所示。从该图中可以看出，当金属从固态转变为液态时，溶解度急剧上升；此外，氢在 γ 相中的溶解度大大高于在 α 相中的溶解度。

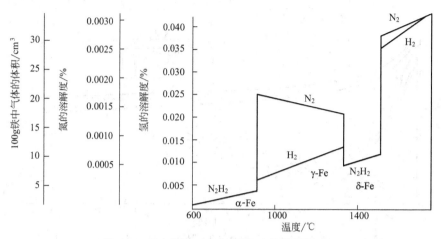

图 1-14　压力为 0.1Pa 时氮和氢在铁中的溶解度

c. 氢的扩散　氢有很强的扩散能力，H 和 H^+ 甚至在室温下都能在固体金属中扩散。在钢的焊缝中，氢大部分以氢原子或离子的状态存在，与铁形成间隙固溶体。由于氢原子或离子的半径很小，扩散能力强，一部分可在金属晶格中自由扩散，把能够在焊缝区中自由扩散的这一部分氢称为扩散氢；另外一部分氢扩散到金属的晶格缺陷、显微裂纹和非金属夹杂物边缘的空隙处，结合成氢分子，因其半径大，不能继续扩散而残留在焊缝中，这部分氢称为残余氢。

焊缝中总的含氢量是扩散氢和残余氢之和。焊后随焊件放置时间的增加，扩散氢的一部分逸出到焊缝外面，一部分变成残余氢。随着扩散氢的逸出，焊缝中的扩散氢减少，残余氢增加，总的含氢量则下降，如图 1-15 所示。通常所说的焊缝中扩散氢的含量是指焊后立即进行测定所得的结果。

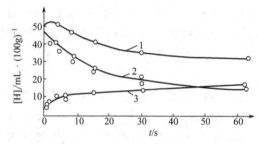

图 1-15　焊缝中含氢量与焊后放置时间的关系
1—总氢量；2—扩散氢；3—残余氢

② 氢对焊接质量的影响　氢是焊缝中的有害元素之一，氢的溶解与扩散，会给焊接质量带来以下影响。

a. 导致氢脆　金属因吸收氢而导致塑性严重下降的现象称为氢脆（氢脆性）。氢脆是溶解在金属中的氢引起的，焊缝中的剩余氢扩散，聚集在金属的显微缺陷内，结合成分子氢，造成局部高压区，阻碍塑性变形，使焊缝的塑性严重下降。氢脆的特点是金属的塑性明显下降，而对强度的影响不大，往往会造成结构的整体破坏。焊缝中剩余氢含量越高，则氢脆性越大。经过脱氢处理，可以使钢的力学性能得到恢复。

b. 产生白点　钢的焊缝在含氢量高时，常常在焊缝金属的拉断面上出现如鱼目状的一种白色圆形点，称为白点。白点的直径一般为 0.5～5mm，其周围为塑性断口，中心有小夹杂物或气孔，白点的产生与氢的扩散、聚集有关。白点会使焊缝金属的塑性大大降低，焊缝中含氢量越高，出现白点的可能性越大。如果含氢的焊缝在拉伸前进行一定的热处理，则在拉伸时就不出现白点。

c. 形成氢气孔　熔池结晶时氢的溶解度突然下降，使氢在焊缝中处于过饱和状态，并促使氢原子复合成氢分子，氢分子不溶于金属，若来不及逸出，就会在金属中形成空洞，即氢气孔。

d. 导致冷裂纹 氢是导致焊接接头在较低温度（一般 300℃）以下开裂的主要因素之一。焊接冷裂纹是危害最严重的焊接缺陷。

综上所述，氢对焊接质量的影响可以分为两种类型：一类是经过时效或热处理可以消除的，如氢脆，称为暂态现象；另一类则是一旦出现即无法消除的，如气孔、裂纹等，称为永久现象。

③ 氢的控制措施 氢对焊接质量有严重危害。为了保证焊接质量，必须采取措施减少焊缝中的含氢量，常用的措施有以下几种。

a. 控制焊接材料中氢的含量 限制焊条药皮或焊剂原料中有机物和水分的含量，可减少氢的来源。因此，焊接材料在使用前应按规定的温度和时间进行烘焙，存放焊接材料时应采取有必要的防潮措施，不允许焊条或焊剂长时间暴露在大气中。一般低氢型焊条的烘干温度为 350～400℃；含有机物的焊条烘干温度不应超过 250℃，一般为 150～200℃；熔炼焊剂使用前通常 250～300℃×2h 烘焙处理；烧结焊剂一般用 300～400℃×2h 烘焙处理。焊条、焊剂烘干后应立即使用，或暂存在 100～150℃ 的烘箱或保温筒内，随用随取，以免重新吸潮。

b. 清除焊件及焊丝表面的杂质 焊件坡口和焊丝表面的铁锈、油污、吸附水以及其他含氢物质是增加焊缝含氢量的主要原因之一，故焊前应仔细清理干净。目前，国内外多采用对焊丝进行镀铜处理的办法，既可防止焊丝生锈，又可改善其导电能力。

c. 冶金处理 即通过化学反应降低电弧气氛中氢的分压，从而降低氢在液体金属中的溶解度。目前最有效的办法是通过药皮或焊剂组成物与氢的作用，使之转化为在高温下既稳定又不溶于液体金属的 HF 或 OH（自由氢氧基）。为此，在药皮中加入适量的 CaF_2 或 MnO_2、Fe_2O_3 等氧化剂，都可以有效降低氢的分压。

如在药皮和焊剂中加入氟石 CaF_2 具有较强的去氢作用，其反应式为

$$CaF_2 + H_2O = CaO + 2HF$$
$$CaF_2 + H_2 = Ca + 2HF$$

反应生成物 HF 不溶于液态金属而逸出至大气中，从而减少焊缝的含氢量。

d. 控制焊接参数 焊接电流及电弧电压、电源的性质与极性对焊缝含氢量有一定的影响。一般情况下，降低焊接电流和电弧电压，可减少焊缝的含氢量；但在气体保护电弧焊时，当电流增加到一定值，熔滴过渡形式由颗粒过渡转变为喷射过渡，含氢量明显减少。电源的性质与极性的影响是，用交流焊接比用直流焊接时焊缝的含氢量高，直流正接的焊缝含氢量较直流反接的高。但总的来说，调整焊接参数对减少焊缝的含氢量效果不是很明显。

e. 焊后热处理 焊后对焊件进行加热可使扩散氢排出。焊后加热焊件，促使氢扩散外逸，从而减少焊接接头中氢含量的工艺叫脱氢处理。一般把焊件加热到 350℃ 以上，保温 1h，可将绝大部分扩散氢去除。需要说明的是，随焊件焊后放置时间的延长，部分扩散氢将转变为残余氢，而残余氢通过加热是无法消除的，因此，脱氢处理要在焊后立即进行。

在上述措施中，控制氢和水分的来源是最重要的。

(2) 氮对焊缝金属的作用及其控制

氮主要来自于电弧周围的空气。焊接时，即使在正常保护的条件下，也总会有少量的氮进入焊接区与熔池金属作用。

① 氮与焊缝金属的作用 氮既能溶解在铁中，又可与某些金属形成氮化物，如 Fe、

Ti、Mn、Cr 等，但 Cu、Ni 不与氮作用，故可用氮作保护气体。在电弧高温的作用下，氮分子将分解为氮原子。氮可以以原子状态或以同氧化合的 NO 的形式溶入熔池。氮在铁中的溶解度如图 1-14 所示。其溶解度随温度升高而增加，且与铁的晶体结构有关。

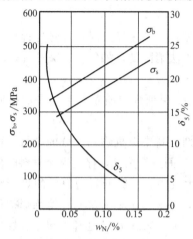

图 1-16　氮对焊缝金属常温力学性能的影响

② 氮对焊接质量的影响　氮是钢焊缝中的有害元素，它对焊接质量的影响如下。

a. 形成氮气孔　与氢相似，氮也是形成气孔的重要因素之一。熔池中若溶入了较多的氮，在焊缝凝固过程中，因溶解度的突降而将有大量的氮以气泡的形式析出。如果氮气泡来不及逸出，便在焊缝中形成氮气孔。

b. 降低焊缝金属的力学性能　焊缝中含氮量的增加，使其强度升高，塑性、韧性下降，如图 1-16 所示。当熔池中有较多的氮时，其中一部分以过饱和的形式溶解于固溶体中，其余的部分则以针状氮化物 Fe_4N 的形式析出，分布在固溶体的晶内和晶界上，从而使焊缝的强度上升，塑性、韧性急剧下降。只有当焊缝中 $w_N < 0.001\%$ 时，才可不考虑其影响。

c. 时效脆化　这里所说的时效，是指金属或合金（如低碳钢）高温快冷或经过一定的冷加工变形后其性能随时间改变的现象。一般而言，经过时效，金属的强度有所提高，而塑性、韧性下降。氮是引起时效脆化的元素，主要是因为焊缝中过饱和溶解的氮随时间延长逐渐以 Fe_4N 形式析出，导致焊缝金属的塑性和韧性持续下降，即时效脆化。

③ 氮的控制措施

a. 加强机械保护　氮主要来自周围的空气，而且一旦进到焊缝金属中，脱氮就比较困难。因此，加强对电弧气氛和液态金属的机械保护，防止空气侵入，是控制焊缝含氮量的主要措施。现代熔焊所采用的各种保护方式，虽然效果有所区别，但大多数可以保证焊缝中的含氮量与母材和焊丝相当。

b. 合理选用焊接参数　电弧电压增加，焊缝含氮量增大，故应尽量采用短弧焊。采用直流反极性接法，减少了氮离子向熔滴溶解的机会，因而减少了焊缝的含氮量。在焊接低碳钢时，焊接电流开始增加，焊缝的含氮量增加；但继续增加焊接电流，由于金属强烈蒸发，使氮的分压下降，焊缝中的含氮量又逐渐下降。

c. 控制焊接材料的成分　增加焊丝或药皮中的含碳量可降低焊缝的含氮量。这是因为碳可降低氮在铁中的溶解度，碳氧化生成 CO、CO_2 可降低气相中氮的分压；碳氧化引起熔池的沸腾有利于氮的逸出。焊丝中加入一定数量与氮亲和力大的合金元素，如 Ti、Zr、Al 或稀土元素等，可形成稳定氮化物进入熔渣，起到脱氮的作用。

总之，从目前的实践经验来看，加强机械保护是控制氮的最有效的措施，其他办法都有一定的局限性。

(3) 氧对焊缝金属的作用及其控制

焊接区的氧主要来自于电弧中氧化性气体（CO_2、O_2、H_2O 等）、侵入的空气、药皮中的高价氧化物和焊接材料与焊件表面的铁锈、水分等分解产物。

① 氧与焊缝金属的作用　金属与氧的作用有两种：一种是不溶解氧，但与氧气发生剧

烈的氧化反应，如 Al、Mg 等；另一种是能有限溶解氧，同时也发生氧化反应，如 Fe、Ni、Cu、Ti 等。这里主要介绍氧与铁的作用。

a. 氧的溶解　氧既可溶解于铁中，又可以与铁和钢中的合金元素形成氧化物。通常氧是以原子氧和氧化亚铁（FeO）两种形式溶解于液态铁中。氧在铁中的溶解度与温度有关，温度降低，溶解度急剧下降，如在 1600℃ 以上时，氧的溶解度可达到 $w_O=0.3\%$；在铁的熔点，则降为 0.16%；由 δ-Fe 转变为 α-Fe，又降到 0.05%；而在室温下，氧几乎不溶于铁中，因此，在焊缝中，氧主要以氧化物夹杂的形式存在，在低碳钢中则主要是铁的氧化物。固溶于焊缝金属中的氧是极少量的，通常所说的焊缝含氧量是指溶解氧与化合氧之和。

b. 焊缝金属的氧化

Ⅰ. 气相对焊缝金属的氧化。电弧气氛中的 O_2、O、CO_2、H_2O 都对 Fe 及钢中合金元素有不同程度的氧化作用，焊接低碳钢及低合金钢时，主要考虑铁的氧化。

焊条电弧焊时，药皮中的高价氧化物（MnO_2、Fe_2O_3）分解产生的氧和来自电弧周围空气中的氧可与 Fe 或与合金元素直接作用，如：

$$2Fe+O_2 =\!=\!= 2FeO$$
$$Fe+O =\!=\!= FeO$$
$$2Mn+O_2 =\!=\!= 2MnO$$
$$2C+O_2 =\!=\!= 2CO$$

产生的 FeO 能溶于液体金属，熔池中的 FeO 还会使其他元素进一步地氧化，如：

$$FeO+C =\!=\!= CO+Fe$$
$$FeO+Mn =\!=\!= MnO+Fe$$
$$2FeO+Si =\!=\!= SiO_2+2Fe$$

CO_2、H_2O 在电弧高温下分解产生 O_2 或 O 也起到了氧化作用，温度越高，分解度越大，氧化性就越强。由于 CO_2 比 H_2O 更容易分解，在一定的温度下 CO_2 的氧化性比 H_2O 强。

Ⅱ. 熔渣对焊缝金属的氧化。熔渣对焊缝金属的氧化有扩散氧化和置换氧化两种基本方式。

FeO 既可溶于熔渣也可以溶于液体金属。熔渣中的 FeO 可以直接由熔渣向焊缝金属扩散而使焊缝增氧的过程叫做扩散氧化。即

$$(FeO) \longrightarrow [FeO]$$

式中　(FeO)——熔渣中的 FeO；

[FeO]——焊缝金属中的 FeO。

上述过程是可逆的，在一定温度下达到平衡时，FeO 在熔渣中的浓度与焊缝金属中的浓度符合分配定律，即

$$L=\frac{(FeO)}{[FeO]}$$

式中，L 为分配常数。

分配常数 L 与熔渣的性质和温度有关。因此，在温度一定时，如果熔渣中 FeO 的浓度增加，就会自动向熔池扩散，以保持 L 不变，而使焊缝增氧。在焊接低碳钢时，焊缝金属的含氧量随熔渣中（FeO）的增加而直线上升，如图 1-17 所示。

分配常数 L 与温度有关，温度上升，L 值下降，FeO 由熔渣向熔池扩散，因此在熔滴

区和熔池前部〔FeO〕增加，最终使焊缝增氧。

分配常数 L 还与熔渣的性质有关，在温度相同的条件下，碱性熔渣的 L 值小于酸性熔渣。实验表明，在熔渣中 FeO 含量相同时，碱性渣焊缝中的含氧量比酸性渣大，如图 1-18 所示。形成这一现象的原因除了与分配常数大小有关外，还与 FeO 在熔渣中存在的形式有关。在冶金过程中，只有自由的 FeO 分子才能参加反应，而形成复合盐后就不能再自由扩散到熔池中。在碱性熔渣中，SiO_2、TiO_2 等酸性氧化物比较少，FeO 大部分以自由状态存在；在酸性熔渣中，因有较多的酸性氧化物能与 FeO 形成稳定的复合盐，FeO 以分子形式存在的很少，所以扩散到熔池中的 FeO 也比较少。

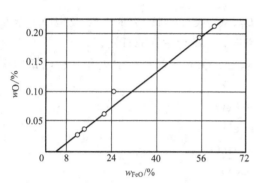

图 1-17　熔渣中 FeO 含量与焊缝中含氧量的关系

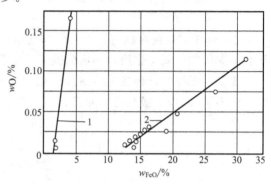

图 1-18　熔渣的性质与焊缝含氧量的关系
1—碱性渣；2—酸性渣

上述分析是以熔渣中 FeO 的含量相同为前提的。而在实际的碱性焊条或焊剂中，一般不使用含有氧化铁的原材料，又加入了较多的脱氧剂，并要求焊前仔细清理母材与焊丝表面的氧化皮和铁锈，保证了用碱性熔渣焊接的焊缝中含氧量大大低于酸性熔渣焊接的焊缝。

焊缝金属与熔渣中易分解的氧化物发生置换反应而被氧化的过程称置换氧化。当熔渣中含有 SiO_2、MnO 等氧化物时，易使铁被氧化，反应式如下：

$$2[FeO]+(SiO_2)\Longrightarrow[Si]+2FeO$$
$$[Fe]+(MnO)\Longrightarrow[Mn]+FeO$$

反应产物 FeO 按分配定律进入熔渣与熔池，从而使焊缝金属被氧化。因此，高锰高硅焊剂配合低碳钢焊丝在焊接低碳钢和低合金钢时，尽管焊缝中的含氧量增加了，但因有益元素 Si、Mn 的同时增加，因而焊缝的力学性能也有所改善，抗裂能力有所提高，故此种配合仍有实用价值。但是，在焊接中、高合金钢时，这种焊剂与焊丝的配合是不允许使用的，因为焊缝中的增氧与增硅将使其力学性能恶化。

Ⅲ. 焊件表面氧化物对焊缝金属的氧化。焊件表面的铁锈及氧化皮对焊缝金属也有氧化作用。铁锈在高温下分解为：

$$2Fe(OH)_3\Longrightarrow Fe_2O_3+3H_2O$$

分解产物 H_2O 进入气相后，进一步分解增加了气相的氧化性，而 Fe_2O_3 与液相铁作用：

$$Fe_2O_3+[Fe]\Longrightarrow3FeO$$

氧化铁皮的成分为 Fe_3O_4，与铁作用：

$$Fe_3O_4+[Fe]\Longrightarrow4FeO$$

上述两式产生的 FeO 将按分配定律部分进入熔池，从而使焊缝金属氧化。因此，焊前必须清理焊件坡口附近及焊丝表面的氧化皮及铁锈。

② 氧对焊接质量的影响　由于气体、熔渣及焊件表面氧化物对焊缝金属的氧化，使焊缝金属的含氧量增加，对焊接质量带来不利的影响，具体影响如下。

a. 降低焊缝金属的力学性能　随着焊缝中含氧量的增加，其强度、塑性、韧性等各项力学性能指标都下降，其中冲击韧度下降最为显著，如图 1-19 所示。

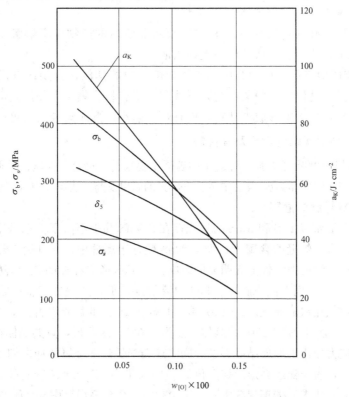

图 1-19　氧对低碳钢焊缝常温力学性能的影响
（氧主要以 FeO 形式存在）

b. 产生气孔　熔池中的氧与碳反应，生成不溶于金属的 CO，如熔池结晶时 CO 气泡来不及逸出，则在焊缝中形成 CO 气孔。

c. 使焊缝中的有益元素烧损　由于氧几乎可以和各种元素化合，熔池中的氧将使钢中的有益合金元素氧化，从而使焊缝的性能变坏。

d. 降低焊缝金属的其他性能　氧会降低焊缝金属的物理和化学性能，如降低导电性、导磁性和抗腐蚀性等；还会引起焊缝金属的热脆性、冷脆性及时效硬化，并提高脆性转变温度。

e. 产生飞溅　在焊接时，熔滴区产生的 CO，使熔滴爆炸，产生飞溅，影响焊接过程的稳定性。

③ 氧的控制措施

a. 严格限制氧的来源。采用不含氧或低氧的焊接材料，如用无氧焊条，无氧焊丝、焊剂等。采用高纯度的惰性保护气体或真空环境下焊接。清除焊件、焊丝表面上的铁锈、氧化皮等污物，烘干焊接材料。

b. 控制焊接工艺规范。采用短弧焊，加强保护效果，限制空气与液体金属的接触。

c. 脱氧处理。脱氧处理是通过在焊接材料中加入某种对氧亲和力较大的元素，使其在焊接过程中夺取气相或氧化物中的氧，从而减少焊缝金属的氧化及含氧量。用于脱氧处理的元素称脱氧剂，脱氧剂的选择原则如下。

a) 在焊接温度下，脱氧剂对氧的亲和力应大于被焊金属对氧的亲和力。在焊接低碳钢和低合金钢时，主要要求脱氧剂对氧的亲和力比铁大，从而可夺取 FeO 中的氧使焊缝脱氧。在钢的常用合金元素中，对氧的亲和力比铁大的元素，按亲和力从大到小的顺序为 Al、Ti、Si、Mn 等。在其他条件相同时，元素与氧的亲和力越大，脱氧效果应越好。生产中常用它们的铁合金或金属粉。

b) 为使脱氧产物能顺利过渡到熔渣中，要求脱氧后的产物应不溶解于液态金属，并且密度比液体金属小，从而易于从熔池中上浮入渣。

c) 脱氧产物的熔点低于焊缝金属，或能与熔渣中的其他化合物结合成熔点较低的复合盐。因为在熔池凝固过程中，脱氧产物处于液态，很容易聚集长大并浮到熔渣中，以固态形式存在，就很容易在焊缝中形成夹杂物，而且颗粒越小，形成夹杂物的可能性应越大。

1.3.2　硫、磷对焊缝的危害及其控制

硫、磷是钢焊缝中的有害杂质。焊缝中的硫磷主要来自于母材、焊丝、焊条、药皮或焊剂等。实验表明，母材中几乎全部的硫，焊芯中 70%～80% 的硫以及药皮或焊剂中 50% 的硫将进入焊缝中。

(1) 硫、磷对焊缝的危害

硫在钢焊缝中通常以 FeS 和 MnS 的形式存在。MnS 几乎不溶于液态铁中，在焊接冶金过程中可进入熔渣而降低焊缝的含硫量，少量 MnS 残存于焊缝中，因其熔点较高，且以微小质点弥散分布，对钢焊缝的力学性能无明显的影响。以 FeS 形式存在的硫危害较大，高温时 FeS 可与液态 Fe 无限互溶；而在固态铁中，FeS 的溶解度很低，所以在熔池一次结晶时很容易形成偏析，并与铁或氧化铁形成 (FeS+Fe) 或 (FeS+FeO) 低熔点共晶体，通常，(FeS+Fe) 共晶体熔点为 985℃，(FeS+FeO) 共晶体熔点为 940℃，这些低熔点共晶体在结晶后期分布在晶界上，在焊接应力作用下形成结晶裂纹，同时还会降低焊缝金属的冲击韧度和耐蚀性。在焊接含镍的合金钢时，硫与镍还会形成熔点更低 (644℃) 的 (NiS+Ni) 共晶体，使结晶裂纹的敏感性增大。因此，要求低碳钢焊缝中 $w_S \leqslant 0.035\%$，合金钢焊缝中 $w_S \leqslant 0.025\%$。

磷在低碳钢和大多数的低合金钢中是有害的。在液态铁中，磷主要以 Fe_2P 和 Fe_3P 形式存在，它们可以与铁形成低熔点共晶体 Fe_3P+Fe (熔点为 1050℃)。磷加入铁中，扩大了固相线与液相线之间的距离，所以含磷的铁合金在从液态转变为固态的过程中，含磷较高 (熔点较低) 的铁液将聚集在枝晶之间，造成偏析，减弱了晶间结合力。因此，磷将降低钢的冲击韧度，特别是低温冲击韧度。在焊接含镍的合金钢时，磷还会形成熔点更低的 (Ni_3P+Ni) 共晶体 (熔点 880℃)，而导致焊缝中产生结晶裂纹。在焊接时，应对焊缝金属中的含磷量严格控制，低碳钢和低合金钢焊缝中要求 $w_P \leqslant 0.045\%$，高合金钢焊缝要求 $w_P \leqslant 0.035\%$。

(2) 控制焊缝中硫、磷的措施

① 限制硫、磷的来源　焊缝中的硫、磷主要来自于母材和焊接材料。母材、焊丝中的硫、磷含量一般较低，药皮、焊剂的原材料如锰矿、赤铁矿、钛铁矿等含有一定量的硫、磷，对焊缝的含硫量、含磷量影响较大，因此，限制母材、焊丝，尤其是药皮、焊剂中的硫、磷含量是防止硫、磷危害的主要措施。

② 冶金处理　冶金处理脱硫、脱磷是利用对硫、磷亲和力比铁大的元素将铁还原，而自身与硫、磷生成不溶于液态金属的硫化物、磷化物进入熔渣而去除硫和磷。

a. 冶金脱硫处理。冶金脱硫处理的实质是用某种元素 (脱硫剂) 与溶解在金属中的硫或硫化物作用，生成不溶解在液体金属中的产物，使其进入熔渣，而降低焊缝中的含硫量。

在焊接冶金过程中，常用锰作为脱硫剂，其反应为：

$$[FeS]+[Mn]\!=\!=\![Fe]+(MnS)+Q$$

反应产物 MnS 不溶于钢液，大部分进入熔渣。锰的脱硫反应为放热反应，降低温度有利于脱硫进行。

也可采用 MnO、CaO 等碱性氧化物进行脱硫。其脱硫反应为：

$$[FeS]+(MnO)\!=\!=\!(MnS)+(FeO)$$
$$[FeS]+(CaO)\!=\!=\!(CaS)+(FeO)$$

产物 MnS、CaS 不溶于钢液而进入溶渣，增加渣中 MnO、CaO 的含量，减少 FeO 的含量有利于脱硫反应的进行，因此碱性熔渣的脱硫能力明显高于酸性熔渣，碱度越高，脱硫效果越好。在实际焊接条件下，熔渣的碱度都不很高，加之熔池冷却速度很快，脱硫效果受到限制，因此限制硫的来源是控制焊缝中含硫量的主要措施。

b. 冶金脱磷处理。冶金脱磷处理分两步进行：首先，将磷氧化成 P_2O_5；然后 P_2O_5 与渣中碱性氧化物复合成稳定的磷酸盐而进入熔渣，其反应式为：

$$2[Fe_3P]+5(FeO)\!=\!=\!P_2O_5+11[Fe]$$
$$2[Fe_2P]+5(FeO)\!=\!=\!P_2O_5+9[Fe]$$
$$P_2O_5+3(CaO)\!=\!=\!\{(CaO)_3 \cdot P_2O_5\}$$
$$P_2O_5+4(CaO)\!=\!=\!\{(CaO)_4 \cdot P_2O_5\}$$

由上式可知：增加渣中 CaO、FeO 的含量，可提高脱磷效果。碱性焊条熔渣中含有较多的 CaO，有利于脱磷，但碱性渣中 FeO 含量较低，因而脱磷效果并不理想。酸性焊条熔渣中虽含有一定的 FeO，有利于磷的氧化，但 CaO 的含量极少，故酸性焊条的脱磷效果比碱性焊条差。

总之，焊接过程中的脱磷、脱硫都较困难，而脱磷比脱硫更难，要控制焊缝中的硫、磷含量，主要是要严格控制焊接原材料中的硫、磷含量。

1.4　焊接接头的组织与性能

1.4.1　熔池的凝固与焊缝金属的固态相变

随着温度下降，熔池金属开始了从液态到固态转变的凝固过程，并在继续冷却中发生固态相变。熔池的凝固与焊缝的固态相变决定了焊缝金属的晶体结构、组织与性能。在焊接热源的特殊作用下，大的冷却速度还会使焊缝的化学成分与组织出现不均匀的现象，并有可能产生焊接缺陷。

(1) 熔池的凝固

焊接熔池的凝固过程服从于金属结晶的基本规律。宏观上，金属结晶的实际温度总是低于理论结晶温度，即液体金属具有一定的过冷度是凝固的必要条件。微观上，金属的凝固过程是由晶核不断形成和长大这两个基本过程共同构成。此外，研究焊接熔池的凝固过程，必须结合焊接热循环的特点与具体施焊条件。

① 熔池凝固的条件与特点　焊接熔池与铸锭相比，具有如下特点。

a. 焊接熔池体积小。一般在电弧焊条件下，熔池体积最大不过几十立方厘米，质量不超过 100g，与以吨为单位的铸铁相比是微乎其微的。

b. 焊接熔池的温度极不均匀。熔池中部处于热源中心呈过热状态，一般钢可达 2300℃；而熔池边缘紧邻未熔化的母材处，是过冷的液体金属（一般略低于母材的熔点），因此，从熔池中心到边缘存在很大的温度梯度。

体积小、温度梯度大，决定了焊缝凝固时冷却速度极高，在 4～100℃/s 范围内，比一般的铸锭的冷速高出约 10^4 倍。

c. 熔池在运动状态下凝固。熔池随热源运动，对凝固过程带来两个方面的影响。一是使熔池各部位在液态停留的时间非常短，而且熔化与凝固同时进行。二是随热源的运动及焊条的连续给进，熔池中不断有新的液体金属补充并进行搅拌。因此，熔池金属的凝固过程总是在新基础上开始，固液相界面以比铸锭高出 10～100 倍的速度向前推进，同时在运动中不断排出气体。焊条摆动与电弧吹力所产生的强烈搅拌作用，进一步促进气体和杂质的浮出，因而焊缝的凝固组织要比一般铸锭致密性好。

d. 焊接熔池凝固以熔化母材为基础。在熔化母材基础上的凝固过程与熔池的形状、尺寸密切相关，并直接取决于焊接工艺。此外，母材形成的"壁模"与熔池之间不存在空隙，因而具有较好的导热条件与形核条件。

② 熔池的凝固过程　焊缝金属一次结晶的过程也是由晶核的形成和晶核的长大两个过程组成。焊接熔池中形成的晶核有两种，自发晶核和非自发晶核。熔池中的结晶主要以非自发晶核为主。熔池开始结晶的非自发晶核有两种：一种是合金元素或杂质的悬浮质点，这种晶核一般情况下所起的作用不大；另一种是主要的，就是依附在熔合区附近加热到半熔化状态母材金属的晶粒表面形成晶核，结晶就是从这里开始，即熔池的结晶是以母材半熔化状态的晶粒的表面为晶核而长大的。也就是说，焊缝金属的一次结晶是从母材半熔化状态的晶粒开始，朝着散热反方向以柱状晶的形式向熔池中心生长，如图 1-20 所示。因此，焊缝实际上是母材晶粒的延伸，二者之间不存在界面，从而使焊缝与母材具有共同的晶粒而形成一个整体。这种依附于母材半熔化状态晶粒开始长大的结晶方式，叫做联生结晶（或交互结晶）。

联生结晶是熔焊最重要、最本质的特征，它决定了熔焊具有密封性好、强度高等一系列优点。

焊接熔池的一次结晶过程如图 1-21 所示。焊接熔池中的晶体总是朝着与散热方向相反的方向长大。当晶体的长大方向与散热最快的反方向一致时，此方向的晶体长大最快。由于熔池最快的散热方向是垂直于熔合线的方向指向金属内部，所以晶体的成长方向总是垂直于熔合线指向熔池中心，因而形成了柱状结晶。当柱状晶体不断地长大至互相接触时，焊接熔池的一次结晶宣告结束。

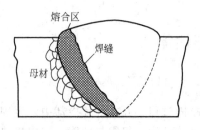

图 1-20　母材半熔化晶粒长大的柱状晶

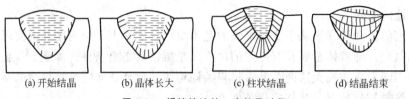

(a) 开始结晶　　(b) 晶体长大　　(c) 柱状结晶　　(d) 结晶结束

图 1-21　焊接熔池的一次结晶过程

焊缝金属的一次结晶从熔合线附近开始形核，以联生结晶的形式呈柱状向熔池中心长大，得到柱状晶组织，最终形成焊缝。由于熔池体积小，冷却速度高，一般电弧焊条件下焊缝中得不到等轴晶粒。

(2) 焊缝金属的固态相变

一次结晶后，熔池液态金属转变为固态焊缝。焊接熔池结晶后得到的组织叫做一次组织。对大多数的钢焊缝来说，一次组织是奥氏体。高温的焊缝固态金属冷却到室温还要经过一系列固态相变，即二次结晶。一般情况下，焊缝的二次结晶组织即为室温组织。二次结晶组织对焊缝的性能起决定性作用；而二次结晶组织主要取决于焊缝金属的化学成分和冷却速度。

对于低碳钢焊缝来说，由于含碳量低，二次结晶组织一般为铁素体＋珠光体。其中铁素体首先沿着原奥氏体柱状晶晶界析出，可以勾画出一次组织的轮廓。当焊缝在高温停留时间较长而在固态相变的温度下冷却速度又比较高时，铁素体可能从奥氏体晶粒内部按一定方向析出，以长短不一的针状或片状直接插入珠光体晶粒中，而形成魏氏体组织。魏氏体组织的塑性和韧性比正常的铁素体＋珠光体要低些。低碳钢焊缝中铁素体与珠光体的比例与平衡状态亦有较大区别，冷却速度越快，珠光体所占比例越大，组织越细，硬度也随之上升。如当焊缝的冷却速度为 $10℃/s$ 时，珠光体在焊缝中所占的体积百分数为 35%，硬度为 185HV；而当冷却速度为 $110℃/s$ 时，珠光体在焊缝中所占的体积百分数上升为 62%，硬度为 228HV。因此，当焊缝与母材的成分完全相同时，焊缝的强度、硬度均高于母材。为保证焊缝与母材的力学性能相匹配，要求焊缝中的含碳量低于母材。

低合金钢焊缝的固态相变比较复杂，不仅可能发生铁素体和珠光体转变，有些钢中还会发生贝氏体或马氏体转变。当母材强度不高时（如 Q295、Q345），焊缝中的碳和合金元素均接近于低碳钢，焊缝的二次结晶组织通常为铁素体＋珠光体。而当母材是热处理强化钢时，焊缝中合金元素的种类及数量较多，淬透性也相应提高，这时一般不会发生珠光体转变，随着冷却速度不同，二次结晶组织可以是铁素体＋贝氏体、铁素体＋马氏体或单一的马氏体。一般焊接用高强度钢，含碳量都比较低（$w_C \leqslant 0.18\%$），得到的低碳马氏体或下贝氏体都有较高的韧性。而当冷却速度很慢时，析出较多的粗大铁素体反而使焊缝性能下降。

1.4.2　熔合区的特征

熔合区又称熔合线，是焊缝向热影响区的过渡区，位于焊缝与母材交界处，最高加热温度在固、液相线之间。高温时，区内既有液态金属，又有未完全熔化的母材，是固液两相并存的半熔化区。熔合区实际上是一个具有一定宽度的区域，但该区范围很窄，甚至在显微镜下有时也很难分辨。被焊金属的固液相温度差越大，温度梯度越小，熔合区越宽。

焊接时，熔合区部分金属被熔化，通过扩散方式使液态金属与母材金属结合在一起。因此，该区化学成分一般不同于焊缝，也不同于母材金属。当焊接材料和母材都为成分相近的低碳钢时，该区化学成分无明显变化，但靠近母材的一侧为过热组织，晶粒粗大、塑性和韧性较低。当焊缝金属与母材的化学成分、线胀系数和组织状态相差较大时，会导致碳及合金元素的再分配，同时产生较大的热应力和严重的淬硬组织。所以熔合区是产生裂纹、发生局部脆性破坏的危险区，是焊接接头中的薄弱环节。

1.4.3　焊接热影响区加热特点及组织转变特点

对一定的材料来说，焊接热影响区在加热时的组织转变，主要取决于热影响区各点所经历的焊接热循环。根据热处理知识，钢在加热时的组织转变主要取决于最高加热温度和冷却速度。在焊接热源作用下，焊接热影响区各点的最高加热温度与冷却速度取决于该点到焊缝中心的距离。在近缝区，最高加热温度可达到固相线温度或晶粒粗化的温度，而沿远离焊缝的方向最高加热温度逐渐降低，最后低于相变开始的温度 A_{c1}。各点经历的热循环不同，组织与性能变化也不一样。

（1）焊接热影响区的加热特点（与热处理相比）

① 加热温度高。热影响区的加热温度一般略高于 A_{c3}，而靠近熔合线附近的最高加热温度接近金属的熔点，与热处理加热温度相差很大。

② 加热速度快。由于焊接热源强烈集中，加热速度比热处理要大几十倍到几百倍。

③ 高温停留时间短。根据焊接热循环的特点，热影响区在 A_{c3} 以上的停留时间很短。如焊条电弧焊约为 4～20s，埋弧焊约 30～100s，而热处理可按需要任意控制保温时间。

④ 自然条件下连续冷却。焊接过程中，热影响区一般都在自然条件下连续冷却。

⑤ 局部加热。焊接加热一般只集中于焊接区，且随热源的移动，被加热区也随之移动。因此，造成焊接影响区的组织不均匀和应力状态复杂。

（2）焊接热影响区加热时组织转变的特点

a. 使相变温度升高。钢加热温度超过 A_1 时将发生珠光体、铁素体向奥氏体转变，其转变过程是一个扩散重结晶过程，需要一定时间。在快速加热条件下，相变过程来不及在理论相变温度完成，从而使相变温度提高。加热速度越快，相变温度升高得越多。当钢中含有碳化物形成元素时，随加热速度提高，相变温度升高更明显。

b. 影响奥氏体均质化程度。奥氏体均质化过程是属于扩散过程，焊接热影响区加热速度快、相变温度以上停留时间短都不利于扩散，使奥氏体均质化程度下降。

焊接热影响区在焊接条件下的热过程与热处理条件下有显著不同，其冷却时的组织转变也有很大差异。现以 45 钢和 40Cr 钢为例，说明两种不同冷却过程的组织转变特点。

图 1-22 中两种情况的冷却曲线 1、2、3 彼此具有各自相同的冷却速度。在同样冷却速度条件下，其组织不同，见表 1-3。由表 1-3 可知，45 钢在相同冷却速度下，焊接热影响区淬硬倾向比热处理条件下大。

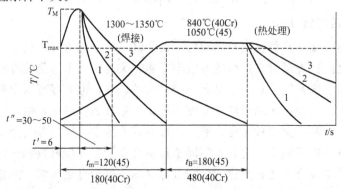

图 1-22　焊接和热处理时加热及冷却过程示意

T_M—金属熔点；T_{max}—峰值温度

t_m—热处理加热时间；t_B—热处理保温时间

表 1-3　焊接及热处理条件下的组织百分比

钢种	冷却速度/（℃/s）	组织/%			钢种	冷却速度/（℃/s）	组织/%		
		铁素体	马氏体	珠光体及中间组织			铁素体	马氏体	珠光体及中间组织
45	4	5（10）	0（0）	95（90）	40Cr	4	1（0）	75（95）	24（5）
	18	1（3）	90（27）	9（70）		14	0（0）	90（98）	10（2）
	30	1（1）	92（69）	7（30）		22	0（0）	95（100）	5（0）
	60	0（0）	98（98）	2（2）		36	0（0）	100（100）	0（0）

这是因为一方面45钢不含碳化物合金元素，不存在碳化物的溶解过程，另一方面热影响区组织的粗化，增加了奥氏体的稳定性。相反，40Cr钢在同样冷却速度下，焊接热影响区淬硬倾向比热处理时小，这是因为焊接加热速度快，高温停留时间短，碳化物合金元素铬不能充分溶解于奥氏体中，削弱了奥氏体在冷却过程中的稳定性，易先析出珠光体和中间组织，从而降低了淬硬倾向。

母材的成分不同，焊接热影响区各点经受的热循环不同，焊后发生组织和性能的变化也不相同。

① 不易淬火钢热影响区的组织和性能　不易淬火钢有低碳钢和低合金高强钢（Q345、Q390）等，其热影响区从里至外可分过热区、正火区、部分相变区和再结晶区等四个区域，如图1-23所示。下面以低碳钢为例来说明该类钢在焊接时其热影响区内各区域的组织和性能。

a. 过热区　过热区紧邻熔合区，加热温度范围为1100～1490℃。由于温度高，奥氏体晶粒严重长大，冷却后获得晶粒粗大的过热组织，有时，还会出现魏氏组织。因此，该区塑性和韧性都很低，其韧性比母材金属低20％～30％，是热影响区中的薄弱环节。

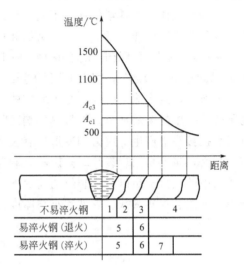

图1-23　热处理区划分示意
1—过热区；2—正火区；3—部分相变区；4—再结晶区；
5—完全淬火区；6—不完全淬火区；7—回火区

b. 正火区　加热温度范围为900～1100℃。加热时该区的铁素体和珠光体全部转变为奥氏体。由于温度不高，晶粒长大较慢，空冷后得到均匀细小的铁素体和珠光体，相当于热处理中的正火组织。该区也称相变重结晶区或细晶区，其性能既具有较高的强度，又有较好的塑性和韧性。力学性能略高于母材，是热影响区中综合力学性能最好的区域。

c. 部分相变区　加热温度在Ac_1～Ac_3之间，对低碳钢为750～900℃。该区母材中的珠光体和部分铁素体转变为晶粒比较细小的奥氏体，但仍留部分铁素体。冷却时，奥氏体转变为细小的铁素体和珠光体，而未溶入奥氏体的铁素体不会发生转变，晶粒长大粗化，变成粗大铁素体，最后得到晶粒大小极不均匀的组织，其力学性能也不均匀。该区又称不完全重结晶区。

d. 再结晶区　加热温度在450～750℃。当母材焊前事先经过冷加工变形，在此温度区域内就发生再结晶，晶粒细化，加工硬化现象消除，塑性有所提高；当母材焊前未经塑性形，则本区不会出现。

② 易淬火钢热影响区的组织和性能　易淬火钢包括中碳钢、低碳调质高强钢、中碳调质高强钢、耐热钢和低温钢等，其热影响区的组织分布与母材焊前的热处理状态有关。如果母材焊前是退火或正火状态，则焊后热影响区的组织分为完全淬火区和不完全淬火区；如果母材焊前是调质状态，则热影响区的组织还要多一个回火区，如图1-23所示。

a. 完全淬火区　加热温度超过Ac_3以上的区域。由于钢种的淬硬倾向大，故焊后得到淬火组织——马氏体。靠近焊缝附近得到粗大马氏体，远离焊缝地方得到细小马氏体。当冷却速度较慢或含碳量较低时，会有马氏体和托氏体同时存在。用较大线能量焊接时，还会出现贝氏体，从而形成以马氏体为主的共存混合组织。该区由于产生马氏体组织，故其强度、硬度升高，塑性和韧性下降，易产生冷裂纹。

b. 不完全淬火区　加热温度在 $Ac_1 \sim Ac_3$ 之间的区域。由于焊接时的快速加热，母材中的铁素体很少溶解，而珠光体、贝氏体、托氏体等转变为奥氏体，在随后的快速冷却中，奥氏体转变为马氏体，原铁素体保持不变，只是有不同程度的长大，最后形成马氏体和铁素体组织，故称为不完全淬火区。该区的组织和性能不均匀，塑性和韧性下降。

c. 回火区　加热温度低于 Ac_1 的区域。由于回火温度不同，所得组织也不同。回火温度越低，则淬火金属的回火程度越低，相应获得回火托氏体、回火马氏体等组织，其强度也逐渐下降。

综上所述，热影响区的组织是不均匀的，性能必然也不均匀。其中熔合区和过热区往往成为整个接头中的薄弱环节。焊接热影响区除了组织变化而引起的性能变化外，热影响区的宽度对焊接接头中产生的应力和变形也有较大影响。一般来说，热影响区越窄，焊接接头中内应力越大，越容易出现裂纹；热影响区越宽，变形越大。因此，在焊接生产工艺过程中，应在接头中的应力不足以产生裂纹的前提下，尽量减少热影响区的宽度。热影响区的宽度大小与焊接方法、焊接参数、焊件大小与厚度、金属材料热物理性质和接头形式等有关。

1.5　焊接缺陷

焊接过程中，在焊接接头中产生的金属不连续、不致密或连接不良的现象，叫做焊接缺陷。焊接缺陷的种类很多，有些是因为施焊中操作不当或焊接参数不正确所造成，如咬边、烧穿、焊缝尺寸不足、未焊透等，这些属于工艺缺陷；有些是由于化学冶金、凝固或固态相变过程的产物所造成的，如气孔、夹杂和裂纹等。这些缺陷与母材、焊接材料的化学成分有密切关系，因此称之为焊接冶金缺陷。

1.5.1　焊接缺陷的种类及特征

(1) 焊缝外形尺寸不符合要求

具体见图 1-24，焊缝外形尺寸不符合要求主要是由于焊件所开坡口角度不当、装配间隙不均匀、焊接选择不合适以及操作人员技术不熟练导致的。

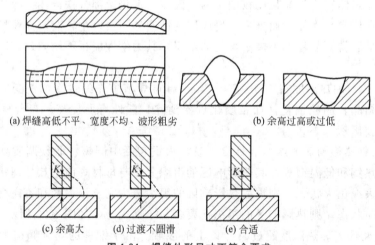

(a) 焊缝高低不平、宽度不均、波形粗劣　　　　　(b) 余高过高或过低

(c) 余高大　　　(d) 过渡不圆滑　　　(e) 合适

图 1-24　焊缝外形尺寸不符合要求

（2）咬边

具体见图1-25，咬边产生原因主要是焊接电流过大、焊接速度过快、角焊缝一次焊接焊角尺寸过大、焊接电压过高、焊枪或焊条角度不当。

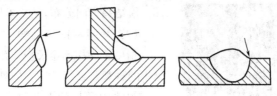

图1-25 咬边

（3）未焊透和未熔合

具体见图1-26，产生原因是焊接电流过小、焊接速度过快、坡口尺寸不合适、焊丝偏离焊缝中心或存在磁偏吹、焊件清理不良。

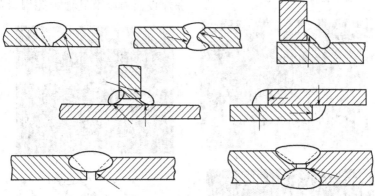

图1-26 未焊透和未熔合

（4）焊瘤

具体见图1-27，焊瘤产生的主要原因是电弧电压过低、焊接速度过慢、坡口尺寸过小、焊丝偏离焊缝中心、焊丝伸出长度过长。

（5）焊穿及塌陷

具体见图1-28，其产生的主要原因是焊接电流过大、焊接速度过小、坡口间隙过大。

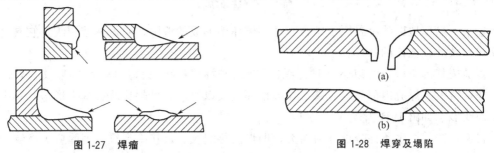

图1-27 焊瘤

图1-28 焊穿及塌陷

1.5.2 焊接冶金缺陷种类及特征

（1）焊缝中的气孔

在焊接过程中，溶解于熔池中的气体在结晶时来不及逸出而残留在焊缝中形成的空穴叫气孔。从其所处的位置来看，有的在表面，有的在焊缝内部，具体见图1-29；从其形状来看有球形、条形、虫形和针状，具体见图1-30。

目前气孔主要是氢气孔和一氧化碳气孔，其中氢气孔的产生是由于高温熔入的氢，在焊缝结晶时因溶解度的减少而出现过饱和，没能及时逸出而形成气孔，同时碳钢多出现在表面，断面呈

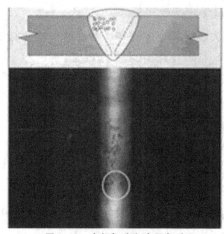

图 1-29　内部气孔和表面气孔

螺旋状，表面看呈喇叭口形状，孔壁光滑。内部气孔以小球状存在。一氧化碳气孔的产生是由于熔池中冶金反应产生的一氧化碳没能及时逸出。一般在焊缝内部，沿结晶方向分布，呈长条形或长虫状，表面光滑。

（2）焊缝中的夹杂物

指由于焊接冶金反应产生的、焊后残留在焊缝金属中的微观非金属杂质（如氧化物、硫化物等）。

焊缝中常见的夹杂物主要有以下三种类型：氧化物夹杂，是造成热裂纹的主要原因；硫化物夹杂和氮化物夹杂。

（3）焊接裂纹

在焊接应力以及其他致脆因素的共同作用下，

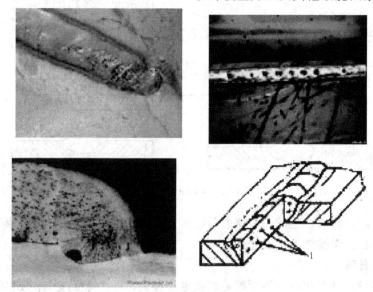

图 1-30　气孔的形状

焊接接头中局部地区的金属原子结合力遭到破坏而形成的缝隙，叫做焊接裂纹。它具有尖锐的缺口和大的长宽比的特征。

目前按其形态可分为以下几种：纵向裂纹、横向裂纹、火口（弧坑）裂纹、焊道下裂纹、焊趾裂纹、焊缝内部晶间裂纹、焊缝根部裂纹以及层状撕裂这八种基本形态，其中几种典型裂纹形态如图 1-31 所示。

目前，按其产生条件分可分为四类，即焊接热裂纹、焊接冷裂纹、消除应力裂纹和层状撕裂。在焊接过程中，焊缝和热影响区金属冷却到固相线附近的高温区产生的焊接裂纹，叫做焊接热裂纹。焊接接头冷却到较低温度下（对钢来说在 Ms 温度以下）时产生的焊接裂纹，叫做焊接冷裂纹。焊件焊后在一定温度范围再次加热时，由于高温及残余应力的共同作用而产生的晶间裂纹，叫做消除应力裂纹，又叫做再热裂纹。层状撕裂是指焊接时，在焊接构件中沿钢板轧层形成的呈阶梯状的一种裂纹。

① 焊接热裂纹

a. 热裂纹的特点　热裂纹产生的特点可以从以下几个方面来总结：产生时间，即焊接

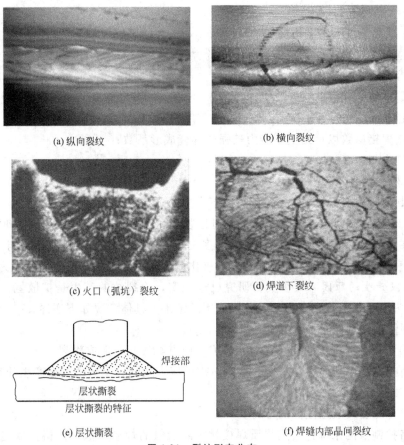

(a) 纵向裂纹

(b) 横向裂纹

(c) 火口（弧坑）裂纹

(d) 焊道下裂纹

(e) 层状撕裂

(f) 焊缝内部晶间裂纹

图 1-31 裂纹形态分布

过程的高温阶段；产生部位，大多发生在焊缝上；外观特征，表面裂纹有明显锯齿形，断面氧化色明显；金相结构特征为晶间裂纹，沿晶间界面发展。

b. 热裂纹产生的原因　热裂纹产生的原因有外因同时也有内因，外因是焊接拉应力的产生；内因是晶界界面上低熔共晶体的存在。

c. 影响热裂纹产生的因素

a）常用合金元素的影响

Ⅰ. 硫、磷。它们都是提高结晶裂纹敏感性的元素。其有害作用为；首先，钢中含有微量的硫或磷，结晶温度区间明显加宽；其次，硫和磷能在钢中形成多种低熔点共晶，这些共晶在焊缝金属凝固后期形成液态薄膜；最后，硫和磷都是偏析度较大的元素，容易在局部富集，更有利于形成低熔点共晶或化合物。

Ⅱ. 碳。碳是钢中必不可少的元素，但在焊接时也是提高结晶裂纹敏感性的主要元素，它不仅本身会造成不利影响，而且促使硫、磷的有害作用加剧。

Ⅲ. 锰。锰可以脱硫，脱硫产物 MnS 不溶于铁可进入熔渣，少量残留在焊缝金属中呈弥散分布，对钢的性能不明显影响。

Ⅳ. 硅。硅对结晶裂纹的影响依含量不同而不同。硅是 δ 相形成元素，含量较低时有利于防止结晶裂纹。当 $w_{Si} \geqslant 0.42\%$ 时，由于会形成低熔点的硅酸盐，反而使裂纹倾向加大。

b）一次结晶组织的影响　一次结晶晶粒越粗大，越易引起热裂。

c）力学因素的影响　结构刚性越大，约束越大，冷却速度越快，越易热裂。

d. 防止结晶裂纹的措施

a) 防止结晶裂纹的冶金措施

Ⅰ. 控制焊缝中硫、磷、碳等有害元素的含量;

Ⅱ. 对熔池进行变质处理;

Ⅲ. 调整熔渣的碱度。

b) 防止结晶裂纹的工艺措施

Ⅰ. 调整焊接参数以得到抗裂能力较强的焊缝成形系数;

Ⅱ. 调整冷却速度;

Ⅲ. 调整焊接顺序,降低拘束应力。

② 冷裂纹 焊接接头冷却到较低温度下产生的焊接裂纹叫冷裂纹。

a. 冷裂纹的特点 冷裂纹产生的特点可以从以下几个方面来总结:产生时间,即焊接后(200~300℃)低温时间;产生部位,大多发生在热影响区、母材或母材与焊缝交界处;外观特征,表面裂纹无明显锯齿形,裂口无氧化色且光亮;金相结构特征,多为穿晶裂纹。

b. 冷裂纹产生的原因 大量实验研究已经证实,冷裂纹的产生是扩散氢、钢中的淬硬倾向以及接头所承受的拘束应力三者共同作用的结果。具体情况如下所述。

a) 淬硬倾向:倾向增加,M 组织增加,易冷裂。

b) 氢的作用:大量氢的存在,引起氢脆、白点,气孔,造成冷裂。

c) 焊接应力:在其他条件一定的同时,拘束应力达到一定数值就会产生开裂。

c. 防止冷裂纹的措施

a) 选用对冷裂纹敏感性低的母材。

b) 严格控制氢的来源:选用优质焊接材料或低氢的焊接方法;严格按规定对焊接材料进行烘焙及进行焊前清理工作。

c) 提高焊缝金属的塑性和韧性。

d) 焊前预热。影响预热温度的因素有以下几方面:钢种的强度等级、焊条类型、坡口形式、环境温度。

e) 控制焊接线能量。

f) 焊后热处理。

③ 消除应力裂纹 产生于焊后再次加热的条件下,对于消除应力裂纹敏感性的钢,都存在一个最易消除应力裂纹的温度区间;消除应力裂纹大都产生在熔合区附近的粗晶区,有时也可能产生于焊缝中,具有典型的晶间开裂性质;消除应力裂纹的产生是以大的残余应力为先决条件,因此常见于拘束度较大的大型产品上应力集中的部位;与母材的化学成分有关。

④ 层状撕裂 层状撕裂多发生在轧制厚板的角接头、T 形接头或十字接头的热影响区,以及其附近的母材中,有时亦见于厚板对接接头。开裂沿母材轧制方向平行于钢板表面扩展为裂纹平台,平台之间由与板面垂直的剪切壁连接而形成台阶。

【综合练习】

一、填空题

1. 目前常见的焊接热源有_____、_____、_____、_____、_____、_____七种。

2. 焊接热循环的基本参数是_____、_____、_____、_____和冷却速度。

3. 熔焊时,焊缝金属由_____与_____结合而成,其组成的比例取决于具体的焊接工艺条件。

4. 熔滴过渡分为_____、_____和_____三种形式。

5. 焊接过程中，焊接缺陷的种类很多，由焊接工艺引起的焊接缺陷有_____、_____、未焊透等，有些是由于化学冶金、凝固或固态相变过程的产物所造成的，如_____、_____和_____等。这些缺陷与母材、焊接材料的化学成分有密切关系，因此称之为焊接冶金缺陷。

二、选择题

1. 焊条电弧焊时，以下选项中_____不属于产生咬边的原因。
   a. 电流过大 　　　　　　　　　　　　b. 焊条角度不当
   c. 焊接速度过低 　　　　　　　　　　d. 电弧电压过高

2. 焊接接头根部未完全熔透的现象称为_____。
   a. 未熔合 　　　　　　　　　　　　　b. 未焊透
   c. 咬边 　　　　　　　　　　　　　　d. 塌陷

3. 以下_____不是影响温度场的因素。
   a. 热源的性质 　　　　　　　　　　　b. 环境温度
   c. 被焊金属的导热能力 　　　　　　　d. 焊件的几何尺寸及状态

4. 焊接热循环的基本参数是_____。
   a. 加热速度（v_H）　　　　　　　　b. 最高加热温度（T_{max}）
   c. 相变温度以上停留时间（t_H）及冷却速度（v_C）　d. a、b 和 c 均是

5. 熔滴通过电弧空间向熔池的转移过程称为熔滴过渡。在熔滴的形成、长大及过渡的过程中，有多种力作用其上，下面_____属于熔滴上的作用力。
   a. 重力 　　　　　　　　　　　　　　b. 表面张力
   c. 电磁压缩力 　　　　　　　　　　　d. 以上均是

三、判断题

（　）1. 焊接热源所输出的功率在实际应用中并不能全部得到有效利用，而是有一部分热量损失于周围介质和飞溅中。

（　）2. 热量的传递共有传导、对流、辐射三种基本形式。在熔焊过程中，上述三种方式都存在，但主要是热传导。

（　）3. 接头形式不同，导热情况不同，同样板厚的 X 形坡口对接接头比 V 形坡口对接接头的冷却速度大。

（　）4. 熔焊时，被熔化的母材在焊缝金属中所占的百分比叫做熔合比，以符号 θ 表示。

（　）5. 焊缝中有害元素包括氢、氮、氧、硫和磷这五种。

（　）6. 硫在钢焊缝中通常以 FeS 和 MnS 的形式存在。

（　）7. 焊缝中的硫、磷主要来自于母材和焊接材料。

（　）8. 焊接热影响区除了组织变化而引起的性能变化外，热影响区的宽度对焊接接头中产生的应力和变形也有较大影响。

（　）9. 焊接过程中，在焊接接头中产生的金属不连续、不致密或连接不良的现象，叫做焊接缺陷。

（　）10. 焊瘤产生的主要原因是电弧电压过低、焊接速度过慢、坡口尺寸过小、焊丝偏离焊缝中心、焊丝伸出长度过长。

四、问答题

1. 影响焊接温度场的因素有哪些？

2. 什么是焊接热循环？

3. 影响焊接热循环的因素有哪些？

4. 焊条电弧焊时，加热与熔化焊条的热量来自于哪儿？

5. 熔滴上的作用力有哪几种？

6. 氢是焊缝中的有害元素之一，氢的溶解与扩散，会给焊接质量带来哪些不良影响？

第2章　焊接应力与变形

焊接时，由于焊接热源高度集中，使焊件各部位受热不均匀，加热不同时，从而使构件各部分金属在受热时的膨胀和冷却时的收缩各不相同，这样在焊接构件中就产生了应力和变形。焊接应力对构件承受载荷能力、疲劳强度、脆性断裂、应力腐蚀开裂和受压杆件稳定性都有重要影响。焊接变形也使结构的形状和尺寸精度难以达到技术要求，直接影响结构的制造质量和使用性能。

由于焊接应力与变形直接影响到焊接结构的质量和使用安全，所以本章主要讨论焊接应力与变形的产生原因、预防和减少焊接应力的措施，消除和矫正焊接变形的方法。

2.1　焊接应力与变形的基本知识

2.1.1　焊接应力与变形

（1）变形的基本概念

物体在外力或温度等因素的作用下，会产生形状和尺寸的变化，这就称为变形。物体的变形分为弹性变形和塑性变形两种。当外力或其他因素去除后，变形也随之消失，物体能够恢复原状的称为弹性变形，不能恢复的就称为塑性变形。

（2）应力的基本概念

物体在外力的作用下会产生变形，同时其内部会出现一种抵抗变形的力，这种力称为内力。作用在物体单位面积上的内力叫做应力。根据引起内力的不同，应力可以分为内应力和工作应力。在没有外力作用下，用于平衡物体内部的应力，称为内应力。内应力的特点是本身构成平衡力系，即同一截面上的拉伸应力与压缩应力互相平衡。这种应力常存在于焊接结构、铆接结构、铸造结构等工程结构中。而由于外力作用于物体引起的应力，称为工作应力。

（3）焊接应力与焊接变形

焊接应力是焊接过程中及焊接过程结束后，存在于焊件中的内应力。由焊接而引起的焊件尺寸的改变称为焊接变形。

2.1.2　焊接应力与变形产生的原因

焊接应力与变形是多种因素作用的结果，其中主要影响因素是焊接不均匀加热和冷却引起的焊件受热不均匀，其次是由于焊缝金属的收缩、金相组织的变化及焊件的刚性不同所致。另外，焊缝在焊接结构中的位置、装配焊接顺序、焊接方法、焊接电流及焊接方向等对焊接应力与变形也有一定的影响，下面着重介绍几个主要因素。

（1）焊件的不均匀受热

① 不受约束的杆件在均匀加热时的应力与变形　不受约束的杆件在均匀加热与冷却时，其变形为自由变形，即杆件变形没有受到外界任何阻碍而自由地进行，因此杆件在加热和冷却过程中不会产生任何内应力，冷却后也不会有任何残余应力和残余变形。如图 2-1（a）

所示。

② 受约束的杆件均匀加热时的应力与变形

受约束的杆件均匀加热与冷却时的变形为非自由变形，即杆件要受到阻碍不能自由地进行下去。既存在外观变形，也存在内部变形，把能够表现出来的这部分变形称为外观变形，如图 2-1 (b) 中的 ΔL_e 为外观变形量；而未表现出来的变形称为内部变形，内部变形量 $\Delta L = \Delta L_T - \Delta L_e$。

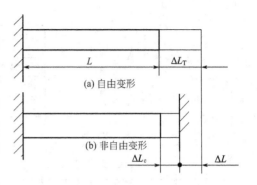

图 2-1　金属杆件的变形

如果加热温度较低，低于材料屈服点的温度（$T < T_s$），材料处于弹性范围内，则在加热过程中杆件的变形全部为弹性变形，杆件内部存在压应力的作用。当温度恢复到原始温度时，杆件自由收缩到原来的长度，压应力全部消失，杆件内不存在残余变形和残余应力。把压应力达到屈服强度 σ_s 时的温度称为屈服点温度 T_s（对于低碳钢来说，就是加热到 $600^{\circ}C$）。

如果加热温度较高，达到或超过材料屈服点温度时（$T > T_s$），则杆件中产生压缩塑性变形，内部变形由弹性变形和塑性变形组成，甚至全部由塑性变形组成（对于低碳钢来说，加热温度超过 $600^{\circ}C$），此时杆件内存在压应力。当杆件温度恢复到原始温度后，杆件弹性变形恢复，塑性变形不可恢复，因而杆件内可能出现以下三种情况：

a. 如果杆件能充分自由收缩，那么杆件中只出现残余变形而无残余应力。

b. 如果杆件受绝对拘束，那么杆件中没有残余变形而存在较大的残余应力。

c. 如果杆件收缩不充分，那么杆件中既有残余应力又有残余变形。

在实际生产中的焊件，就与上述的第三种情况相同，焊后既有焊接应力存在，又有焊接变形产生。

③ 长板条中心加热（类似于堆焊）引起的应力与变形　如图 2-2 (a) 所示的长度为 L_0、厚度为 δ 的长板条，材料为低碳钢，在其中间沿长度方向上进行加热，为简化讨论，将板条上的温度分为两种，中间为高温区，其温度均匀一致；两边为低温区，其温度也均匀一致。

加热时，如果板条的高温区与低温区是可分离的，随着加热温度的升高，高温区将伸长，低温区不变，如图 2-2 (b) 所示，但实际上板条是一个整体，所以板条将整体伸长，如图 2-2 (c) 所示。此时高温区内产生较大的压缩塑性变形和压缩弹性变形。

冷却时，由于压缩塑性变形不可恢复，所以，如果高温区与低温区是可分离的，高温区应缩短，低温区应恢复原长，如图 2-2 (d) 所示。但实际上板条是一个整体，所以板条将整体缩短，如图 2-2 (e) 所示，这就是板条的残余变形。与此同时，在板条内部也产生了残余应力，中间高温区为拉应力，两侧低温区为压应力。

④ 长板条一侧加热（相当于板边堆焊）引起的应力与变形　材质均匀的钢板，在其上边缘快速加热，如图 2-3 (a) 所示。假设钢板由许多互不相连的窄条组成，则各窄条在加热冷却时将按温度高低而自由伸缩，如图 2-3 (b) 所示。但实际上，板条是一整体，各板条之间，温度高、伸长量大的板条要受温度低、伸长量小的板条压缩，而温度低、伸长小的板条要受到温度高、伸长量大的板条的拉伸，是互相牵连、互相影响的，上一部分金属因受下一部分金属的阻碍作用而不能自由伸长，因此产生了压缩塑性变形。由于钢板上的温度分布是自上而下逐渐降低，因此，钢板产生了向下的弯曲变形，如图 2-3 (c) 所示。

钢板冷却后，各板条的收缩应如图 2-3 (d) 所示。但实际上钢板是一个整体，上一部

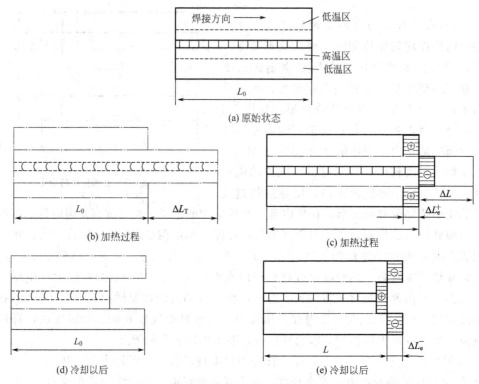

图 2-2　钢板条中心加热和冷却时的应力与变形

分金属要受到下一部分的阻碍而不能自由收缩，所以钢板产生了与加热时相反的残余弯曲变形，如图 2-3（e）所示。同时在钢板内产生了如图 2-3（e）所示的残余应力，即钢板中部为压应力，钢板两侧为拉应力。

由上述讨论可知：

a. 对构件进行不均匀加热，在加热过程中，只要温度高于材料屈服点的温度，构件就会产生压缩塑性变形，冷却后，构件必然有残余应力和残余变形。

b. 通常，焊接过程中焊件的变形方向与焊后焊件的变形方向相反。

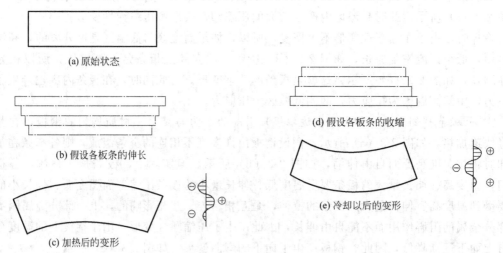

图 2-3　钢板边缘一侧加热和冷却时的应力与变形

c. 焊接加热时，焊缝及其附近区域将产生压缩塑性变形，冷却时压缩塑性变形区要收缩。如果这种收缩能充分进行，则焊接残余变形大，焊接残余应力小；若这种收缩不能充分进行，则焊接残余变形小而焊接残余变形大。

d. 焊接过程中及焊接结束后，焊件中的应力分布都是不均匀的。焊接结束后，焊缝及其附近区域的残余应力通常是拉应力。

(2) 焊缝金属的收缩

当焊缝金属冷却时，其由液态转为固态，体积要收缩。但焊缝金属与母材是紧密联系的，焊缝金属并不能自由收缩，所以会引起整个焊件的变形，同时在焊缝中会存在残余应力。另外，一条焊缝在逐步形成的过程中，先结晶的部分要阻止后结晶部分的收缩，也会产生焊接应力与变形。

(3) 焊件的刚性和外界约束

焊件的刚性和拘束对焊接应力和变形有较大的影响。刚性是指焊件抵抗变形的能力；而拘束是焊件周围物体对焊件变形的约束。刚性是焊件本身的性能，它与焊件材质、焊件截面形状和尺寸等有关；而拘束是一种外部条件。焊件自身的刚性及受周围的拘束程度越大，焊接变形越小，焊接应力越大；反之，焊件自身的刚性及受周围的拘束程度越小，则焊接变形越大，而焊接应力越小。

(4) 金属组织的变化

钢在加热及冷却过程中发生相变，可得到不同的组织，这些组织的比容也不一样，当金属发生相变时，其比容将有一个突变，由此也会造成焊接应力与变形。

2.2 焊接残余变形

焊接残余变形是焊接结构生产中经常出现的问题。焊接结束后焊接变形和残余应力都同时存在于焊接结构中，焊接残余变形对焊接结构的质量及其使用性能均有较大的影响，不但影响了结构的外形尺寸及其精度，还会降低结构的承载能力。

2.2.1 焊接残余变形的分类

焊接残余变形一般可分为以下两大类。

① 整体变形 整体变形是指结构整体发生形状和尺寸的变化。

a. 纵向收缩变形：构件沿焊缝方向上发生的变形，如图 2-4 (a) 左所示。

b. 横向收缩变形：构件在垂直于焊缝方向上发生的变形，如图 2-4 (a) 右所示。

c. 弯曲变形：构件焊后整体发生的弯曲，如图 2-4 (c) 所示。

d. 回转变形：构件一部分相对另一部分发生的回转，如图 2-4 (b) 所示。

e. 扭曲变形：焊后构件发生的螺旋形变形，如图 2-4 (e) 所示。

② 局部变形 局部变形是指其某一部分发生的变形。

a. 角变形：温度沿板厚方向分布不均或熔化金属沿板厚方向收缩不同，以及两者同时存在，使板件以焊缝为轴心转动而产生的变形，如图 2-4 (d) 所示。

b. 波浪变形：在薄板结构中压应力使其失稳而引起的变形，如图 2-4 (f) 所示。

2.2.2 焊接残余变形产生的原因及影响因素

(1) 纵向收缩变形和横向收缩变形

在焊接时，焊缝及其附近的金属由于高温下的自由变形受到阻碍产生压缩塑性变形，产

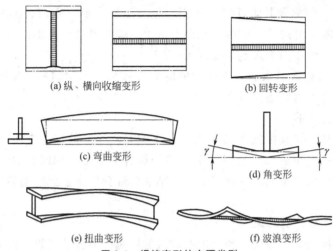

(a) 纵、横向收缩变形   (b) 回转变形

(c) 弯曲变形   (d) 角变形

(e) 扭曲变形   (f) 波浪变形

图 2-4　焊接变形的主要类型

生压缩塑性变形的区域称为塑性变形区，待其冷却后，这些压缩塑性变形区相当于使构件承受一定的压力，产生了纵向和横向收缩。

影响纵、横向收缩的因素较多，一般认为，凡影响焊缝及其附近材料压缩塑性变形区尺寸的因素均影响纵、横向收缩。

① 金属材料性能的影响　材料的线胀系数越大，导热性能越差，焊接温度场越不均匀，压缩塑性变形区尺寸越大，焊后纵、横向收缩量也越大。例如不锈钢、铝等材料，由于线胀系数比低碳钢大，故其变形比低碳钢要大。

② 施焊方法、焊接热输入的影响　同样截面的焊缝，多层焊比单层焊产生的收缩变形少。因为多层焊每次所用的热输入比单层焊时小得多，每层焊缝所形成的压缩塑性变形区也小，且塑性变形区是重叠的，它们都小于单层焊时塑性变形区的尺寸，而且多层焊时，第一层的收缩量最大，以后每层收缩量递减。所以多层焊比单层焊产生的纵向收缩变形小。分的层越多，每次使用的热输入越小，变形也就越小。

焊接热输入增大，收缩变形量也随之增大。但焊接窄板条情况除外，因为板条窄，热输入大，焊件上的温度场反而趋于均匀。一般构件多是前一种情况。

③ 焊缝截面积的影响　焊缝截面积越大，横向收缩变形越大，焊缝截面积直接影响到压缩塑性变形区的大小，因此它影响了收缩变形的大小。

④ 接头和坡口形式的影响　在同样板厚条件下，双 V 形坡口比 V 形坡口的横向收缩小，这是由于焊缝截面尺寸减小的缘故。同理，断续焊缝比连续焊缝的横向收缩量小。

⑤ 板厚的影响　由于板厚的不同，收缩过程有所不同，板厚的增加即使接头的刚度增加，又可以限制焊缝的横向收缩。

（2）弯曲变形

当焊缝在构件中的位置不对称时，焊接的纵、横向收缩都能引起构件的弯曲变形，焊缝的收缩相当于给构件施加偏心载荷，因此焊缝的位置是影响弯曲变形的主要因素。

① 纵向收缩引起的弯曲变形　当焊缝与构件的中性轴不重合时，焊缝的纵向收缩会引起弯曲变形，在焊接 T 形构件时，这种变形是经常出现的。采用小的焊接线能量或焊缝位置对称或焊缝接近于截面中性轴都可以使弯曲变形减小。另外，焊接对称的构件，如果采用的装配焊接顺序不当，仍有可能产生较大的弯曲变形。如图 2-5（a）所示，合理的装焊顺序

是先将上下盖板和腹板点固成工字形，然后采用合理的焊接顺序 [图 2-5 (b)]，此时弯曲变形最小。这是由于一次性装完后结构刚性大，四条纵向焊缝布置也对称，纵向收缩变形一致。如果采用随装随焊的方法，即先将腹板与下盖板装成 T 形，焊接焊缝 1 和 2，会产生纵向收缩变形使 T 形梁上拱，在装焊上盖板，又会引起下拱，但下拱的变形量不足以抵消上拱变形量，工字梁仍有较大的弯曲变形。

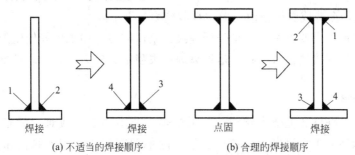

(a) 不适当的焊接顺序　　　　　(b) 合理的焊接顺序

图 2-5　工字梁不同装焊顺序

② 横向收缩引起的弯曲变形　如果横向焊缝在结构上的分布不对称，横向收缩也可以引起构件的弯曲变形，图 2-6 所示的工字梁上部布置了若干短肋板，肋板和腹板及肋板和盖板的角焊缝都分布在中性轴的上部，它们的横向收缩都将使工字梁产生下挠。

(3) 角变形

角变形多发生在中、厚板的对接焊和角焊时。这种变形的根本原因是横向收缩变形在厚度方向上的不均匀分布。

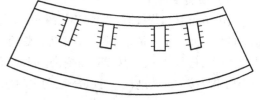

图 2-6　焊缝横向收缩引起的弯曲变形

① 平板堆焊的角变形　平板堆焊时，如果钢板很薄，可以认为钢板厚度方向上的温度分布是均匀的，此时不会产生角变形。但在焊接（单面）较厚钢板时，由于钢板在厚度方向上的温度分布不均匀，在冷却时产生钢板厚度方向上的收缩不均匀现象，施焊的一面收缩大，另一面收缩小，造成构件平面的偏转，产生角变形。角变形的大小与焊接热输入、板厚等因素有关，如当热输入固定，则随板厚的增加，厚度上的温差增大，角变形增加，板厚增大到一定程度，刚度迅速增加，使板的变形阻力变大，角变形开始减小。同理，板厚固定，热输入增大，压缩塑性变形区增大，角变形增加，热输入增大到一定程度，正背面的温差逐渐变小，角变形反而减小。

② 对接接头的角变形　钢板对焊时，接头坡口角度、焊接方式都会影响角变形。坡口角度越大，焊接接头上部和下部横向收缩量差别就越大，因此角变形越大。V 形坡口焊接接头厚度方向上收缩的不均匀性最大，所以角变形最大，板厚增加时，厚度方向上收缩的不均匀性变大，角变形随之变大。当采用双 V 形坡口时，由于正、背两面焊接引起的角变形可以相互抵消一部分，所以角变形变小。采用对称坡口，有利于减小角变形。

就焊接方式而言，对于同样的板厚和坡口形式，多层焊比单层焊角变形大，层数越多，角变形量变大。

③ 角焊缝产生的角变形　可以通过开坡口，减少焊缝金属量等措施来减小。

(4) 波浪变形

波浪变形常发生在薄板焊接结构中，是一种失稳变形，在焊接薄板时，焊缝附近是拉应

图 2-7 焊接角变形引起的波浪变形

力，远离焊缝的区域为压应力，当压应力超过了失稳临界应力，薄板就出现波浪变形，这不但严重影响了产品的外观，而且降低了构件的承载能力。如桥式起重机箱形梁的腹板，在焊接大小肋板的角焊缝时，若将肋板刚性固定，则如图 2-7 所示，会造成腹板波浪变形，承载能力显著下降。

防止波浪变形的主要方法：一是降低焊接残余压应力，如采用能使塑形变形区小的焊接方法，选用较小的焊接热输入等；二是提高焊件失稳临界应力，如给焊件增加肋板，适当增加焊件的厚度。

(5) 扭曲变形

一些梁、柱、杆件和框架类结构，如果施焊工艺不当会造成难以矫正的扭曲变形，如图 2-4 (e) 所示即为工字梁发生的扭曲变形。图中的工字梁有四条纵向角焊缝（又称为腰缝），当定位焊缝焊毕，若同时向同一个方向焊接两条焊缝，如前所述，或在夹具中施焊，则可以减少或防止扭曲变形。若焊接方向和顺序不同，因角焊缝引起的角变形在焊缝长度方向逐渐增大，加上纵向收缩不均，易引起图示的扭曲变形。

(6) 回转变形

钢板在开坡口焊接时，随焊接热源向前移动，熔池附近的母材在焊接方向的热膨胀，使热源前方的坡口间隙发生张开变形。若不进行焊前定位焊或设置卡具，则可能由于坡口过于张开，使焊接不能再进行。而已焊好部分的纵横向收缩变形又使焊缝闭合，如图 2-4 (b) 表明那样，同样也会妨碍焊接的继续进行。可以合理采用定位焊缝和适当布置夹具来预防。

2.2.3 控制焊接残余变形的措施

控制焊接残余变形可以从设计和工艺两个方面来考虑。一方面应该从设计上采取措施，在设计时要充分考虑引起焊接残余变形的情况，选择合理的设计方案防止和减小焊接变形。另一方面，如果在生产中采用的工艺不当，也会导致较大的焊接变形，从而影响产品的质量。

(1) 设计措施

① 尽量选用对称的构件截面和焊缝位置。对于易产生弯曲变形的梁、柱等结构，设计时，焊缝尽可能接近中性轴或对称截面中心轴。图 2-8 为常见焊接构件的截面形状和焊缝位置。截面均为对称截面，焊缝的位置也对称，焊接引起的变形可以相互抵消，只要工艺正确，焊接变形易于控制，应尽量选用这类截面。如图 2-9 所示，由于焊缝位置布置不同，优先选择图 2-9 (b)、(c)、(e)。

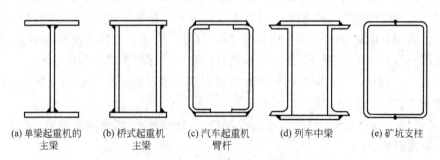

(a) 单梁起重机的主梁　(b) 桥式起重机主梁　(c) 汽车起重机臂杆　(d) 列车中梁　(e) 矿坑支柱

图 2-8　各种对称截面和对称焊缝位置

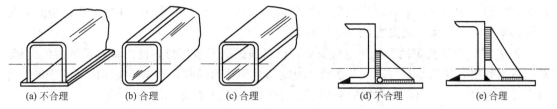

(a) 不合理　　(b) 合理　　(c) 合理　　　　(d) 不合理　　(e) 合理

图 2-9　主要以型材构成焊件的焊缝布置

② 合理地选择焊缝长度和焊缝数量。应尽量减小焊缝的长度，在满足强度要求的前提下，用断续短焊缝代替长焊缝，这样可使焊接变形大大减小。如桥式起重机箱形梁中的大肋板，其目的是为了增加腹板的刚度，故采用断续焊。

焊接结构中，常使用筋板来提高结构的稳定性和刚性，筋板数量多，导致焊缝数量多，焊接工作量大，变形也大。因此适当加厚壁板厚度或使用型材、冲压件和铸-焊结构，可以减少焊缝数量，降低焊接变形。如图 2-10 所示的隔舱板的两种形式，采用图 2-10 （a）所示是采用压型结构代替筋板结构来防止薄板结构的变形。

③ 尽量减小焊缝的截面尺寸。焊缝尺寸大，焊接工作量大，变形也大。焊缝尺寸小，接头承载能力减小，焊缝冷却速度却变大，容易产生裂纹等缺陷。因此，要在保证承载能力的前提下，尽量减小焊缝尺寸。在条件许可的情况下，用双 U 形坡口和双 V 形坡口来代替 V 形坡口，焊缝截面尺寸减少，且焊缝在厚度方向对称，收缩一致，可减小焊接变形。

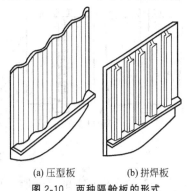

(a) 压型板　　　　(b) 拼焊板

图 2-10　两种隔舱板的形式

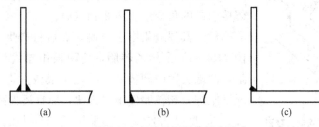

(a)　　　　　　　(b)　　　　　　　(c)

图 2-11　角接时不同的接头形式

角焊缝引起的焊接变形较大，所以要尽量减小角焊缝的焊脚尺寸。当钢板较厚时，开坡口的焊缝比角焊缝的焊缝金属少，板厚不同时，坡口应开在薄板上，如图 2-11 所示。显然图 2-11 （c）比图 2-11 （a）、（b）的焊缝尺寸大大减小，这样有利于减小焊接变形。

(2) 工艺措施

① **留余量法**　在下料时，将零件的长度或宽度尺寸比设计尺寸适当加大，以补偿焊件的收缩。余量的多少可根据公式并结合生产经验来确定。留余量法主要是用于防止焊件的收缩变形。

② **反变形法**　根据生产中焊件的变形规律，焊前预先将焊件向着与焊接变形的相反方向进行人为的变形（反变形量与焊接变形量相等），使之达到抵消焊接变形的目的。这种方法在实际生产中使用较广泛，主要用于控制角变形和弯曲变形。但必须准确地估计焊后可能产生的变形方向和大小，并根据焊件的结构特点和生产条件灵活地运用。

a. 无外力作用下的反变形。平板对接焊产生角变形时，预先在坡口处垫高，可按

图 2-12 (a)所示方法；电渣焊产生的终端横向变形大于始端问题，可以在安装定位时，使对缝的间隙下小上大，如图 2-12 (b) 所示。

工字梁 T 形接头焊后平板产生角变形，可以预先把平板压形，使之具有反方向的变形，然后进行焊接，见图 2-12 (c)；薄壁筒体对接从外侧单面焊时，产生接头向内凹的变形，可以预先在对接边缘作出向外弯边的变形下进行焊接，见图 2-12 (d)。

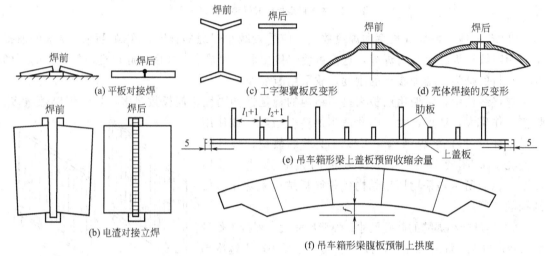

图 2-12　无外力作用下的反变形法

b. 有外力作用下的反变形。利用焊接胎具或夹具使焊件处在反向变形的条件下施焊，焊后松开胎夹具，焊件回弹后其形状和尺寸恰好达到技术要求。

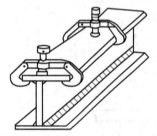

图 2-13　工字梁上翼板强制反变形

图 2-13 为利用简单夹具作出平板的反变形以克服工字梁焊接引起的角变形；图 2-14 (a)、(b)、(c)、(d) 所示的空心构件，其焊缝集中于上侧，焊后将产生弯曲变形。采用如图 2-14 (e) 所示的转胎，使两根相同截面的构件"背靠背"地，两端夹紧中间垫高，于是每根构件均处在弹性反变形情况下施焊。该转胎使施焊方便，而且还提高生产效率。

③ 刚性固定法　是采用适当的办法将构件加以固定，增加焊件的刚度或拘束度，可以达到减小其变形的目的。刚性固定法主要用来防止角变形和波浪变形。常用的刚性固定法有以下几种。

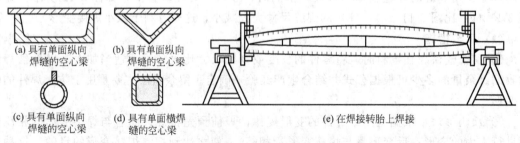

图 2-14　弹性支撑法

a. 将焊件固定在刚性平台上。薄板焊接时，可将其用定位焊缝固定在刚性平台上，并且用压铁压住焊缝附近，如图 2-15 所示，待焊缝全部焊完冷却后，再铲除定位焊缝，这样可避免薄板焊接时产生波浪变形。

　　b. 将焊件组合成刚性更大或对称的结构。如 T 形梁焊接时容易产生角变形和弯曲变形，图 2-16 是将两根 T 形梁组合在一起，使焊缝对称于结构截面的中性轴，同时大大地增加了结构的刚性，并配合反变形法（如图中所示采用垫铁），采用合理的焊接顺序，对防止弯曲变形和角变形有利。

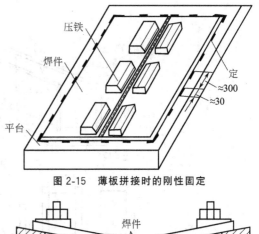

图 2-15　薄板拼接时的刚性固定

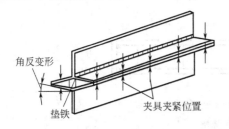

图 2-16　T 形梁的刚性固定与反变形图

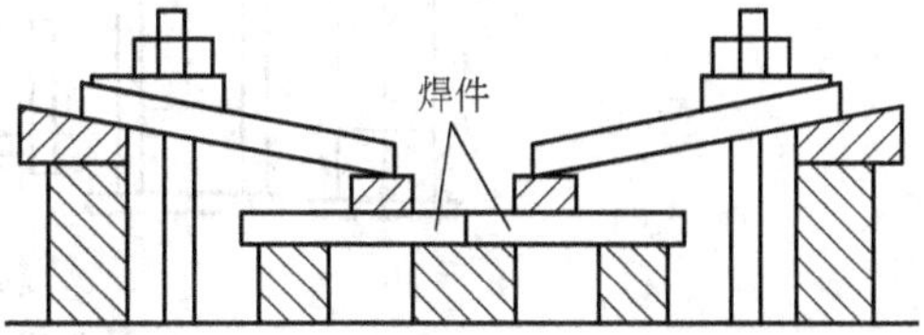

图 2-17　对接拼板时的刚性固定

　　c. 利用焊接夹具增加结构的刚性和拘束。可以采用通用的装焊夹具来加强结构的刚性。图 2-17 为利用夹紧器将焊件固定，以增加构件的拘束，防止构件产生角变形和弯曲变形。

　　d. 利用临时支撑增加结构的拘束。单件生产中考虑到使用专用夹具不经济。因此，可在容易发生变形的部位焊上一些临时支撑或拉杆，增加局部的刚度，能有效地减小焊接变形。图 2-18 是防护罩用临时支撑来增加拘束。

　　④ 选择合理的装配焊接顺序　焊接结构的装焊顺序对结构的变形有较大的影响。所以，采用合理的转焊顺序，对于控制焊接残余变形尤为重要。为了控制和减小焊接变形，装配焊接顺序应按以下原则进行。

　　a. 大型而复杂的焊接结构，只要条件允许，把它分成若干个结构简单的部件，单独进行焊接，然后再总装成整体。采用这种"化整为零，集零为整"的装配焊接方案，部件的尺寸和刚性已减小，利用胎夹具克服变形的可能性增加；交叉对称施焊要求焊件翻身与变位也变得容易；更重要的是，可以把影响总体结构变形最大的

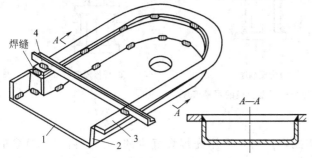

图 2-18　防护罩焊接时的临时支撑
1—底板；2—立板；3—缘口板；4—临时支撑

焊缝分散到部件中焊接，把它的不利影响减小或清除。但是，需要注意所划分的部件应易于控制焊接变形，部件总装时焊接量少同时也便于控制总变形。

　　b. 不能采用先总装后焊接来控制焊后变形的结构，也应选择较佳的装焊顺序，以达到控制变形的目的。如图 2-19（a）所示的起重机主梁结构，由于不能采用先装配后焊接的方法，故必须先制成Π形梁。图 2-19（b）所示为Π形梁的装焊顺序。先将大小隔板与上盖板装配好，随后即焊接焊缝 A，由于焊缝 A 几乎与盖板截面重心重合，故无太大变形；接着按图示顺序装焊，不仅结构刚性加大，而且 B、C 焊缝对称，所以焊后整个封闭箱型梁的

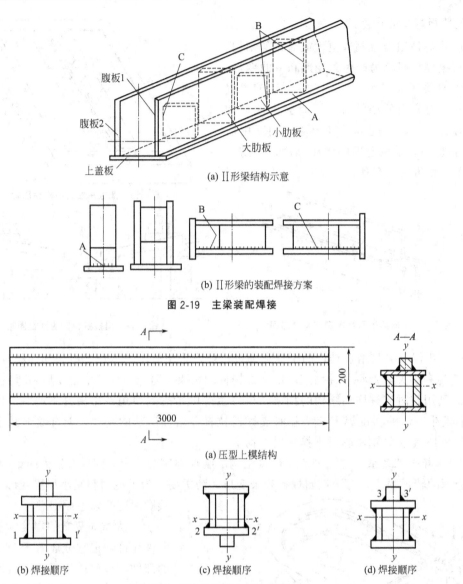

(a) Ⅱ形梁结构示意

(b) Ⅱ形梁的装配焊接方案

图 2-19　主梁装配焊接

(a) 压型上模结构

(b) 焊接顺序

(c) 焊接顺序

(d) 焊接顺序

图 2-20　压力机压型上模的焊接顺序

弯曲变形很小。

c. 对于焊缝非对称布置的结构，装配焊接时，采用先焊焊缝少的一侧，后焊焊缝多的一侧，使后焊造成的变形足以抵消先焊一侧的变形，以使总体变形减小。如图 2-20（a）所示压力机的压型上模，截面中性轴以上的焊缝多于中性轴以下的焊缝，装配焊接顺序不合理，最终将产生下挠的弯曲变形。解决的办法是先由两人对称地焊接 1 和 1′ 焊缝 [图 2-20（b）]，此时将产生较大的上拱弯曲变形 f_1 并增加了结构的刚性，再按图 2-20（c）的位置焊接焊缝 2 和 2′，产生下挠弯曲变形 f_2，最后按图 2-20（d）的位置焊接 3 和 3′，产生下挠弯曲变形 f_3，这样 f_1 近似等于 f_2 与 f_3 的和，并且方向相反，弯曲变形基本相互抵消。

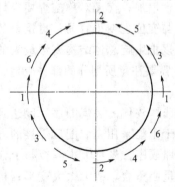

图 2-21　圆筒体对接焊缝焊接顺序

d. 焊缝对称布置的结构，应由偶数焊工对称地施焊。如图 2-21 所示的圆筒体对接焊缝，应由两名焊工对称地施焊。

e. 长焊缝焊接时，可采用图 2-22 所示的方向和顺序进行焊接，来减小其焊后的收缩变形。其中分段退焊法、分中分段退焊法、跳焊法和交替焊法常用于长度在 1m 以上的焊缝，长度在 0.5～1m 的焊缝可用分中对称焊法。交替焊法在实际中使用较少。

⑤ 合理地选择焊接方法和焊接工艺参数　各种焊接方法的线能量不相同，因而产生的变形也不一样。在焊接中应采用最小的总加热量，变形量就会最小。采用窄间隙焊接、电子束焊接和激光束焊接这些方法，焊接变形量会比采用电弧焊小得多。用 CO_2 气体保护弧焊焊接中厚钢板的变形比用气焊和焊条电弧焊小得多。

焊接热输入是影响变形量的关键因素，当焊接方法确定后，可通过调节焊接工艺参数来控制热输入。在保证熔透和焊缝无缺陷的前提下，应尽量采用小的焊接热输入。根据焊件结构特点，可以灵活地运用热输入对变形影响的规律，去控制变形。多层焊可以减少每次焊接的热输入，从而有利于减少焊接变形。如图 2-23 所示的不对称截面梁，因焊缝 1、2 离结构截面中性轴的距离 s 大于焊缝 3、4 到中性轴的距离 s'，所以焊后会产生下挠的弯曲变形。如果在焊接 1、2 焊缝时，采用多层焊，每层选择较小的线能量；焊接 3、4 焊缝时，采用单层焊，选择较大的线能量，这样焊接焊缝 1、2 时所产生的下挠变形与焊接焊缝 3、4 时所产生的上拱变形基本相互抵消，焊后基本平直。

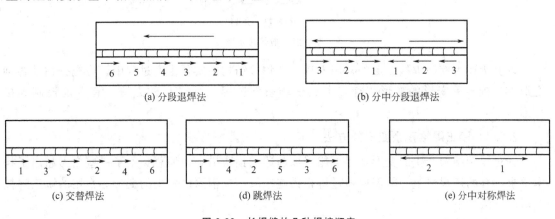

图 2-22　长焊缝的几种焊接顺序

⑥ 热平衡法　对于某些焊缝不对称布置的结构，焊后往往会产生弯曲变形。如果在与焊缝对称的位置上采用气体火焰与焊接同步加热，只要加热的工艺参数选择适当，就可以减小或防止构件的弯曲变形。如图 2-24 所示，采用热平衡法对边梁箱形结构的焊接变形进行控制。

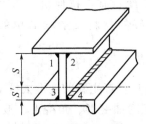

图 2-23　不对称截面结构的焊接

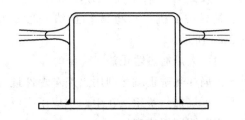

图 2-24　采用热平衡法防止焊接变形

⑦ 散热法   散热法又称强迫冷却法,就是利用各种办法将施焊处的热量迅速散走,减小焊缝附近金属的受热区,同时还使受热区的受热程度大大降低,达到减小焊接变形的目的。图 2-25(a)是水浸法散热示意,图 2-25(b)是喷水法散热,图 2-25(c)是采用纯铜板中钻孔通水的散热垫法散热。

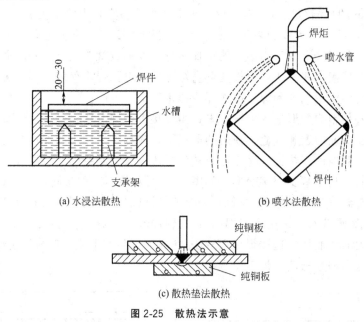

(a) 水浸法散热

(b) 喷水法散热

(c) 散热垫法散热

图 2-25   散热法示意

以上所述为控制焊接变形的常用方法。在焊接结构的实际生产过程中,应充分估计各种变形,分析各种变形的变形规律,根据现场条件选用一种或几种方法,有效地控制焊接变形。

2.2.4   矫正焊接残余变形的方法

针对焊接结构产生的变形,尽可能采取前述的预防措施,但总免不了一些变形超出了技术要求,有的还很严重,就需要通过矫正措施来减小或消除已发生的变形。常用的矫正焊接变形的方法如下。

(1) 手工矫正法

手工矫正法就是利用手锤、大锤等工具锤击焊件的变形处。主要用于一些小型简单焊件的弯曲变形和薄板的波浪变形。

(2) 机械矫正法

机械矫正法就是利用机械力的作用来矫正焊接变形。采用机械设备矫正法比较普遍,其矫正质量好,效率高,劳动条件好。常用的机械矫正设备有:拉伸机、压力机、卷板机、板材矫平机等。机械矫正法一般适用于塑性比较好的材料及形状简单的焊件。如图 2-26 所示。

(3) 火焰加热矫正法

火焰加热矫正就是利用火焰对焊件进行局部加热,使焊件产生新的变形去抵消焊接原有变形。火焰加热矫正法在生产中应用广泛,主要用于矫正弯曲变形、角变形、波浪变形等,也可用于矫正扭曲变形。

火焰加热的方式有点状加热、线状加热和三角形加热。

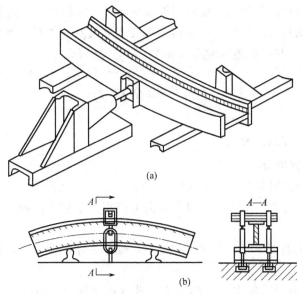

(a)

(b)

图 2-26 机械矫正法矫正梁的弯曲变形

① 点状加热。如图 2-27 所示，加热点的数目应根据焊件的结构形状和变形情况而定。对于厚板，加热点的直径 d 应大些；薄板的加热点直径则应小些。变形量大时，加热点之间距离 a 应小一些；变形量小时，加热点之间距离应大一些。

② 线状加热。火焰沿着直线方向或同时在宽度方向进行缓慢移动或同时作横向摆动，形成一个加热带的加热方式，称为线状加热。线状加热有直通加热、链状加热和带状加热三种形式。如图 2-28 所示。线状加热可用于矫正波浪变形、角变形和弯曲变形等。

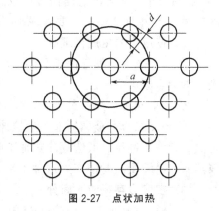

图 2-27 点状加热

③ 三角形加热。三角形加热即加热区域呈三角形，一般用于矫正厚度较大、刚性较强的结构的弯曲变形。加热时，三角形的底边应在被矫正结构的拱边上，顶端朝焊件的弯曲方向，如图 2-29 所示。

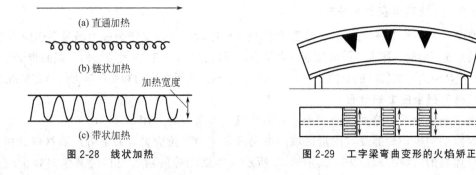

图 2-28 线状加热

图 2-29 工字梁弯曲变形的火焰矫正

火焰加热矫正焊接变形的效果取决于下列三个因素。

① 加热方式。加热方式的确定取决于焊件的结构形状和焊接变形形式，一般薄板的波浪变形应采用点状加热；焊件的角变形可采用线状加热；弯曲变形多采用三角形加热。

② 加热位置。加热位置的选择应根据焊接变形的形式和变形方向而定。

③ 加热温度和加热区的面积。应根据焊件的变形量及焊件材质确定，当焊件变形量较大时，加热温度应高一些，加热区的面积应大一些。

2.3　残余应力

2.3.1　焊接残余应力的分类

(1) 按应力作用方向分

① 单向应力　应力沿焊件一个方向作用。

② 双向应力　应力在一个平面内两个方向上作用。也称为平面应力。常用平面直角坐标表示，如 σ_x、σ_y。

③ 三向应力　应力在空间所有方向上作用，也称为体积应力。常用三维空间直角坐标表示，如 σ_x、σ_y、σ_z。

厚板焊接时出现的焊接应力是三向应力。随着板厚减小，沿厚度方向的应力（习惯指 σ_z）相对较小，可将其忽略而看成双向应力 σ_x、σ_y。薄长板条对接焊时，也因垂直焊缝方向的应力 σ_y 较小而忽略，主要考虑平行于焊缝轴线方向的纵向应力 σ_x。

(2) 按应力的生成机理分

① 温度应力　焊件由于受到不均匀温度造成的应力，也称为热应力。热应力是引起热裂纹的力学原因之一。

② 相变应力　焊接过程中，局部金属发生相变，其比容增大或减小而引起的应力。

③ 塑变应力　金属局部发生拉伸或压缩塑性变形后所引起的内应力。对金属进行剪切、弯曲、切削、冲压、锻造等冷热加工时常产生这种内应力。焊接过程中，在近缝高温区的金属热胀和冷缩受阻时便产生这种塑性变形，从而引起焊接的内应力。

(3) 按应力存在的时间分

① 焊接瞬时应力　焊接过程中，某一瞬时存在的焊接应力，它随时间而变化。它和焊接热应力没有本质区别，当温差也随时间而变时，热应力也是瞬时应力。

② 焊接残余应力　焊后残留在焊件内的应力，残余应力对焊接结构的强度、腐蚀和尺寸稳定性等使用性能有影响。

2.3.2　焊接残余应力的分布

在厚度不大（$\delta < 15 \sim 20\text{mm}$）的中厚和薄板焊接结构中，焊接残余应力场为平面应力状态，基本是纵、横双向的，厚度方向的残余应力很小，可以忽略。只有在大型结构厚截面焊缝中，厚度方向的残余应力才有较高的数值。因此，这里将重点讨论纵向应力和横向应力的分布情况。

(1) 纵向残余应力的分布

作用方向平行于焊缝轴线的残余应力称为纵向残余应力，用 σ_x 表示。

在焊接结构中，焊缝及其附近区域的纵向残余应力为拉应力，一般可达到材料的屈服强度，远离焊缝的区域为压应力。如图 2-30 所示为宽度相等的两板对接时其纵向残余应力在焊缝横截面上的分布情况。两块不等宽度的板对接时，宽度相差越大，宽板中的应力分布越接近于板边堆焊时的情况。图 2-31 为板边堆焊时其纵向残余应力在焊缝横截面上的分布情况。

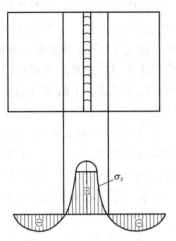
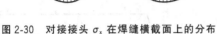

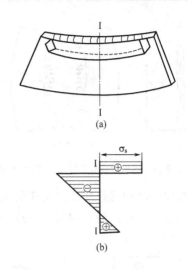

图 2-30 对接接头 σ_x 在焊缝横截面上的分布　　　图 2-31 板边堆焊时的残余应力与变形

纵向残余应力在焊件纵截面上的分布规律如图 2-32 所示。σ_x 靠近焊件纵截面端头时应力降低，在纵截面端头应力为零，焊缝端部存在一个残余应力过渡区，焊缝中段是残余应力稳定区。当焊缝较短时，不存在稳定区，焊缝越短，σ_x 越小。焊缝越长，则稳定区范围越大。

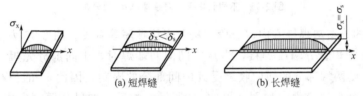

(a) 短焊缝　　　　　　　(b) 长焊缝

图 2-32 不同长度焊缝纵截面上 σ_x 的分布

圆筒对接环焊缝引起的纵向应力如图 2-33 所示，管道对接时，焊接残余应力的分布比较复杂，当管径 D 和壁厚 δ 之比较大时，纵向残余应力应力 σ_x 分布与平板对接一样，但由于圆筒环焊缝在半径方向的收缩比平板上具有更大自由度，因此焊接残余应力的峰值比平板对接焊要小。

(2) 横向残余应力的分布

垂直于焊缝轴线的残余应力称为横向残余应力，用 σ_y 表示。

横向残余应力 σ_y 的产生原因比较复杂，主要是由焊缝及其附近塑性变形区的纵向收缩引起的横向应力 σ_y' 和由焊缝及其塑性变形区的横向收缩的不同时所引起的横向应力 σ_y'' 合成而得。将其分成两个部分加以讨论。

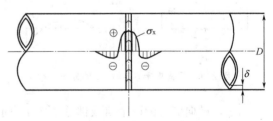

图 2-33 圆筒环缝纵向残余应力分布

① 焊缝及其附近塑性变形区的纵向收缩引起的横向应力 σ_y' 图 2-34 (a) 是由两块平板对接而成的构件，如果假想沿焊缝中心将构件一分为二，则两块板条都相当于板边堆焊，分别出现如图 2-34 (b) 所示的焊缝一侧弯曲变形，要使两板条恢复到原来位置，必须在焊缝中部施加横向拉应力，在焊缝两端施加横向压应力。由此可以推断，焊缝及其附近塑性变形区的纵向收缩引起的横向应力如图 2-34 (c) 所示，其上下两端存在横向压应力，中间存在横向拉应

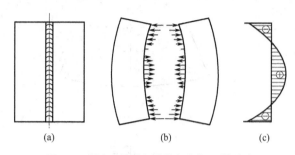

图 2-34　纵向收缩引起的横向应力 σ_y' 的分布

力。从图中可以看出，两端的压应力值大于中间的拉应力值。各种长度的平板条对接焊，其 σ_y' 的分布规律基本相同，但 σ_y' 的分布还受到焊缝长度的影响，如图 2-35 所示，焊缝越长，中间部分的拉应力将有所降低。

② 焊缝及其附近塑性变形区的横向收缩引起的横向应力 σ_y''　焊缝横向收缩不同时将引起横向残余应力。由于结构上一条焊缝不可能同时完成，总有先焊和后焊之分，先焊的部分先冷却，后焊的部分后冷却。先冷却的部分会限制后冷却部分的横向收缩，这就

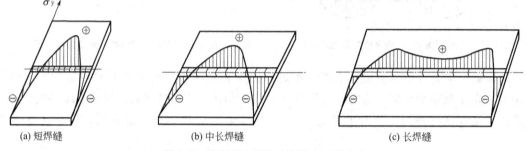

(a) 短焊缝　　　　　　　(b) 中长焊缝　　　　　　　(c) 长焊缝

图 2-35　不同长度平板对接焊时 σ_y' 的分布

构成了 σ_y''。σ_y'' 的分布与焊接方向、分段方法及焊接顺序等有关。图 2-36 为不同焊接方向时 σ_y'' 的分布。如果把焊缝分两段焊接，当从中间向两端焊时，中间部分先焊先收缩，两端部分后焊后收缩，则两端部分的横向收缩受到中间部分的限制，因此 σ_y'' 的分布是中间部分为压应力，两端部分为拉应力，如图 2-36（a）所示；相反，如果从两端向中间部分焊接时，中间部分为拉应力，两端部分为压应力，如图 2-36（b）所示。

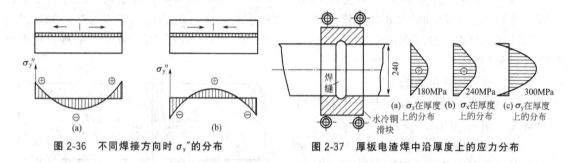

图 2-36　不同焊接方向时 σ_y'' 的分布

图 2-37　厚板电渣焊中沿厚度上的应力分布

总之，横向应力的两个组成部分 σ_y'、σ_y'' 同时存在，最终焊件中的横向应力 σ_y 是由 σ_y'、σ_y'' 合成而得。

（3）厚板中的焊接残余应力

厚板焊接接头中除了存在纵向和横向残余应力外，在厚度方向还有较大的残余应力 σ_z。它在厚度上的分布不均匀，主要受焊接工艺方法的影响。图 2-37 为厚 240mm 的低碳钢电渣焊焊缝中心的应力分布。该焊缝中心存在三向拉应力，且均为最大值，这是由于电渣焊时，焊缝正、背面装有水冷铜滑块，造成焊缝表面冷却速度快，中心部位冷却慢，最后冷却部位的收缩受到周围金属约束，故中心部位出现较高的拉应力。

(4) 拘束状态下的焊接残余应力

如图 2-38（a）所示，焊件左右两侧施加了约束，该焊件焊后的横向收缩受到限制，产生了附加的横向应力即拘束横向应力，其分布如图 2-38（b）所示。拘束横向应力与无拘束横向应力［图 2-38（c）］叠加形成一个以拉应力为主的横向应力场，如图 2-38（d）所示。

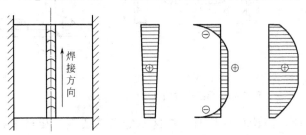

(a) 拘束状态下的焊件　(b) 拘束横向应力　(c) 焊接横向应力　(d) 合成横向应力

图 2-38　拘束状态下对接接头的横向应力分布

(5) 封闭焊缝中的残余应力

在容器、船舶中的接管、镶块和人孔等构造，会存在封闭焊缝，它们是在较大拘束状态下焊接的，其内应力比在自由状态下大。内应力的大小也与焊件和镶入体本身的刚度有关，刚度越大，内应力也越大。图 2-39 为圆盘中焊入镶块后的残余应力，从图中曲线可以看出，其中径向应力 σ_r 均为拉应力，切向应力 σ_θ 在焊缝附近出现拉应力最大，由焊缝向外侧逐渐下降为压应力，由焊缝向中心达到一均匀值。在镶块中心出现了一个 σ_r 和 σ_θ 相等的双轴应力场，镶块直径越小，外板对它的约束越大，这个均匀双轴应力值就越高。

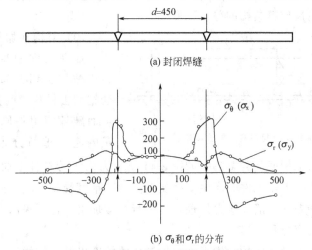

(a) 封闭焊缝

(b) σ_θ 和 σ_r 的分布

图 2-39　圆盘镶块封闭焊缝的残余应力

(6) 焊接梁柱中的残余应力

梁柱属于细长比值较大的焊接结构件，易发生纵向弯曲变形，所以注重分析纵向残余应力的分布。图 2-40 所示是 T 形梁、工字梁和箱形梁纵向残余应力的分布情况。对于此类结构可以将其腹板和翼板分别看作是板边堆焊或板中心堆焊加以分析，一般情况下，焊缝及其附近区域中存在焊接残余拉应力，远离焊缝区域为压应力。

2.3.3　焊接残余应力对焊接结构的影响

(1) 对结构刚度的影响

焊接后，焊缝及其附件区域产生拉应力，远离焊缝的区域产生压应力，并且，拉应力达

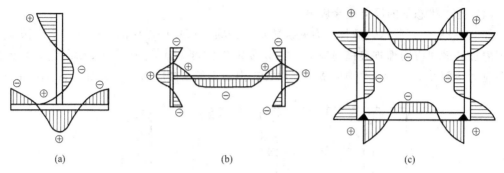

图 2-40 焊接梁柱的纵向残余应力分布

到材料的屈服极限。因此，当构件受拉时，该区不能承受负载，相当于有效承载面积减小了，导致刚度有所下降。对于易发生弯曲变形的梁来说，刚度下降的程度与产生的塑性变形区大小和位置有关，焊缝靠近中性轴时对刚度的影响较小。

(2) 对结构静载强度的影响

对于光滑构件，只要材料具有一定的塑性变形能力，塑性变形可使截面上的应力均匀化，焊接内应力并不影响结构的静载强度。但是，当材料处在脆性状态时，则拉伸内应力和外载引起的拉应力叠加有可能使局部区域的应力首先达到断裂强度，导致结构早期破坏。许多低碳钢和低合金结构钢的焊接结构发生过低应力脆断事故，经大量试验研究表明：在工作温度低于材料的脆性临界温度的条件下，拉伸内应力和严重应力集中的共同作用，将降低结构的静载强度，使之在远低于屈服点的外应力作用下就发生脆性断裂。因此，焊接残余应力的存在将明显降低脆性材料结构的静载强度。

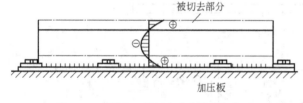

图 2-41 机械加工引起内应力释放和变形

(3) 对构件加工尺寸精度的影响

如果工件中存在焊接残余应力，在机械加工切去部分材料的同时，也会把切去材料中的残余应力一起去掉，从而破坏了工件原来的平衡状态，于是内应力重新分布以达到新的平衡，

同时产生了变形，加工精度受到影响。如图 2-41 所示为在 T 形焊件上加工一平面时的情况，当加工完后，松开加压板，工件会产生上挠变形，加工精度受到影响。保证机械加工精度的最好办法是应对焊件先进行消除应力处理，再进行机械加工。也可采用多次分步加工的办法来释放焊件中的残余应力和变形。

焊接残余应力除了对上述的结构强度、加工尺寸精度以及对结构稳定性的影响外，还对结构的疲劳强度及应力腐蚀开裂有不同程度的影响。因此，为了保证焊接结构具有良好的使用性能，必须设法在焊接过程中减小焊接残余应力，有些重要的结构，焊后还必须采取措施消除焊接残余应力。

2.3.4 减小焊接残余应力的措施

减小焊接残余应力，即在焊接结构制造过程中采取一些适当的措施以减小焊接残余应力。设计焊接结构时遵循设计规范，在不影响结构使用性能的前提下，应尽量考虑采用能减小和改善焊接应力的设计方案；另外，在制造过程中还要采取一些必要的工艺措施，以使焊接应力减小到最低程度。

(1) 设计措施

① 尽量减少焊缝的数量和采用较小的焊缝尺寸。

② 尽量避免焊缝过分集中和交叉，以免出现三向复杂应力。如图 2-42 所示应用切口来避免焊缝交汇。

③ 采用刚度较小的接头形式。如图 2-43 所示容器与接管之间连接接头的两种形式，用翻边连接代替插入管连接，可降低焊缝的约束度，减小焊接残余应力。

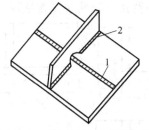

图 2-42 对接焊缝与角焊缝交叉

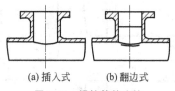

(a) 插入式　　(b) 翻边式

图 2-43 焊接管的连接

④ 采用尽可能小的板厚。当板厚较大时，易产生三轴拉伸应力促使发生脆断。

⑤ 选用热输入小和能量集中的焊接方法。

⑥ 在残余拉应力区避免焊缝几何形状不连续和应力集中。

⑦ 合理制定焊后消除应力的技术要求，减少不必要的焊后处理。

(2) 工艺措施

① 采用合理的装配焊接顺序和方向

a. 拼板时，先焊相互错开的短焊缝，后焊直通长焊缝。

如图 2-44 的拼板焊接，合理的焊接顺序应是按图中 1～10 施焊。先焊各道横向焊缝，后焊各道纵向焊缝，这样受约束力小，使焊缝的纵向和横向收缩均能比较自由，减小了焊接应力。

b. 先焊收缩量较大的焊缝和受力较大的焊缝。

因为先焊的焊缝收缩时受阻较小，因而残余应力就比较小。如图 2-45 所示的带盖板的双工字梁结构，应先焊盖板上的对接焊缝 1，后焊盖板与工字梁之间的角焊缝 2，原因是对接焊缝的收缩量比角焊缝的收缩量大。

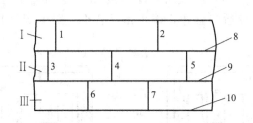

图 2-44 拼接焊缝合理的装配焊接顺序

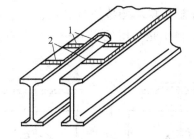

图 2-45 带盖板的双工字梁结构焊接顺序

工作时受力最大的焊缝应先焊。如图 2-46 所示的大型工字梁，在接头两端应预先留出来的一段角焊缝 3 不焊，先焊受力最大的翼板对接焊缝 1，然后再焊腹板对接焊缝 2，最后焊预留的角焊缝 3。

c. 平面交叉焊缝焊接时，在焊缝的交叉点易产生较大的焊接应力，应特别注意交叉处

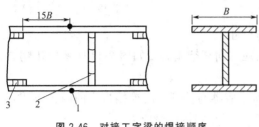

图 2-46　对接工字梁的焊接顺序

焊缝质量。

如图 2-47 所示，T 形接头焊缝和十字接头焊缝，应采用图 2-47（a）、（b）、（c）的焊接顺序，才能避免在焊缝的相交点产生裂纹及夹渣等缺陷。图 2-47（d）为不合理的焊接顺序。

② 预热法　预热法是在施焊前，预先将

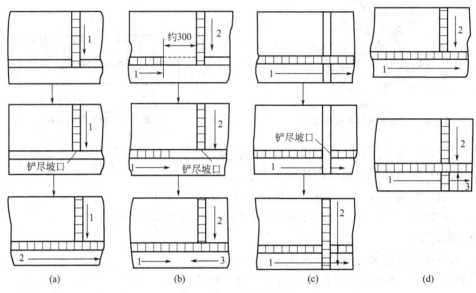

图 2-47　平面交叉焊缝的焊接顺序

焊件局部或整体加热到 150～650℃。减小温差，均匀冷却，减小应力。对于焊接或焊补那些淬硬倾向较大的材料的焊件，以及刚性较大或脆性材料焊件时，常常采用预热法。

③ 冷焊法　冷焊法是通过减少焊件受热来减小焊接部位与结构上其他部位间的温度差。具体做法有：尽量采用小的线能量施焊，选用小直径焊条，小电流、快速焊及多层多道焊。另外，应用冷焊法时，环境温度应尽可能高。

④ 降低焊缝的拘束度　平板上镶板的封闭焊缝焊接时拘束度大，焊后焊缝纵向和横向拉应力都较高，极易产生裂纹。为了降低残余应力，应设法减小该封闭焊缝的拘束度。图 2-48 所示是采用反变形法，焊前对镶板的边缘适当翻边，作出角反变形，降低焊缝拘束度。

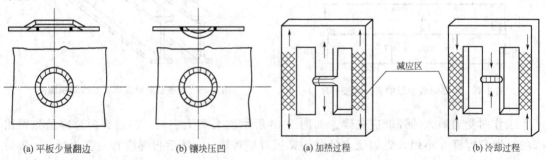

(a) 平板少量翻边　　　　(b) 镶块压凹　　　　　(a) 加热过程　　　　　(b) 冷却过程

图 2-48　降低局部刚度减少内应力　　　　　图 2-49　加热"减应区"法示意

⑤ 加热"减应区"法　加热"减应区"法的原则是减小焊接部位和焊件上阻碍焊接区自由伸缩的部位之间的温差（称"减应区"），也就是要在结构适当部位进行加热，使其伸长，冷却时这个部位和焊接区一起收缩，减小了焊接区的应力，防止裂纹产生。如图 2-49 所示，图中框架中心已断裂，须修复。若直接焊接断口处，焊缝横向收缩受阻，在焊缝中受到相当大的横向应力。若焊前在两侧构件的减应区处同时加热，两侧受热膨胀，使中心构件断口间隙增大。此时对断口处进行焊接，焊后两侧也停止加热。于是焊缝和两侧加热区同时冷却收缩，互不阻碍。结果减小了焊接应力。

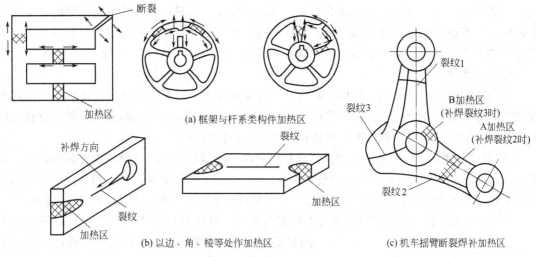

(a) 框架与杆系类构件加热区

(b) 以边、角、棱等处作加热区

(c) 机车摇臂断裂焊补加热区

图 2-50　几种选择"减应区"的例子

此法在铸铁补焊中应用最多，也最有效。方法成败的关键在于正确选择加热部位，选择的原则是：只加热阻碍焊接区膨胀或收缩的部位。检验加热部位是否正确的方法是：用气焊炬在所选处试加热一下，若待焊处的缝隙是张开的，则表示选择正确，否则不正确。图 2-50 为典型焊件减应区选择的例子。

2.3.5　消除焊接残余应力的方法

虽然在结构设计时考虑了残余应力的问题，在工艺上也采取了一定的措施来防止或减小焊接残余应力，但由于焊接应力的复杂性，结构焊接完以后仍然可能存在较大的残余应力。另外，有些结构在装配过程中还可能产生新的残余内应力，这些焊接残余应力及装配应力都会影响结构的使用性能。因此用什么方法消除残余应力，必须根据焊接结构的工作情况，结合生产经验、科学实验及经济效益分析综合考虑。

一般来说，如有下列情况可考虑焊后消除残余应力。

① 在运输、安装、启动和运行中可能遇到低温，有发生脆性断裂危险的厚截面焊接结构。

② 厚度超过一定限度的焊接压力容器。

③ 焊后需要保证加工精度的结构。

④ 对尺寸稳定性要求较高的结构。如精密仪器和量具座架、机床床身、减速箱箱体等。

⑤ 有应力腐蚀危险的结构。

目前消除残余应力的方法主要有热处理法和加载法。

（1）热处理法

热处理法是利用材料在高温下屈服点下降和蠕变现象来达到松弛焊接残余应力的目的，同时热处理还可改善焊接接头的性能。生产中常用的热处理法有整体热处理和局部热处理两种。

①　整体热处理　是将构件缓慢加热到一定的温度，并在该温度下保温一定的时间，然后空冷或随炉冷却。整体热处理消除残余应力的效果取决于加热温度、保温时间、加热和冷却速度、加热方法和加热范围。一般可消除 60%～90% 的残余应力，在生产中应用比较广泛。

②　局部热处理　对于某些不允许或不可能进行整体热处理的焊接结构，可采用局部热处理，局部热处理就是对构件焊缝及其附件的局部区域进行加热，缓慢加热到一定温度后保温，然后缓慢冷却，其消除应力的效果不如整体热处理，它只能降低残余应力峰值，不能完全消除。但通过局部热处理可以改善焊接接头的力学性能。对于一些大型筒形容器的组装环缝和一些重要管道等，常采用局部热处理来降低结构的残余应力。

（2）加载法

加载法是通过不同方式在构件上施加一定的拉伸应力，使焊缝及其附近区域产生拉伸塑性变形，与焊接时在焊缝及其附近所产生的压缩塑性变形相互抵消一部分，达到松弛残余应力的目的。生产上采用的加载法有机械拉伸法、温差拉伸法、振动法。

①　机械拉伸法　实践证明，拉伸载荷加得越高，压缩塑性变形量就抵消得越多，残余应力消除得越彻底。在压力容器制造的最后阶段，通常要进行水压试验，其目的之一也是利用加载来消除部分残余应力。其缺点是不能改善由形变或相变引起的塑性下降或脆性提高的现象。

②　温差拉伸法　温差拉伸法的基本原理与机械拉伸法相同，不同的是温差拉伸法是采用局部加热形成的温差来拉伸焊缝区。适用于中等厚度板材焊后消除应力。如图 2-51 为温差拉伸法示意，在焊缝两侧各用一适当宽度的氧-乙炔焰炬加热焊件，在焰炬后一定距离有一根带有排水口的水管对焊件喷水冷却。随着焰炬和喷水管的移动，会造成两侧温度高，焊缝区温度低的温度场。两侧金属受热膨胀，冷却时收缩对温度较低的区域进行拉伸，从而达到消除残余应力的目的。

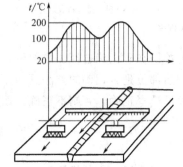

图 2-51　"温差拉伸法"消除残余应力示意

③　振动法　振动法是利用由偏心轮和变速电机组成的激振器，使结构发生共振所产生的交变应力来降低内应力。其效果取决于激振器、工件支点位置、激振频率和时间。振动法所用设备简单、价廉，节省能源，处理费用低，时间短，也没有高温回火时金属表面氧化等问题。故目前在焊件、铸件、锻件中，为了提高尺寸稳定性较多地采用此法。

【综合练习】

一、填空题

1. 若焊接拘束度较大，焊件在焊接过程中不能自由＿＿＿＿＿或＿＿＿＿＿，则焊接变形＿＿＿＿＿，而焊接应力＿＿＿＿＿。

2. 通常，在焊接结构中，焊缝及其附件区域的纵向残余应力为＿＿＿应力，远离焊缝区的应力为＿＿＿应力。

3. 圆筒上的焊缝所引起的纵向应力，是在较大的拘束条件下形成的，其数值大小主要取决于圆筒的＿＿＿＿＿、＿＿＿＿＿及焊接参数。

4. 采用较小的热输入量，可以降低焊件的_____。

5. _____变形常发生于板厚小于6mm的薄板焊接结构中，又称为失稳变形。

6. 在焊接不均匀加热和冷却循环过程中所产生的不均匀塑形变形，是产生_____和_____的主要原因。

7. 焊件焊接常用_____和_____两种方法进行焊接残余变形的矫正工作。

8. 压应力越大，薄板的宽度与厚度比越大，薄板将越容易产生_____变形。

9. 局部高温回火消除应力的效果不如整体热处理，只能降低应力_____，但可以改善焊接接头的_____性能。

10. 控制焊接变形的工艺措施有：选择合理的_____顺序，采用_____法、固定法和_____法，以及合理地选择_____等。

二、选择题（多项）

1. 按应力在焊接内的空间位置分为_____。
   a. 单向应力
   b. 双向应力
   c. 三向应力
   d. 热应力

2. 减小焊接残余应力的设计措施包括_____。
   a. 尽量减少焊缝数量和尺寸
   b. 避免焊缝过于集中
   c. 增加加强筋板的数量
   d. 采用刚性较小的接头形式

3. 消除残余应力的方法有_____。
   a. 热处理法
   b. 加热减应区法
   c. 机械拉伸法
   d. 锤击法

4. 控制焊接变形的工艺措施有_____。
   a. 留余量法
   b. 手工矫正法
   c. 刚性固定法
   d. 反变形法

5. 常见的焊接变形有_____。
   a. 收缩变形
   b. 角变形
   c. 弯曲变形
   d. 波浪变形

6. 根据引起内力的不同，可将应力分为_____。
   a. 残余应力
   b. 内应力
   c. 瞬时应力
   d. 工作应力

7. 焊接过程中产生焊接应力与变形的原因比较复杂，为了方便研究，常作以下假设_____。
   a. 平截面假定
   b. 金属屈服点假定
   c. 焊接温度场假定
   d. 金属性能不变假定

8. 减小焊接残余应力的工艺措施是_____。
   a. 采用合理的装配焊接顺序和方向
   b. 缩小焊接区域结构整体之间的温差
   c. 加热减应区法
   d. 降低接头的局部拘束度
   e. 锤击焊缝

三、判断题（正确的打"√"，错误的打"×"）

（　　）1. 物体在外力或温度的作用下，其形状和尺寸发生的变化，称为变形。

（　　）2. 实际生产中的焊件通常只存在焊接变形。

（　　）3. 在焊接过程中，由焊件内部温度差异引起的应力，称为温差应力。

（　　）4. 没有严重应力集中的焊接结构，只要材料具有一定的塑形变形能力，焊接内应力并不影响结构的静载强度。

（　　）5. 纵向收缩变形量取决于焊缝长度、焊件的截面积、材料的弹性模量、压缩塑形变形区的面积及压缩塑形变形率等。

（　　）6. 焊缝的纵向收缩量，随焊缝的长度、焊缝熔敷金属截面积的增加而增加，随焊件截面积的增加而减少。

（　　）7. 不同的焊接顺序焊后将产生不同的变形量，如焊缝不对称时，应先焊焊缝少的一侧，这样可以减少整个焊件的焊接变形量。

（　　）8. 焊接容器进行水压试验时，同时具有降低焊接残余应力的作用。

（　　）9. 工字梁上下翼板反变形量的大小，与上下翼板的厚度有关，一般随翼板厚度的增加而反变形增加。

（　　）10. 同样厚度的焊件，一次就填满焊缝时产生的纵向收缩量比多层焊小。

四、问答题

1. 预防焊接变形的措施有哪几种？简述其原理。

2. 矫正焊接残余变形的方法有哪几种？简述其原理。

3. 防止和减小焊接应力的措施有哪几种？简述其原理。

4. 消除焊接残余应力的方法有哪几种？简述其原理。

第 3 章 焊接接头

在焊件需连接部位，用焊接方法制造而成的接头称为焊接接头，一般简称接头。

在焊接结构中，焊接接头起两方面的作用：一是连接作用，二是传力作用，焊接接头是焊接结构的薄弱环节，通过对大量焊接结构失效事故的分析表明，接头部位往往是结构破坏的起点。造成这种情况的原因是多方面的，归纳起来主要有两点：焊接接头本身的力学性能不均匀；接头部位所受工作应力分布不均匀。因此，研究焊接接头的性能特征和应力分布规律，对提高焊接结构的使用可靠性具有十分重要的意义。

3.1 焊接接头的组成、焊接接头及焊缝的基本形式

3.1.1 焊接接头的组成

根据焊接方法不同，焊接接头有很多种形式，但熔焊方法是最广泛、最普通的焊接方法。因此，本章将以熔焊接头为重点进行分析。

焊接接头由焊缝金属、熔合区、热影响区和母材组成，如图 3-1 所示。

焊缝金属是由焊接填充金属及部分母材金属熔化冷却凝固后形成的，其组织和性能不同于母材金属。热影响区是在接近焊缝两侧的母材，受焊接热循环的影响，其金相组织

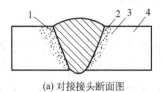

(a) 对接接头断面图　　(b) 搭接接头断面图

图 3-1　熔焊焊接接头的组成

1—焊缝金属；2—熔合区；3—热影响区；4—母材

和力学性能都发生变化的区域，特别是熔合区的组织和性能变化更为明显。因此，焊接接头是一个成分、组织和性能都不均匀的连接体。此外，焊接接头因焊缝的形状和布置的不同，将会产生不同程度的应力集中。

所以，不均匀性和应力集中是焊接接头的两个基本属性。

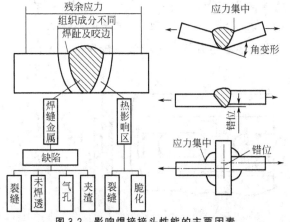

图 3-2　影响焊接接头性能的主要因素

焊接接头性能的主要影响因素包括力学的和材质的两个方面。如图 3-2 所示。

力学方面的影响因素包括焊接接头形状的不连续性、焊接缺陷（如未焊透和焊接裂纹）、残余应力和残余变形等。材质方面的影响因素主要有焊接热循环所引起的组织变化、焊接材料引起的焊缝化学成分的变化、焊后热处理所引起的组织变化以及矫正变形引起的加工硬化等。

焊接接头是组成焊接结构的关键元件，它的性能与焊接结构的性能和安全有着直

接的关系。因此，不断提高焊接接头的质量，是保证焊接结构安全可靠工作的重要方面。

3.1.2 焊接接头及焊缝的基本形式

(1) 焊接接头的基本形式

焊接接头的基本形式主要有四种：对接接头、搭接接头、T形接头和角接接头，如图3-3所示。选用接头形式时，应该根据焊接结构的形式、结构和零件的几何尺寸、焊接方法、焊接位置、焊接条件等来选择。

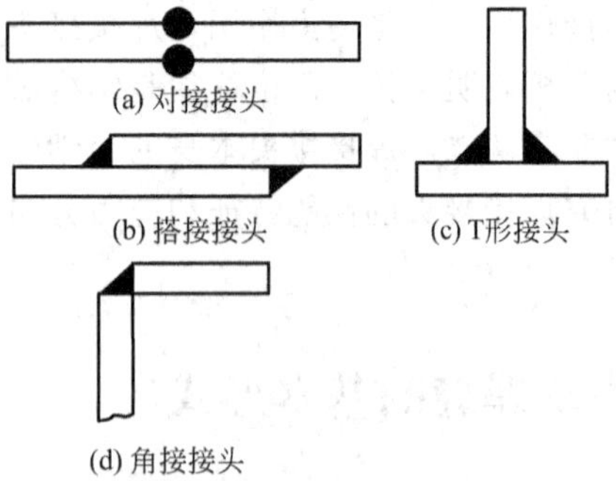

① 对接接头 两焊接表面构成大于或等于135°、小于或等于180°夹角，即两板件相对端面焊接而形成的接头叫对接接头。如图3-3 (a) 所示。

对接接头从强度角度看是比较理想的接头形式，也是广泛应用的接头形式之一。具有受力好、强度大和节省金属材料的特点。但对焊前准备和装配要求相对较高。

② 搭接接头 两板件部分重叠起来进行焊接所形成的接头称为搭接接头。如图3-3 (b) 所示。

(a) 对接接头

(b) 搭接接头　(c) T形接头

(d) 角接接头

图 3-3　焊接接头的基本形式

搭接接头的应力分布极不均匀，疲劳强度较低，不是理想的接头形式。但是，搭接接头便于组装，其横向收缩量也比对接接头小，所以在对焊前准备和装配要求简单，受力较小的焊接结构中仍能得到广泛的应用。

搭接接头中，最常见的是角焊缝组成的搭接接头，采用正面角焊缝、侧面角焊缝或正面、侧面联合角焊缝连接，一般用于12mm以下的钢板焊接。除此之外，还有开槽焊、塞焊、锯齿状搭接等多种形式。

开槽焊搭接接头的结构形式如图3-4所示。先将被连接件冲压切成槽，然后用焊缝金属填满该槽，槽焊焊缝断面为矩形，其宽度为被连接件厚度的2倍，开槽长度应比搭接长度稍短一些。当被连接件的厚度不大时，可采用大功率的埋弧焊或CO_2气体保护焊。

塞焊是在被连接的钢板上钻孔，用来代替槽焊的开槽，用焊缝金属将孔填满使两板连接起来，塞焊可以分为在圆孔内塞焊和长孔内塞两种。如图3-5所示。当被连接板厚小于5mm时，可以采用大功率的埋弧焊或CO_2气体保护焊直接将钢板熔透而不必钻孔。这种接头施焊简单，特别对于一薄一厚的两焊件连接最为方便，生产效率较高。

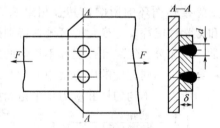

图 3-4　开槽焊搭接接头

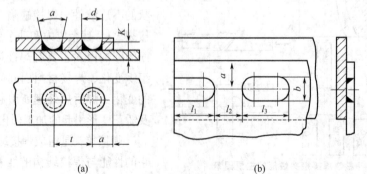

(a)　　　　　　　　　　(b)

图 3-5　塞焊接头

锯齿缝搭接接头形式如图 3-6 所示，也属于单面搭接接头的一种形式。由于直缝单面搭接接头的强度和刚度比双面搭接接头低得多，所以只能用在受力很小的次要部位。对背面不能施焊的接头，可用锯齿形焊缝搭接，这样能提高焊接接头的强度和刚度。

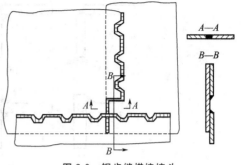

图 3-6　锯齿缝搭接接头

③ T 形（十字）接头　T 形（十字）接头是将相互垂直的被连接件，用角焊缝连接起来的接头，此接头一个焊件的端面与另一焊件的表面构成直角或近似直角，如图 3-7 所示。T 形接头是各种箱型结构中常见的接头形式，能承受各种方向的力和力矩，如图 3-8 所示。

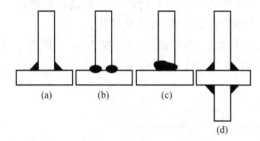

图 3-7　T 形（十字）接头

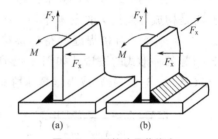

图 3-8　T 形接头承载能力

T 形接头的形式可以分不开坡口、单边 V 形坡口、K 形坡口和双 U 形坡口等，如图 3-9 所示。对较厚的钢板，可采用 K 形坡口，根据受力状况决定是否需要焊透。对要求完全焊透的 T 形接头，采用单边 V 形坡口从一面焊，焊后在背面清根焊满，比采用 K 形坡口施焊可靠。

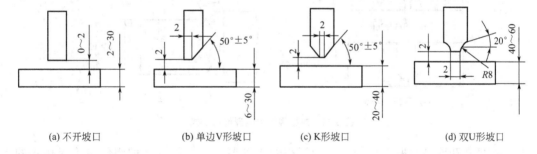

(a) 不开坡口　　　　(b) 单边V形坡口　　　　(c) K形坡口　　　　(d) 双U形坡口

图 3-9　T 形接头

④ 角接接头　两板件端面构成为 $30°\sim135°$ 夹角的焊接接头称为角接接头。

角接接头多用于箱形构件，常用的形式见图 3-10。其中图 3-10（a）是最简单的角接接头，但承载能力差，特别是当接头处承受弯曲力矩时，焊根处会产生严重的应力集中；图 3-10（b）采用双面焊缝从内部加强角接接头，承载能力较大；图 3-10（c）和（d）开坡口易焊透，有较高的强度，而且在外观上具有良好的棱角，但厚板时可能出现层状撕裂问题；图 3-10（e）、（f）最易装配，省工时，是最经济的角接接头，但其棱角并不理想；图 3-10（g）是保证接头具有准确直角的角接接头，并且刚度高，但角钢厚度应大于板厚；图 3-10（h）是最不合理的角接接头，焊缝多且不易施焊。

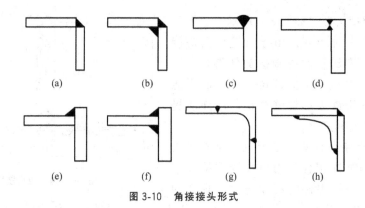

图 3-10　角接接头形式

（2）焊缝的基本形式

焊缝及接头的形式较多，应根据焊件的厚度、工作条件、受力情况等因素进行选择。

焊缝是构成焊接接头的主体部分，对接焊缝和角焊缝是焊缝的基本形式。

① 对接焊缝　对接焊缝的待焊接接头可采用卷边、平对接或加工成 V 形、U 形、X 形、K 形等各种形式的坡口，如图 3-11 所示。各种坡口尺寸可根据国家标准（GB　985—1998 和 GB　986—1998）或根据具体情况确定。

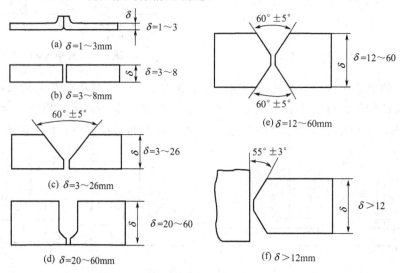

图 3-11　对接焊缝的典型坡口形式

对接焊缝开坡口的根本目的，是为了得到焊件厚度上全部焊透的焊缝，确保接头的质量，同时也从经济效益考虑。对接坡口形式尺寸要根据板材厚度、接头类型、焊接方法和工艺过程综合考虑。通常必须考虑以下几个方面。

a. 可焊到性。可焊到性是指构件是否便于施焊，需要考虑构件是否能够翻转，翻转难易程度等因素。这是选择坡口形式的重要依据之一，也是保证焊接质量的前提。对不能翻转和内径较小的容器的对接焊缝，为了避免大量的仰焊或不便从内侧施焊，宜采用 V 形或 U 形坡口。

b. 节省耗材。例如，同样厚度的焊接接头，采用 X 形坡口比 V 形坡口能节省较多的焊接材料、电能和工时，构件越厚，节省得越多，成本越低。

c. 坡口易加工性。加工 V 形和 X 形坡口通常采用氧气切割或等离子弧切割、机械切削加工等简单方法，但对于 U 形或双 U 形坡口，则需使用刨边机加工。且在圆筒体上应尽量少开 U 形坡口，因其加工困难。

d. 减少或控制焊接变形。采用不适当的坡口形状容易产生较大的变形。如平板对接如果使用 V 形坡口，其角变形就大于 X 形坡口。因此，如果坡口形式合理，工艺正确，可以有效地减少或控制焊接变形。

选择坡口时，要根据以上几个方面，综合考虑，例如，通常认为开 U 形坡口较 V 形坡口节省耗材，但 U 形坡口需要用刨边机，加工费用高；从减小变形的角度考虑，双面坡口明显地优于单面坡口，但双面坡口焊接时需要翻转焊件，增加了辅助工时，所以在板厚小于 25mm 时，一般采用 V 形坡口。受力大而要求焊接变形小的部位采用 U 形坡口。选择坡口和焊接方法也有关，利用焊条电弧焊焊接 6mm 以下钢板时，选用 I 形坡口就可得到优质焊缝；用埋弧自动焊焊接 14mm 以下的钢板，采用 I 形坡口也能焊透。

② 角焊缝　角焊缝按其截面形状可分为四种，平角焊缝、凹角焊缝、凸角焊缝和不等腰角焊缝，如图 3-12 所示。其中，应用最多的是截面为直角等腰的角焊缝，如图 3-12（a）所示。角焊缝的大小用焊脚尺寸 K 表示，各种截面形状角焊缝的承载能力与载荷性质有关。静载时，如母材金属塑性良好，角焊缝的截面形状对承载能力没有显著影响；动载时，凹角焊缝由于其外形形成了焊缝向母材基本金属平滑过渡，减少了应力集中，比平角焊缝的承载能力高。凸角焊缝的承载能力最低。不等腰角焊缝，长边平行于载荷方向时，承受动载效果较好。

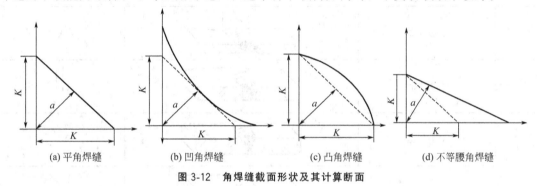

(a) 平角焊缝　　(b) 凹角焊缝　　(c) 凸角焊缝　　(d) 不等腰角焊缝

图 3-12　角焊缝截面形状及其计算断面

为了提高焊接效率、节约焊接材料、减小焊接变形，当板厚大于 13mm 时，可以采用开坡口的角焊缝。在等强度条件下，坡口角焊缝的焊接材料消耗量仅为普通角焊缝的 60%。

3.2　焊缝符号及标注

3.2.1　常用焊接方法代号

为简化焊接方法的标注和说明，可采用阿拉伯数字表示的金属焊接及钎焊等各种焊接方法的代号表示。表 3-1 列出了在 GB/T 5158—2005 中规定的常用主要焊接方法的代号。

表 3-1　常用焊接方法代号

名称	焊接方法代号	名称	焊接方法代号
电弧焊	1	电阻焊	2
焊条电弧焊	111	点焊	21
埋弧焊	12	缝焊	22
熔化极惰性气体保护焊（MIG）	131	闪光焊	24

续表

名称	焊接方法代号	名称	焊接方法代号
钨极惰性气体保护焊（TIG）	141	气焊	3
压焊	4	氧-乙炔焊	311
超声波焊	41	氧-丙烷焊	312
摩擦焊	42	其他焊接方法	7
扩散焊	45	激光焊	751
爆炸焊	441	电子束	76

3.2.2　焊缝符号表示法及其用途

焊缝符号是指在图样上标注焊接工艺方法、焊缝形式和焊缝尺寸的符号。GB/T 324—2008 标准规定的焊缝符号主要包括基本符号、指引线、辅助符号、补充符号、焊缝尺寸符号和数据等。

（1）基本符号

基本符号是表示焊缝横截面形状的符号，见表 3-2。

表 3-2　焊缝基本符号

序号	名称	示意图	符号
1	卷边焊缝	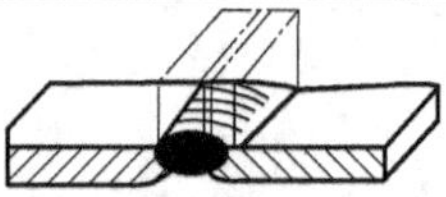	 八
2	I 形焊缝	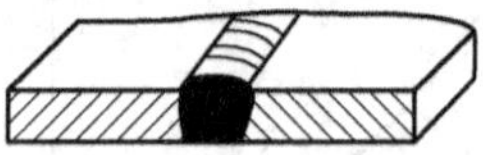	 ‖
3	V 形焊缝	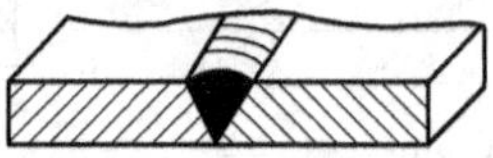	∨
4	单边 V 形焊缝	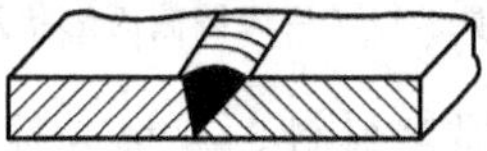	 V
5	带钝边 V 形焊缝	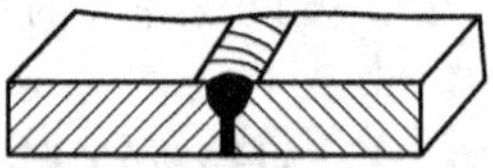	 Y
6	带钝边单边 V 形焊缝	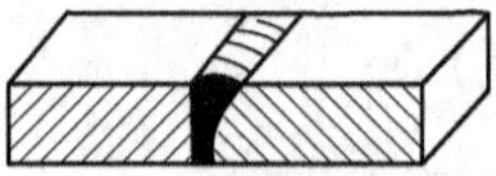	 Y
7	带钝边 U 形焊缝	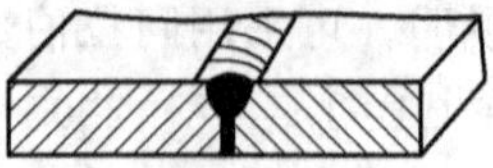	 Y
8	带钝边 J 形焊缝		 Y
9	封底焊缝	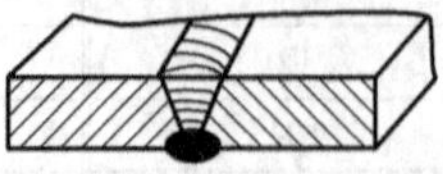	▽

续表

序号	名称	示意图	符号
10	角焊缝		△
11	塞焊缝或槽焊缝		⊓
12	点焊缝		○
13	缝焊缝		⊖
14	陡边 V 形焊缝		

（2）指引线

指引线一般由带有箭头的指引线（简称箭头线）和两条基准线（一条为实线，另一条为虚线）组成，需要时可在尾端加一尾部符号。如图 3-13 所示。

（3）辅助符号

辅助符号是表示焊缝表面形状特征的符号，见表 3-3。不需要确切地说明焊缝的表面形状时，可以不用该符号。

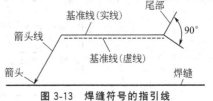

图 3-13　焊缝符号的指引线

表 3-3　焊缝辅助符号

序号	名称	示意图	符号	说明
1	平面符号		——	焊缝表面齐平（一般通过加工）
2	凹面符号		⌣	焊缝表面凹陷
3	凸面符号		⌢	焊缝表面凸起

（4）补充符号

焊缝补充符号是为了补充说明焊缝的某些特征而采用的符号，见表 3-4。其中尾部符号可参照 GB 5185—2005《焊接及相关工艺方法代号》。

表 3-4　焊缝补充符号

名称	示意图	符号	说明
带垫板			表示焊缝底部有垫板
三面焊缝	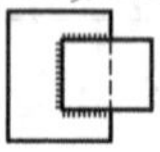		表示三面带有焊缝
周围焊缝		 ○	表示围绕工件周围焊缝
现场符号			表示在现场或工地上进行焊接
尾部符号			标注焊接工艺方法

(5) 焊缝尺寸符号

焊缝尺寸符号是表示坡口和焊缝各特征尺寸的符号。国标 GB/T 324—2008 中规定了 16 个尺寸符号，见表 3-5。必要时，基本符号可附带有尺寸符号及数据。

表 3-5　焊缝尺寸符号

符号	名称	示意图	符号	名称	示意图
δ	工件厚度	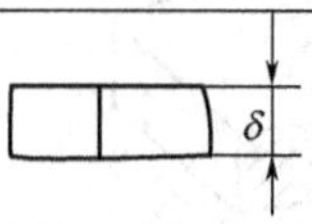	e	焊缝间距	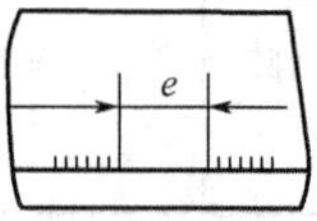
c	焊缝宽度	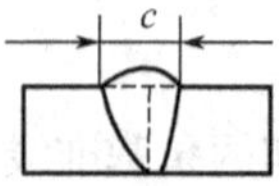	k	焊脚尺寸	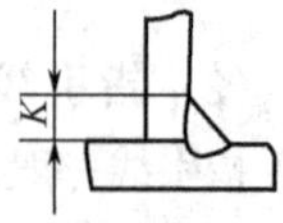
h	余高	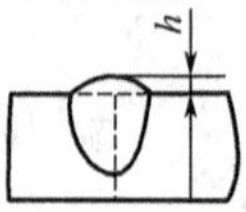	d	熔合直径	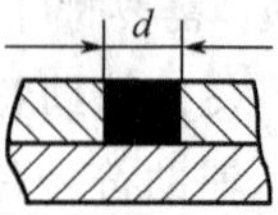
l	焊缝长度	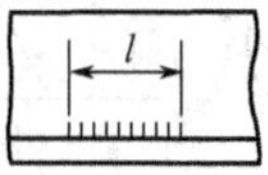	s	焊缝有效厚度	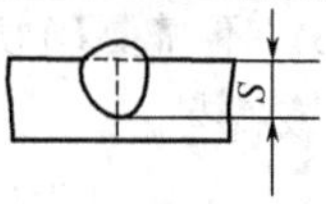
n	焊缝段数	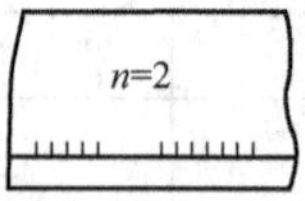 $n=2$	N	相同焊缝数量符号	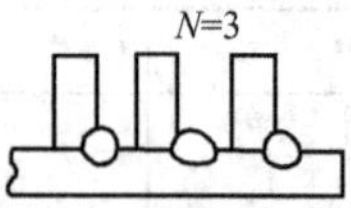 $N=3$
b	根部间隙	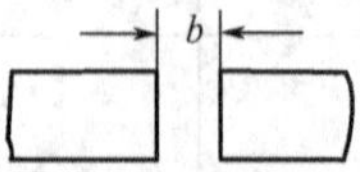	H	坡口深度	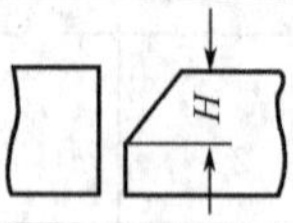
α	坡口角度	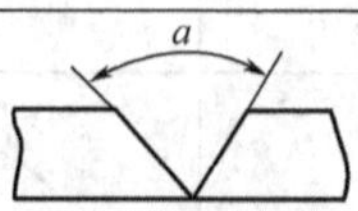	R	根部半径	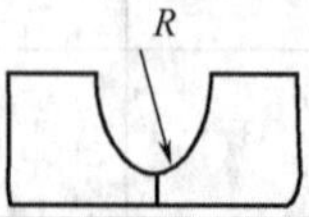
β	坡口面角度	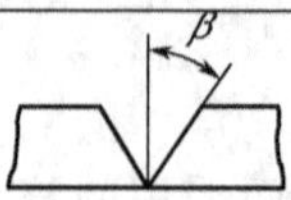	p	钝边	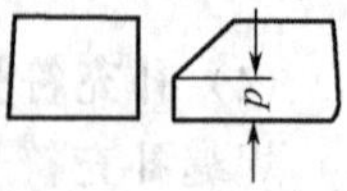

3.2.3　焊接接头在图纸上的表示方法

(1) 焊缝的图示法

根据国家标准 GB 12212—2012《技术制图、焊接符号的尺寸、比例及简化表示法》的规定，需要在图样中简易地绘制焊缝时，可用视图、剖视图或剖面图表示，也可用轴测图示意地表示。如图 3-14 (a)、(b)、(c) 所示是焊缝视图的画法。在图 3-14 (a)、(b) 中，用一些细实线来表示焊缝，也可如图 3-14 (c) 中用粗实线表示。

在同一图样中，只允许采用一种画法。焊缝端面视图中，通常用粗实线绘制焊缝轮廓，必要时可用细实线同时画出坡口形状等，如图 3-15 (a) 所示。在剖视图或剖面图上，通常将焊缝区涂黑，如图 3-15 (b) 所示，若想表示坡口形状，可以绘制成如图 3-15 (c) 所示形式。

用轴测图示意地表示焊缝的画法如图 3-16 所示。必要时可将焊缝部位放大并标注焊缝尺寸符号或数字，如图 3-17 所示。

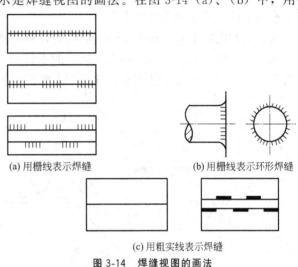

(a) 用栅线表示焊缝

(b) 用栅线表示环形焊缝

(c) 用粗实线表示焊缝

图 3-14　焊缝视图的画法

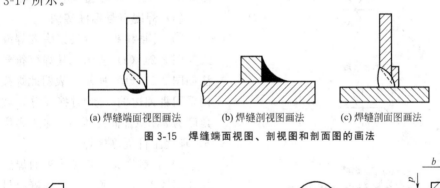

(a) 焊缝端面视图画法　　(b) 焊缝剖视图画法　　(c) 焊缝剖面图画法

图 3-15　焊缝端面视图、剖视图和剖面图的画法

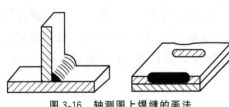

图 3-16　轴测图上焊缝的画法

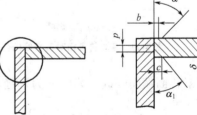

图 3-17　焊缝的局部放大图

(2) 焊缝符号的标注

焊缝符号必须通过指引线及有关规定才能准确地表示焊缝。国家标准规定，箭头线应指到焊缝处，相对焊缝的位置一般没有特殊要求，但在标注 V 形、单边 V 形、J 形焊缝时，箭头线应指向带坡口一侧的工件，如图 3-18 (a)、(b)。必要时，允许箭头线弯折一次，如图 3-18 (c) 所示。

基准线一般应与图样的底边相平行，但在特殊条件下亦可与底边相垂直。基准线的虚线

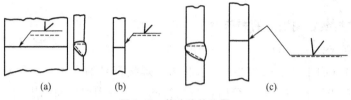

图 3-18　箭头线的位置

可以画在基准线的实线下侧或上侧。

　　为了能在图样上确切地表示焊缝的位置,特将基本符号相对基准线的位置规定为:焊缝在接头的箭头侧,基本符号应标在基准线的实线侧,如图 3-19(a)所示;焊缝在接头的非箭头侧,基本符号应标在基准线的虚线侧,如图 3-19(b)所示;对称焊缝及双面焊缝标注时可不加虚线,如图 3-19(c)、(d)所示。此外,国家标注还规定,必要时基本符号可附带有尺寸符号及数据,其标注原则如图 3-20 所示。

　　① 焊缝横截面上的尺寸标注在基本符号的左侧。

　　② 焊缝长度方向上的尺寸标注在基本符号的右侧。

　　③ 坡口角度、坡口面角度、根部间隙等尺寸标注在基本符号的上侧或下侧。

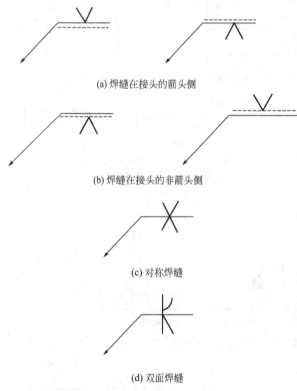

(a)焊缝在接头的箭头侧

(b)焊缝在接头的非箭头侧

(c)对称焊缝

(d)双面焊缝

图 3-19　基本符号相对基准线的位置

(3) 焊缝符号标注实例

　　① 对接接头　对接接头的焊缝形式如图 3-21(a)所示。其焊缝符号标注如图 3-21(b)所示。表明此焊接结构采用带钝边的 V 形对接焊缝,坡口角度为 α,根部间隙为 b,钝边高度为 p,环绕工件周围施焊。

　　② T 形接头　T 形接头的焊缝形式如图 3-22(a)所示。其焊缝符号标注如图 3-22(b)所示。表明此焊接接头采用对称断续角焊缝。其中 n 为焊缝段数, l 表示每段焊缝长度, e 为焊缝段的间距, K 为焊脚尺寸。

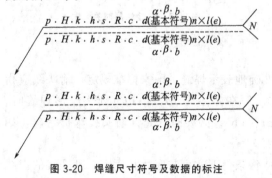

图 3-20　焊缝尺寸符号及数据的标注

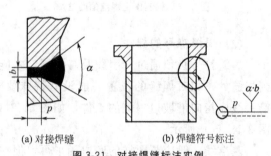

(a)对接焊缝　　(b)焊缝符号标注

图 3-21　对接焊缝标注实例

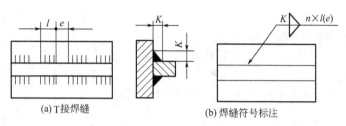

(a)T接焊缝　　　　　　　(b)焊缝符号标注

图 3-22　T 形焊缝标注实例

③ 角接接头　角接接头的焊缝形式如图 3-23（a）所示。其焊缝符号标注如图 3-23（b）所示。表明角接接头采用双面焊缝。接头上侧为带钝边的单边 V 形焊缝，坡口角度为 α，根部间隙为 b，钝边高度为 p；接头下侧为角焊缝，焊缝表面凹陷，焊角尺寸为 K。

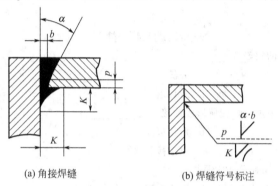

(a)角接焊缝　　　　　　　(b)焊缝符号标注

图 3-23　角接焊缝标注实例

【综合练习】

一、填空题

1. 焊接接头是由_____、_____、_____组成的。

2. _____和_____是焊接接头的两个基本属性。

3. _____和_____是焊缝的基本形式。

4. 焊接接头的基本形式有四种，分别是_____、_____、_____和_____。

5. 焊缝符号一般由_____与_____组成，必要时还可以加上辅助符号、补充符号和焊缝尺寸符号。

6. 从力学的角度分析，_____接头是最好的接头形式，但对焊前准备和装配质量要求较高。

7. 对接接头应力集中的产生原因有_____、_____和_____。

8. T 形接头应力分布极不均匀，在角焊缝_____和_____处存在较大的应力集中。

9. 为了保证焊接质量，焊条、焊丝或电极方便地到达待焊部位的要求称为焊接_____。

10. 焊接接头的力学性能测试包括_____、_____、_____。

二、选择题

1. 动载时，_____焊缝的承载能力相当好。

　　a. 平角焊缝　　　　　　　　　　b. 凸角焊缝

　　c. 凹角焊缝　　　　　　　　　　d. 不等腰角焊缝

2. 两板件相对端面焊接而形成的接头叫做_____。

　　a. 对接接头　　　　　　　　　　b. 角接接头

　　c. T 形接头　　　　　　　　　　d. 搭接接头

3. 焊缝热影响区易发生的缺陷有裂纹和_____。

a. 气孔   b. 夹渣

c. 脆化   d. 未焊透

4. 不属于对接焊缝的典型坡口形式有_____。

a. V 形   b. U 形

c. X 形   d. L 形

5. 指引线一般由带有箭头的指引线和_____条基准线组成。

a. 1   b. 2

c. 3   d. 0

6. 工件厚度的焊缝尺寸符号是_____。

a. c   b. H

c. δ d. p

7. ∨ 符号表示_____。

a. 角焊缝   b. V 形焊缝

c. 单边 V 形焊缝   d. 带钝边 V 形焊缝

8. 属于焊缝热影响区的缺陷有_____。

a. 气孔   b. 夹渣

c. 脆化   d. 未焊透

9. 两板件部分重叠起来进行焊接所形成的接头是_____。

a. 端接接头   b. 角接接头

c. 搭接接头   d. 对接接头

10. 常用电弧焊焊接方法代号 131 是指_____。

a. 熔化极非惰性气体保护焊   b. 熔化极惰性气体保护焊

c. 埋弧焊   d. 钨极惰性气体保护焊

三、判断题（正确的打"√"，错误的打"×"）

（ ）1. 焊缝金属是由焊接填充金属及部分母材金属熔化结晶后形成的，其组织和化学成分与母材相同。

（ ）2. 对接焊缝开坡口的根本目的，是为了确保接头的质量，同时也从经济效益考虑。

（ ）3. 从节约焊材的角度考虑，U 形坡口比 V 形坡口好。

（ ）4. 搭接接头是理想的接头形式。

（ ）5. 焊缝符号一般由基本符号与指引线组成，必要时还可以加上补充符号和焊缝尺寸符号等。

（ ）6. 角接接头是两被焊工件端面间距构成大于 30°、小于 135°夹角的接头。

（ ）7. 缝焊接头具有水密性和气密性好的特点，所以特别适宜于薄壁容器的连接。

（ ）8. 一般情况下，对接接头承载能力很低，不提倡使用。

（ ）9. 焊条电弧焊的焊接方法代号为 12。

（ ）10. 焊缝尺寸符号 e，代表焊缝间距。

四、问答题

1. 焊接接头和焊缝的基本形式有哪几种？各有何特点。

2. 为什么不能过多地增加对接焊缝的余高值？

3. 从强度观点看，为什么说对接接头是最好的接头形式？

4. 试说明下图所示焊缝符号的含义。

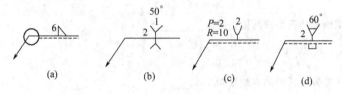

(a)   (b)   (c)   (d)

第4章 焊接材料

4.1 焊条

4.1.1 焊条组成、分类及型号

（1）焊条的组成及其作用

焊条是涂有药皮的供焊条电弧焊用的熔化电极，它有药皮和焊芯两部分组成，见图4-1。

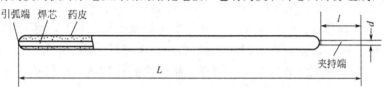

图4-1 焊条的组成及部分名称

L—焊条长度；l—夹持端长度；d—焊条直径

① 焊芯

a. 作用　焊芯是一根实芯金属棒，焊接时作为电极，传导焊接电流，使之与焊件之间产生电弧；在电弧热作用下自身熔化过渡到焊件的熔池内，成为焊缝中的填充金属。

作为电极，焊芯必须具有良好的导电性能，否则电阻热会损害药皮的效能；作为焊缝的填充金属，焊芯的化学成分对焊缝金属的质量和性能有直接影响，必须严格控制。

b. 焊芯的规格尺寸　焊芯的长度和直径也就是焊条的长度和和直径，是根据焊芯材质、药皮组成、方便使用、材料利用和生产效率等因素确定的。通常是由热轧金属盘条经冷拔到所需直径后再切成所需长度。无法轧制或冷拔的金属材料，用铸造的方法制成所需的规格尺寸。表4-1为国家标准对钢铁焊条尺寸的规定。

表4-1 钢铁焊条的规格（尺寸）　　　　　　mm

焊条直径	焊 条 长 度						
	碳钢焊条	低合金钢焊条	不锈钢焊条	堆焊焊条		铸铁焊条	
				冷拔焊芯	铸造焊芯	冷拔焊芯	铸造焊芯
1.6	200～250	—	220～260	—	—	—	—
2.0	250～350	250～350		—	—	—	—
2.5			230～350	—	—	200～300	—
3.2			300～460	300，350		—	—
4.0	350～450	350～450	340～460	350，400，450	250～450	300～450	350～400
5.0							
6.0	450～700	450～700		400，450		400～500	350～500
8.0			—				

c. 焊芯的化学成分　焊芯是从热轧盘拉拔成丝之后截取的，国家对焊接用焊丝按不同

金属材料和不同焊接方法的特点，在化学成分上作了统一规定。

②　药皮　药皮又称涂料，是焊条中压涂在焊芯表面上的涂覆层。它是由矿石、铁合金、纯金属、化工物料和有机物的粉末混合均匀后黏结到焊芯上的。

药皮在焊接过程中起到如下作用。

a. 保护。在高温下药皮中某些物质分解出气体或形成熔渣，对熔滴、熔池周围和焊缝金属表面起机械保护作用，免受大气侵入与污染。

b. 冶金处理。与焊芯配合，通过冶金反应起到脱氧，去氢，排除硫、磷等杂质和渗入合金元素的作用。

c. 改善焊接工艺性能。通过药皮中某些物质使焊接过程电弧稳定、飞溅少、易于脱渣、提高熔敷率和改善焊缝成形等。

表 4-2 列出制造药皮常用的原材料，通过这些原材料的选配才使药皮具有上述功能。根据表 4-2 中各原材料在药皮中的主要作用，可以归纳成以下几类。

a. 稳弧剂。使焊条容易引弧和在焊接过程中保持电弧燃烧稳定。主要是以含有易电离元素的物质作稳弧剂，如水玻璃、金刚石、钛白粉、大理石、钛铁矿等。

b. 造渣剂。焊接时能形成具有一定物理、化学性能的熔渣，起保护焊接熔池和改善焊缝成形的作用。大理石、萤石、白云石、菱苦土、长石、白泥、石英、金红石、钛白粉、钛铁矿等属于这一类。

c. 造气剂。在电弧高温下分解出气体，形成对电弧、熔滴和熔池保护的气氛，防止空气中的氧、氢侵入。碳酸盐类物质如大理石、白云石、菱苦土、碳酸钡等，以及有机物，如木粉、淀粉、纤维素、树脂等都可作造气剂。

d. 脱氧剂。在焊接过程中起化学冶金反应，降低焊缝金属中的含氧量，以提高焊缝质量和性能。常用的脱氧剂有锰铁、硅铁、钛铁、铝铁、铝锰合金等。

e. 合金剂。用于补偿焊接过程合金元素的烧损及向焊缝中过渡某些焊接元素，以保证焊缝金属所需的化学成分和性能。根据需要可使用各种铁合金，如锰铁、硅铁、铬铁、钼铁、钒铁、硼铁、稀土等，或纯金属粉，如金属锰、金属铬、镍粉、钨粉等。

f. 增塑剂。用于改善药皮涂料向焊芯压涂过程中的塑性、滑性和流动性，提高焊条的压涂质量，使焊条表面光滑而不开裂。云母、白泥、钛白粉、滑石和白土等属于这一类。

g. 黏结剂。使药皮物料牢固黏结在焊芯上，并使焊条烘干后药皮具有一定的强度。常用黏结剂是水玻璃，如钾、钠及锂水玻璃等，此外，还可用酚醛树脂、树胶等。

表 4-2　常用药皮的原材料及其基本组成与作用

药皮原材料名称	基本组成	主要作用									
		稳弧	造渣	造气	脱氧	合金	稀渣	黏结	增塑	氧化	增氢
钛铁矿	$FeO \cdot TiO_2$	○	○				○			○	
金红石	TiO_2	○	○				○				
赤铁矿	Fe_2O_3	○	○							○	
锰矿	MnO_2	○	○				○			○	
大理石	$CaCO_3$	○	○	○							
菱苦土	$MgCO_3$		○	○							
白云石	$CaCO_3 \cdot MgCO_3$	○	○	○						○	

续表

药皮原材料名称	基本组成	主要作用									
		稳弧	造渣	造气	脱氧	合金	稀渣	黏结	增塑	氧化	增氢
石英砂	SiO_2		○								
长石	$SiO_2 \cdot Al_2O_3 \cdot K_2O$	○	○				○				
高岭土	$SiO_2 \cdot Al_2O_3 \cdot 2H_2O$		○						○		○
白泥	$SiO_2 \cdot Al_2O_3 \cdot H_2O$		○						○		○
云母	$SiO_2 \cdot Al_2O_3 \cdot K_2O \cdot H_2O$	○	○						○		○
花岗石	长石、石英、云母	○	○						○		
萤石	CaF_2						○				
碳酸钾	$K_2CO_3(H_2O)$	○							○		○
纯碱	$Na_2CO_3(H_2O)$										
木粉	C、O、H			○					○		
淀粉	C、O、H			○					○		
钠水玻璃	$Na_2O \cdot SiO_2 \cdot H_2O$	○	○					○			
钾水玻璃	$K_2O \cdot SiO_2 \cdot H_2O$	○	○		○			○			○
铝粉	Al				○	○					
合金	锰、硅、钛、铬、钼等的铁合金				○	○					
纯金属	金属锰、金属铬等										
钛白粉	TiO_2	○	○				○		○		

注：○代表有这种作用。

（2）对焊条的基本要求

对焊条的基本要求可以归纳成四个方面。

① 满足接头的使用性能要求　使焊缝金属具有满足使用条件下的力学性能和其他物理与化学性能。对于结构钢用的焊条，必须使焊缝具有足够的强度和韧性；对于不锈钢和耐热钢用的焊条，除了要求焊缝金属具有必要的强度和韧性外，还必须具有足够的耐蚀性和耐热性，确保焊缝金属在工作期内安全可靠。

② 满足焊接工艺性能要求　焊条应具有良好的抗气性、抗裂纹的能力；焊接过程不容易发生夹渣或焊缝成形不良等工艺缺陷；飞溅小，电弧稳定；能适应各种位置焊接的需要；脱渣性好，生产效率高；低烟尘和低毒等。

③ 自身具有好的内外质量　药皮混合均匀，药皮黏结牢靠，表面光洁、无裂纹、脱落和起泡等缺陷；磨头磨尾圆整干净，尺寸符合要求，焊芯无锈迹；具有一定的耐湿性。有识别焊条的标志等。

④ 低的制造成本。

（3）焊条的分类

对焊条可从其用途、药皮主要成分、熔渣性质或性能特征等不同角度进行分类。

① 按用途分类　我国现行的有表 4-3 所列两种分类方法。两者没有原则区别，不同的是表达形式，前者用型号表示，后者用商业牌号表示。

表 4-3　焊条的分类及其代号

焊条型号			焊条牌号			
焊条大类（按化学成分分类）			焊条大类（按用途分类）			
国家标准编号	名　称	代号	类　别	名　称	代号	
					字母	汉字
GB/T 5117—2012	碳钢焊条	E	一	结构钢焊条	J	结
GB/T 5118—2012	热强钢焊条	E	一	结构钢焊条	J	结
			二	钼和铬钼耐热钢焊条	R	热
			三	低温钢焊条	W	温
GB/T 983—2012	不锈钢焊条	E	四	不锈钢焊条	G	铬
					A	奥
GB/T 984—2001	堆焊焊条	ED	五	堆焊焊条	D	堆
GB/T 10044—2006	铸铁焊条	EZ	六	铸铁焊条	Z	铸
—	—	—	七	镍及镍合金焊条	Ni	镍
GB/T 3670—1995	铜及铜合金焊条	TCu	八	铜及铜合金焊条	T	铜
GB/T 3669—2001	铝及铝合金焊条	E	九	铝及铝合金焊条	L	铝
—	—	—	十	特殊用途焊条	TS	特

②　**按熔渣性质分类**　主要是按熔渣的碱度，即熔渣中碱性氧化物与酸性氧化物的比例来划分，焊条有酸性和碱性两大类。

a. 酸性焊条　药皮中含有大量 SiO_2、TiO_2 等酸性氧化物及一定数量的碳酸盐等，其熔渣碱度 B 小于 1。酸性焊条焊接工艺性能好，可以采用交流或直流电源进行焊接，简称交、直两用。电弧柔和、飞溅小、熔渣流动性好、易于脱渣、焊缝外表美观；因药皮中含有较多硅酸盐、氧化铁和氧化钛等，因而熔敷金属的塑性和韧性较低；由于焊接时碳的剧烈氧化，造成熔池的沸腾，有利于熔池中气体逸出，所以不容易产生由铁锈、油脂及水造成的气体。钛型焊条、钛钙型焊条、钛铁矿型焊条和氧化铁型焊条均属酸性焊条。

b. 碱性焊条　药皮中含有大量如大理石、萤石等的碱性造渣物，并含有一定数量的脱氧剂和合金剂。焊条主要靠碳酸盐（如大理石中的 $CaCO_3$ 等）分解出 CO_2 作为保护气体，在弧柱气氛中氢的分压较低，而且萤石中的 CaF_2 在高温时与氢结合成氟化氢（HF），从而降低了焊缝中的含氢量，故碱性焊条又称为低氢型焊条。碱性渣中 CaO 数量多，熔渣脱硫能力强，熔敷金属抗热裂性能较好；由于焊缝金属中氧和氢含量较低，非金属夹杂物少，故具有较高的塑性和韧性，以及较好的抗冷裂性能；但是，由于药皮中含有较多的 CaF_2，影响气体电离，所以碱性焊条一般要求采用直流电源，用反接法焊接。只有当药皮中加入稳弧剂后才可以用交流电源焊接。

碱性（低氢）焊条一般用于重要的焊接结构，如承受动载或刚性较大的结构，这是因为焊缝金属的力学性能好，尤其冲击韧度高。缺点是焊接时产生气孔的倾向较大，对油、水、锈等很敏感，用前需高温（300～450℃）烘干；脱渣性能较差。

表 4-4 对这两类焊条的工艺性能作了比较，应用中加以注意。

表4-4 酸性焊条与碱性焊条性能对比

酸 性 焊 条	碱 性 焊 条
1. 药皮组分氧化性强	1. 药皮组分还原性强
2. 对水、锈产生气孔的敏感性不大，焊条在使用前经150～200℃烘焙1h，若不受潮，也可不烘	2. 对水、锈产生气孔的敏感性较大，要求焊条使用前经300～400℃，1～2h再烘干
3. 电弧稳定，可用交流或直流施焊	3. 由于药皮中含有氟化物恶化电弧稳定性，需用直流施焊，只有当药皮中加稳弧剂后才可交直流两用
4. 焊接电流较大	4. 焊接电流较小，较同规格的酸性焊条小10%左右
5. 可长弧操作	5. 须短弧操作，否则易引起气孔
6. 合金元素过渡效果差	6. 合金元素过渡效果好
7. 焊缝成形较好，除氧化铁型外，熔深较浅	7. 焊缝成形尚好，容易堆高，熔深较深
8. 熔渣结构呈玻璃状	8. 焊渣结构呈结晶状
9. 脱渣较容易	9. 坡口内第一层脱渣较困难，以后各层脱渣较容易
10. 焊缝常、低温冲击性能一般	10. 焊缝常、低温冲击韧度较高
11. 除氧化性外，抗裂性能较差	11. 抗裂性能好
12. 焊缝中的含氢量高，易产生白点，影响塑性	12. 焊缝中含氢量低
13. 焊接时烟尘较少	13. 焊接时烟尘较多

③ 按药皮主要成分分类 按药皮的主要成分可以分成表4-5所列的八大类型。由于药皮配方不同，致使各种药皮类型的熔渣特性、焊接工艺性能和焊接金属性能有很大的差别。即使同一类型的药皮，由于不同的生产厂家，采用不同的药皮成分和配比，在焊接工艺性能等方面就会出现明显区别。例如低氢型药皮因采用不同稳弧剂和粘合剂，就有低氢钾型和低氢钠型之分。在焊接电源方面前者可以交、直两用，而后者则要求直流反接。

表4-5 按主要成分划分的药皮类型

药 皮 类 型	药皮主要成分（质量分数）
钛型	氧化铁≥35%
钛钙型	氧化钛30%以上，碳酸盐20%以上
钛铁矿型	钛铁矿≥30%
氧化铁型	多量氧化铁和较多锰铁脱氧剂
纤维素型	有机物≥15%
低氢型	含铁、镁的碳酸盐和相当量的萤石
石墨型	多量石墨
盐基型	氯盐和氟盐

④ 按焊条性能特征分类 实际上是按特殊的使用性能对焊条进行分类。如超低氢焊条、低尘、低毒焊条、立向下焊条、躺焊条、打底层焊条、盖面焊条、高效铁粉焊条、重力焊条、防潮焊条、水下焊条等。

(4) 焊条型号与牌号的编制方法

① 焊条型号 不同种类的焊条，其型号的表示方法不相同。焊条型号编制方法及其含义如下：

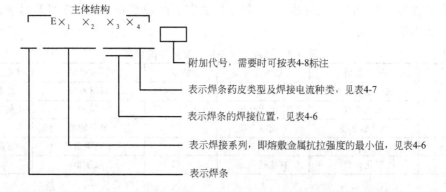

主体结构

E×$_1$ ×$_2$ ×$_3$ ×$_4$

附加代号，需要时可按表4-8标注

表示焊条药皮类型及焊接电流种类，见表4-7

表示焊条的焊接位置，见表4-6

表示焊接系列，即熔敷金属抗拉强度的最小值，见表4-6

表示焊条

主体结构应标全。附加代号只有需要时才在主体结构之尾部标出。例：E4303、E5018M、E5015-1 等。

表 4-6　碳钢焊条型号中 $\times_1\times_2$ 和 $\times_3$ 的含义

$\times_1\times_2$	熔敷金属抗拉强度最小值		$\times_3$	焊接位置
	kgf/mm²	MPa	0	全位置
			1	（平焊、立焊、仰焊、横焊）
43	43	420	2	平焊、横角焊
50	50	490	4	立向下焊

表 4-7　碳钢焊条型号中 $\times_3\times_4$ 的含义

$\times_3\times_4$	药皮类型	焊接电源种类	$\times_3\times_4$	药皮类型	焊接电源种类
00	特殊型		16	低氢钾型	
01	钛铁矿型	交流或直流反接	18	铁粉低氢型	交流或直流反接
03	钛钙型		20	氧化铁型	
10	高纤维素钠型	直流反接	22		交流或直流正接
11	高纤维素钾型	交流或直流反接	23	铁粉钛钙型	
12	高钛钠型	交流或直流正接	24	铁粉钛型	交流或直流正、反接
13	高钛钾型		27	铁粉氧化铁型	交流或直流正接
14	铁粉钛型	交流或直流正、反接	28	铁粉低氢型	交流或直流反接
15	低氢钠型	直流反接	48		

表 4-8　碳钢焊条尾部附加代号含义

代　号	含　义
-1	表示对冲击韧性有特殊规定
R	表示耐吸潮焊条
M	表示耐吸潮和力学性能有特殊规定

② 焊条牌号　焊条牌号是按焊条的主要用途及性能特点对焊条产品的具体命名。焊条牌号的编制方法如下。

牌号前以大写汉语拼音字母（或汉字）表示焊条的各大类；字母后的第 1、2 位数字表示各大类中的若干小类，通常以主要性能或化学成分的代号表示；第 3 位数字表示焊条药皮类型及电源种类，数字的含义见表 4-9。第 3 位数字后面按需要可加注字母符号表示焊条的特殊性能和用途。

表 4-9　焊条牌号中第 3 位数字的含义

数字	药皮类型	焊接电源种类	数字	药皮类型	焊接电源种类
0	不属于已规定类型	不规定	5	纤维素型	直流或交流
1	氧化钛型	直流或交流	6	低氢钾型	直流或交流
2	氧化钛钙型	直流或交流	7	低氢钠型	直流
3	钛铁矿型	直流或交流	8	石墨型	直流或交流
4	氧化钛型	直流或交流	9	盐基型	直流

以结构钢焊条牌号为例，牌号首位字母"J"或汉字"结"字表示结构钢焊条；后面第1、2位数字表示熔敷金属抗拉强度的最小值（kgf/mm²）。第3位数字表示药皮类型和电源种类。

举例：J507CuP

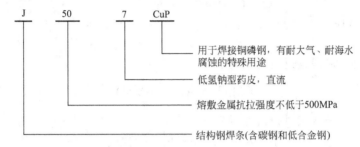

用于焊接铜磷钢，有耐大气、耐海水腐蚀的特殊用途

低氢钠型药皮，直流

熔敷金属抗拉强度不低于500MPa

结构钢焊条(含碳钢和低合金钢)

4.1.2 焊条的主要性能、用途及其选用

(1) 焊条的主要性能和用途

焊条按用途分类有结构钢焊条、钼及铬钼耐热钢焊条、低温钢焊条和不锈钢焊条等。结构钢焊条包括碳钢焊条和部分低合金钢焊条，主要用于焊接碳素钢和低合金结构钢。

碳钢焊条国家标准只有E43系列和E50系列两种型号。焊接低碳钢（C＜0.25％）大多使用E43XX（J42X）系列焊条。低合金钢焊条国家标准中有E50、E55、E60、E70、E75、E80、E85、E90和E100九个系列，除了用于焊接低合金高强度钢外，还用于钼和铬钼耐热钢和低温钢的焊接。表4-10为典型结构钢焊条的主要性能与用途。

表 4-10 典型结构钢焊条的主要性能及用途

牌号	型号	药皮类型	电源种类	主要力学性能（≥）				主要用途
				σ_b/MPa	σ_S/MPa	δ_5/%	A_{KV}/J	
J422	E4303	钛钙型	交、直流	420	330	22	27（0℃）	焊接较重要的低碳钢和同等强度的低合金钢
J507	E5015	低氢钠型	直流		400		27（-30℃）	用于中碳钢及Q235（16Mn、09Mn2Si、09Mn2V）等低合金钢重要产品焊接

(2) 典型焊条的冶金性能分析

焊条的冶金性能主要是指脱氧、去氢、脱硫、掺合金、抗气孔及抗裂纹的能力等。它最终反映在焊缝金属的化学成分、力学性能和焊接缺陷的形成等方面。因此，要想获得性能良好的焊缝，焊条必须要有良好的冶金性能。现以当前生产中应用最广泛的钛钙型和低氢型两类焊条为例分析焊条的冶金性能。

① 钛钙型焊条的冶金性能

a. 氧化和脱氧能力　在焊接过程中，会发生以下的冶金反应。

a) 铁的氧化。熔渣中的FeO浓度高于焊接前药皮里的FeO浓度，这是由于铁的氧化所致。铁的氧化有以下两个途径。

ⅰ. 电弧气氛中的氧直接使铁氧化，即

$$Fe + \frac{1}{2}O_2 \rightarrow FeO \tag{4-1}$$

ⅱ. 熔渣中 SiO_2 还原引起的，即：

$$SiO_2 + 2Fe \Longrightarrow [Si] + 2FeO \qquad (4-2)$$

反应生成的 FeO 向熔渣和焊缝分配,同时提高熔渣的和焊缝里 FeO 的浓度。

b) 碳的氧化。焊芯中的碳没有完全过渡到焊缝里去,有一小部分氧化了,即

$$[C] + [O] \Longrightarrow CO \qquad (4-3)$$

脱氧后生成气体产物 CO。

c) 锰脱氧。

ⅰ. 在药皮加热阶段锰进行先期脱氧

$$[Mn] + \frac{1}{2}O_2 \longrightarrow MnO \qquad (4-4)$$

ⅱ. 在熔滴和熔池内锰进行沉淀脱氧

$$[Mn] + [FeO] \Longrightarrow [Fe] + (MnO) \qquad (4-5)$$

锰脱氧后生成 MnO 转到渣里去。故熔渣和焊缝里锰减少,而渣中 MnO 增加。

此外,在熔池的后半部生成的 MnO,有部分来不及自熔池中分离出去而夹杂在焊缝里,成为熔敷金属中总含氧量的一部分。

d) 硅脱氧。焊条药皮中虽然没有加入硅铁,焊芯里含硅量也很少,但由于熔渣中含有较多 O_2,在高温时进行式(4-2)反应而向熔化金属中过渡了硅,在降温时硅进行脱氧反应。

$$[Si] + 2[FeO] \Longrightarrow 2[Fe] + (SiO_2) \qquad (4-6)$$

硅在熔池后期脱氧生成的 SiO_2 会有一部分来不及转移到渣中去而夹杂在焊缝里,同 MnO、FeO 一样,也成为熔敷金属总含氧量的一部分。

可见,钛钙型焊条的熔渣氧化性是较强的,因而焊缝中含氧量比母材和焊丝高。

b. 合金化　由于熔渣中含有较多 SiO_2 和 TiO_2 等酸性氧化物,熔渣的酸度较大,完全具备进行式(4-2)的反应条件。反应生成的硅向焊缝里过渡。

其次由于药皮里加入了较多的锰铁,会进行下面的反应:

$$2[Mn] + (SiO_2) \longrightarrow [Si] + 2(MnO) \qquad (4-7)$$

反应生成的硅也转移到焊缝里去。

可见,钛钙型焊条具有相当强的由熔渣向焊缝里过渡硅的能力,保证焊缝所必需的硅。由于熔渣酸度大,氧化性强,故锰的过渡系数很小。

c. 去氢　钛钙型焊条熔敷金属中扩散氢含量一般为 $0.20 \sim 0.30\,mL/g$。含氢量较高的原因是:有些焊条药皮材料(如云母、长石、白泥等)中含有较多的结晶水,在烘焙时不宜除掉;同时药皮里含的碳酸盐较低氢型焊条少,电弧气氛的氧化性较弱,不利于去氢。熔池中的氧可以起到去氢的作用,但这种作用是很有限的。

d. 脱硫、脱磷　钛钙型焊条熔敷金属中硫、磷含量均比焊芯中高。这是由于熔渣是酸性的,熔渣里 CaO 和 MnO 的活度小,虽然药皮中含有锰铁,但因锰的过渡系数小,熔池中含锰量少,故钛钙型焊条脱硫、脱磷能力不强。必须严格限制药皮材料和焊芯中的硫、磷含量,才能把硫、磷控制在规定数量以下。

e. 抗气孔能力　钛钙型焊条熔渣中酸性氧化物较多,除与碱性氧化物结合外,尚存在足够的自由酸性氧化物,可与氧化亚铁结合成 $FeSiO_3$ 或 $FeTiO_3$ 复合盐。在这种情况下 FeO 易向熔渣中分配,所以钛钙型焊条对 FeO 不敏感,抗锈能力强。此外,熔敷金属中含硅量较低,而含氧量较高,在熔池金属中进行较激烈的 CO"沸腾",有利于液态金属中的 H_2 和 N_2 等气体逸出;又因为熔渣与熔池金属之间润湿性好,气渣联合保护的效果较好,故钛钙

型焊条抗气孔的能力较强。但用钛钙型焊条焊接含硅量较高或其他强脱氧元素较多的钢材时，由于脱氧能力过强，熔池趋于平静，不利于气体逸出，易产生气孔。

f. 抗裂纹能力 钛钙型焊条熔渣脱硫、脱磷能力较差，熔敷金属中硫、磷量即扩散氢含量均较高，故抗结晶裂纹和冷裂纹的能力不如低氢型焊条。因此，这类焊条不宜焊接含硫或碳较高的钢材或偏析严重的钢材。

钛钙型焊条熔敷金属的塑性和冲击韧性指标均不如低氢型焊条，这主要是由于脱氧产物造成的夹杂及含氢、硫、磷含量高所致。对于仅采用锰铁作脱氧剂的钛钙型焊条，熔敷金属内夹杂物的种类和数量主要取决于熔渣的成分和碱度。增加熔渣的碱度会减少酸性夹杂物的含量，减少了由 SiO_2 还原进入熔敷金属的中的含硅量，可提高熔敷金属的塑性和冲击韧性。

钛钙型焊条进行的冶金反应，是由它的药皮和焊芯成分决定的，冶金反应结果决定了熔敷金属的化学成分。钛钙型焊条熔敷金属和氮、氧等杂质较少，因而具有良好的力学性能。

② 低氢型焊条的冶金性能 低氢型焊条药皮组成是以碳酸盐和萤石为主，并加入一定量的脱氧剂和合金剂及少量酸性造渣剂。为了防止焊缝增氢，低氢型焊条药皮中不加有机物造气。

低氢型焊条的焊芯与钛钙型基本相同，但药皮成分有很大差别。熔渣呈碱性，因而冶金性能与钛钙型焊条也不一样。

低氢型焊条药皮中加入了大量造气剂兼造渣剂的大理石和造渣剂萤石。这类焊条亦属于气-渣联合保护。虽然碱性熔渣表面张力较大，熔渣对液态金属的润湿性较差，不能很好地覆盖液态金属，故熔渣的保护效果相对较差。但是，由于药皮中含有较多的大理石，在焊接时分解出大量 CO_2 气体，在药皮套筒中形成很强的保护气流可将空气排开，所以焊缝金属的含氮量略低于钛钙型焊条。下面以低氢钠型焊条为例，分析其冶金性能。

a. 脱氧 低氢钠型焊条药皮中加入了脱氧剂（钛铁、硅铁、锰铁），除了能在药皮加热阶段进行先期脱氧外，其余部分硅铁、锰铁可直接过渡到熔滴和熔池中，进行锰硅联合沉淀脱氧，将被 CO_2 气体所氧化的金属还原，并使焊缝金属增锰、增硅。另外，由于熔渣中碱性氧化物 CaO 多，熔渣中 SiO_2 和 TiO_2 的活度很低，因此，熔渣不具备式（4-2）反应的条件，不能通过熔渣向焊缝中过渡硅。这样就杜绝了因硅还原引起的氧化，因此熔渣的氧化性小。熔渣中 FeO 含量较低，熔敷金属中的含氧量也比其他焊条低得多，说明这种焊条脱氧能力较强。

b. 合金化 由于低氢钠型焊条熔渣碱度大，有利于向焊缝金属中过渡形成碱性氧化物的锰。又因熔渣的氧化性小，合金元素的过渡系数高，故熔敷金属中锰和硅的含量有较大幅度提高。

c. 去氢 低氢型焊条熔敷金属中含扩散氢量是很低的。按焊条国家标准规定，E5015 焊条熔敷金属中 [H]<0.08mL/g。这是因为：药皮中不加有机物和其他含氢物质，并经 400℃烘焙后施焊，消除了氢的主要来源；药皮中大理石被加热分解增强电弧气氛的氧化性，降低电弧气氛里氢的分压；萤石也有降低焊接区气体里氢分压的作用。

d. 脱硫、脱磷 由于低氢钠型焊条熔渣属于碱性渣，有利于向焊缝金属过渡锰，且熔渣中又含有较多的 CaO，所以脱硫能力比钛钙型焊条强，熔敷金属的含硫量低于焊芯。

由于熔渣中 FeO 很少，所以脱磷能力很差，熔敷金属中含磷量比焊芯多一倍左右，故在选用焊芯和药皮原材料时应严格控制含磷量。

e. 抗气孔能力 由于熔渣中含 SiO_2 和 TiO_2 等酸性氧化物较少，熔渣中 FeO 呈自由状态，当熔渣中 FeO 量增加时，熔池中 FeO 量会明显增加。熔池中的 FeO 在结晶过程中与 C

发生作用，就会增加产生 CO 气孔的倾向。此外低氢钠型焊条的熔池脱氧程度很高，不易发生 CO "沸腾" 反应，因而氮或氢一旦溶入熔池就很难析出，形成气孔。所以低氢钠型焊条对气孔比较敏感。又因熔渣对液态金属的润湿性较差，使熔滴和熔池不能被熔渣完全覆盖，如电弧较长，空气中 N_2 会侵入液态金属。因此，低氢钠型焊条焊接时，应采用短弧焊，焊前严格烘干焊条和严格清理焊接区杂质。

f. 抗裂纹能力　由于低氢钠型焊条去氢和脱硫能力都较强，熔敷金属中含硫、含氢量均比其他焊条低，故低氢钠型焊条抗热裂纹、冷裂纹能力都较强。

总之，由于低氢钠型焊条的熔敷金属中氧、氢、硫、磷、氮等杂质的含量均比钛钙型焊条低，故熔敷金属的力学性能比钛钙型焊条更好。特别是冲击韧性远远超过钛钙型焊条。此外，可以通过低氢钠型药皮过渡各种合金元素，在很大范围内调节焊缝金属的成分和性能。

低氢钠型焊条上述一系列优秀的冶金性能是由它的药皮成分所决定的，是其他各类焊条所没有的。因此，这种类型的焊条用来焊接重要结构和各种合金钢。

（3）焊条的选用

选用焊条的基本原则是在确保焊接结构安全使用的前提下，尽量选用工艺性能好和生产效率高的焊条。

确保焊接结构安全使用是选择焊条首先考虑的因素。根据被焊结构的结构特点、母材性质和工作条件（如承载性质、工作温度、接触介质等）对焊缝金属提出安全使用的各项要求，所选焊条都应使之满足。

表 4-11 列出了同种钢材焊接时选用焊条的要点。

表 4-11　同种钢材焊接时焊条选用要点

选用依据	选用要点
力学性能和化学成分	①对于普通结构钢，通常要求焊缝金属与母材等强度，应选用熔敷金属抗拉强度等于或稍高于母材的焊条 ②对于合金结构钢，主要要求焊缝金属力学性能与母材匹配，有时还要求合金成分与母材相同或接近 ③在被焊结构刚性大、接头应力高、焊缝容易产生裂纹的不利情况下，可考虑选用与母材强度低一级的焊条 ④当母材中碳及硫、磷等元素的含量偏高时，焊缝容易产生裂纹，应选用抗裂性能好的低氢焊条
焊件的使用性能和工作条件要求	①对于承受动载荷和冲击载荷的焊件，除满足强度要求外，主要应保证焊缝金属具有较高的冲击韧度和塑性，可选用塑性荷韧性指标较高的低氢焊条 ②接触腐蚀介质的焊件，应根据介质的性质及腐蚀特征选用不锈钢类焊条或其他耐腐蚀焊条 ③在高温或低温条件下工作的焊件，应选用相应的耐热钢和低温钢焊条
焊件的结构特点和受力状态	①对结构形状复杂、刚性大及大厚度焊件，由于焊接过程中容易产生很大的应力，容易使焊缝产生裂纹，应选用抗裂性能好的低氢焊条 ②对焊接部位难以清理干净的焊件，应选用氧化性强，对铁锈、氧化皮、油污不敏感的酸性焊条 ③对受条件限制不能翻转的焊件，有些焊缝处于非平焊位置，应选用全位置焊接用的焊条
施工条件及设备	①在没有直流电源，而焊接结构又要求必须使用低氢焊条的场合，应选用交直流两用低氢焊条 ②在狭小或通风条件差的场合，选用酸性焊条或低尘低毒焊条
操作工艺性能	在满足产品性能要求的条件下，尽量选用工艺性能好的酸性焊条
经济效益	在满足使用性能和操作工艺性的条件下，尽量选用成本低、效率高的焊条

应当指出，在焊接接头设计过程中，必须考虑焊缝金属与母材匹配问题，对于承载的焊

接接头，最理想的接头应当是等强度匹配接头，即焊缝强度与母材强度相等的接头。对这种接头是按所谓等强度原则去选用焊接材料。焊条电弧焊时，就是选择熔敷金属的抗拉强度相等或相近于母材的焊条。

但是，随着母材强度级别的提高，焊接时淬硬倾向增大，实现焊缝与母材等强度并不困难，但这时焊缝的塑、韧性却不足，常常是接头发生脆性断裂的主要原因。因此，对某些高强度合金结构钢提出采用低强匹配接头，即焊缝强度低于母材强度的接头。按这种低强匹配原则选择焊接材料，焊缝强度虽然降低了，但其塑性和韧性却提高了。既增强了接头的抗脆性断裂能力，又提高了焊接时的抗裂性能。所以对于容易发生低应力脆性破坏的焊接结构，特别是厚板大型结构，提出等韧性的接头设计，即按等韧度原则去选用焊接材料。如选用高韧性焊条，保证接头具有必要强度的同时，又具有高的断裂韧度。

与此相反，采用超强匹配接头，即焊缝强度高于母材强度的接头，对承载的焊接接头并不可取，因为从断裂力学观点，强度高于母材的焊缝金属，其抗开裂性能和止裂性能都不及母材金属。在接头中出现的裂纹完全有可能沿焊缝或接头方向扩展，最后造成了结构破坏。况且高强度焊缝在焊接时具有大的冷裂倾向，增加了工艺上的困难。

(4) 焊条的管理

焊条一怕受潮变质，二怕误用乱用。这关系到焊接质量和结构安全使用的问题，必须十分重视。重要产品，如锅炉压力容器的制造，一般都把焊接材料的管理列入质量保证体系中的重要环节，建立严格的分级管理制度，一级库主要负责验收、储存与保管，二级库主要负责焊材的预处理（如再烘干等），向焊工发放和回收等。

① 仓库中的管理

a. 进厂的焊条必须包装完好，产品说明书、合格证和质量保证书等应齐全。必要时按有关国家标准进行复验，合格后才许入库。

b. 焊条应存放在专用仓库内，库内应干燥（室温宜在 $10\sim25℃$，相对湿度 $<50\%$）、整洁和通风良好。不许露天存放或放在有害气体和腐蚀环境内。

c. 堆放时不许直接放在地面上。一般应放在离地面和墙壁各不小于 300mm 的架子或垫板上，以保护空气流通。

d. 焊条应按类别、型号、规格、批次、产地、入库时间等分类存放，并有明显标记，避免混乱。

e. 焊条是一种陶质产品，不像钢化学那样耐冲击，所以装、卸货时应轻拿轻放；用袋盒包装的焊条，不能用挂钩搬运，以防止焊条及其包装受损伤。

f. 要定期检查，发现有受潮、污损、错存、错发等应及时处理。库存不宜过多，应先进先用，避免存储时间过长。

g. 要有严格发放制度，作好记录。焊条的来龙去脉应清楚可查，防止错放误领。

② 施工中的管理

a. 在领用或再烘干焊条时，必须核查其牌号、型号、规格等，防止出错。

b. 不同类型焊条一般不能在同一炉中烘干。烘干时，每层焊条堆放不能太厚（以 $1\sim3$ 层为好），以免焊条堆放受热不均，潮气不易排除。

c. 焊接重要产品时，尤其是野外露天作业，最好每个焊工配备一个小型焊条保温筒，施工时将烘干后的焊条放入保温筒内，保持 $50\sim60℃$，随用随去取。

d. 用剩的焊条，不能露天存放，最好送回烘箱内。低氢型焊条次日使用前还要再烘干

（在低温烘箱中恒温保管者除外）。

③ 对存期长的焊条处理　焊条没有规定储存年限，如果保管条件好，受潮不严重，没导致药皮变质，经烘干仍可使用。存放时间长的焊条，有时在焊条表面上发现白色结晶（发毛），这是由水玻璃引起，结晶虽无害，但说明是焊条存放时间长而受潮的结果。所以对存放多年的焊条应进行工艺试验，焊前按规定烘干。焊接时如果其工艺性能没有异常变化（如药皮无成块脱落，无大量飞溅），无气孔、无裂纹等缺陷，则焊条的力学性能一般尚可保证，仍可用于一般构件焊接。而对于重要构件，最好按国家标准试验其力学性能，然后再决定其取舍。

如果焊芯严重锈蚀，铁粉焊条的药皮也严重锈蚀，这样的焊条虽经再次烘干，焊接时仍会产生气孔，且扩散氢含量很高，应当报废。药皮严重受损或严重脱落的焊条也应报废。

4.2　焊丝与焊剂

4.2.1　焊丝

(1) 焊丝的作用与分类

① 作用　焊丝是埋弧焊、气体保护焊、电渣焊、气焊等用的主要焊接材料，其作用主要是填充金属或同时用来传导焊接电流。此外，有时通过焊丝向焊缝过渡合金元素；对于自保护药芯焊丝，在焊接过程中还起到保护、脱氧和去氧等作用。

② 分类　按焊丝的结构分有实心焊丝和药芯焊丝两大类。由于不同焊接方法对焊丝有不同的要求，因此按焊接方法分有埋弧焊、CO_2 气体保护焊、氩弧焊、电渣焊、气焊和堆焊等方法用的各种焊丝。又由于被焊金属材料对填充金属有不同的要求，于是按适用对象分有低碳钢焊丝、低合金钢焊丝、不锈钢焊丝、铜及铜合金焊丝、铝及铝合金焊丝、硬质合金堆焊焊丝和铸铁焊丝等。

药芯焊丝中又分有保护和自保护两种。前者焊接时需外加气体（如 CO_2 气体或混合气体）或熔渣（如埋弧焊、电渣焊）保护，后者靠药芯的造渣剂、造气剂进行自我保护。

(2) 实心钢焊丝

a. 钢焊丝的牌号及其化学成分　除 GB/T 8110—2008 的规定外，其余实心钢焊丝的牌号的编制方法如下。

a) 凡在钢牌号前加 H 均表示焊接用钢。在合金钢前加"H"者表示焊接用合金。故钢焊丝牌号前第一位符号为 H。

b) 在"H"之后的一位（千分数）或两位（万分数）数字表示碳的质量分数的平均约数。

c) 在碳的质量分数后面的化学元素符号及其后面的数字，表示该元素的大约质量分数，当主要合金元素的质量分数≤1%时，可省略数字只记该元素的符号。

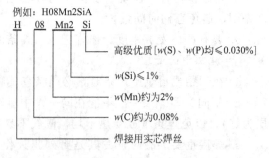

例如：H08Mn2SiA

H　08　Mn2　Si
- 高级优质[$w(S)$、$w(P)$均≤0.030%]
- $w(Si)$≤1%
- $w(Mn)$约为2%
- $w(C)$约为0.08%
- 焊接用实芯焊丝

d) 在牌号尾部标有"A"或"E"，分别表示"高级优质"和"特高级优质"，后者比前者含 S、P 杂质更低。

b. 气体保护焊用碳钢、低合金钢焊丝的型号及化学成分　GB/T 8110—2008《气体保护电弧焊用碳钢、低合金钢焊丝》规定，这类焊丝的型号按化学成分进行分类，当采用熔化极气体保护电弧焊时，则按熔敷金属的力学性能进行分类。

焊丝型号的表示方法是：以字母"ER"表示焊丝，ER 后面用两位数字表示熔敷金属的最低抗拉强度，两位数字后用短划"-"与后面的字母或数字隔开，该字母或数字表示焊丝化学成分的分类代号，如果还附加其他化学成分时，可直接用该元素符号表示，并以短划"-"与后面的字母或数字分开。

另外，还有铸铁焊丝、铜及铜合金焊丝、铝及铝合金焊丝等，其型号、牌号表示方法和化学成分均不同，读者可查阅相关文献资料。

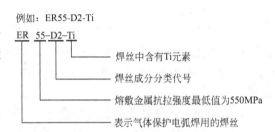

例如：ER55-D2-Ti
ER 55-D2-Ti
— 焊丝中含有 Ti 元素
— 焊丝成分分类代号
— 熔敷金属抗拉强度最低值为550MPa
— 表示气体保护电弧焊用的焊丝

（3）药芯焊丝

① 药芯焊丝的特点　药芯焊丝是将薄钢带卷成圆形钢管或异形钢管的同时，在其中填满一定成分的药粉，经拉制而成的一种焊丝，又称粉芯焊丝或管状焊丝。药粉的作用与焊条药皮相似，区别在于焊条药皮涂覆在焊芯的外层，而药芯焊丝的药粉被薄钢带包裹在芯里。药芯焊丝绕制成盘状供应，易于实现机械化自动化焊接。

药芯焊丝是很有发展前途的新型焊接材料，近年国产药芯焊丝的品种和用量与日俱增。与实心焊丝相比药芯焊丝有如下优缺点。

a. 优点

a) 对各种钢材的焊接，适用性强。调整焊剂的成分和比例极为方便和容易，可以提供所要求的焊缝化学成分。

b) 工艺性能好，焊缝成形美观。采用气渣联合保护，获得良好成形。加入稳弧剂使电弧稳定，熔滴过渡均匀。飞溅少，且颗粒细，易于清除。

c) 熔敷速度快，生产效率高。在相同焊接电流下药芯焊丝的电流密度大，熔化速度快，气熔敷率约 85%～90%，生产率比焊条电弧焊高约 3～5 倍。

d) 可用较大焊接电流进行全位置焊接。

b. 缺点

a) 焊丝制造过程复杂。

b) 焊接时，送丝较实心焊丝困难。

c) 焊丝外表容易锈蚀，粉剂易吸潮，因此对药芯焊丝保存与管理的要求更为严格。

② 药芯焊丝的种类及其焊接特性

a. 按焊丝结构分　药芯焊丝按其结构可分为无缝焊丝和有缝焊丝两类。无缝焊丝是由无缝钢管压入所需的粉剂后，再经拉拔而成，这种焊丝可以镀铜，性能好成本低。

有缝焊丝按其截面形状又可分为简单截面的"O"形和复杂截面的折叠形两类。折叠形又分梅花形、T 形、E 形和中间填丝形等，见图 4-2。

药芯截面形状越复杂越对称，电弧越稳定，焊丝熔化越均匀，药芯的冶金反应和保护作用越充分。"O"形焊丝因药芯不导电，电弧容易沿四周钢皮旋转，稳定性较差。当焊丝直

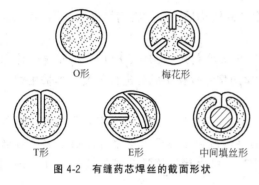

图 4-2　有缝药芯焊丝的截面形状

径小于 2mm 时，截面形状差别的影响已不明显。所以小直径（≤2mm）药芯焊丝一般采用"O"形截面，大直径（≥2.4mm）多采用折叠形截面。

b. 按保护方式分　药芯焊丝有外加保护和自保护之分。外加保护的药芯焊丝在焊接时外加气体或熔渣保护。自保护焊丝是依赖药芯燃烧分解出的气体来保护焊接区，不需要外加气体。药芯产生气体的同时，也产生熔渣保护了熔池和焊缝金属。

c. 按药芯性质分　药芯焊丝芯部粉剂的组分与焊条药皮相类似，一般含有稳弧剂、脱氧剂、造渣剂和合金剂等。如果粉剂中不含造渣剂，则称无造渣剂药芯焊丝，又称"金属粉"型药芯焊丝。如果含有造渣剂，则称有造渣剂药芯焊丝或"粉剂"型药芯焊丝。

有造渣剂药芯焊丝，按其渣的碱度可分钛型（酸性渣）、钛钙型（中性或弱碱性渣）和钙型（碱性渣）药芯焊丝。"金属粉"型药芯中大部分是铁粉、脱氧剂和稳弧剂等。

③ 药芯焊丝型号与牌号

a. 药芯焊丝型号　药芯焊丝型号由焊丝类型代号和焊缝金属力学性能两部分组成，中间用短划"-"分开。第一部分以字母"EF"表示用于药芯焊丝代号，"EF"之后的第 1 位数字表示主要适用的焊接位置："0"表示用于平焊和横焊，"1"表示用于全位置焊，第 2 位数字或字母表示分类代号，见表 4-12。

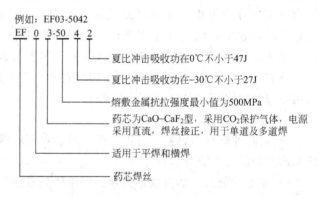

例如：EF03-5042

表 4-12　碳钢药芯焊丝类型代号

焊丝类型	药芯类型	保护气体	电源种类	适用性
EF×1	氧化钛型	二氧化碳	直流　焊丝接正	单道焊和多道焊
EF×2	氧化钛型	二氧化碳	直流　焊丝接正	单道焊
EF×3	氧化钙-氟化物类型	二氧化碳	直流　焊丝接正	单道焊和多道焊
EF×4	—	自保护	直流　焊丝接正	单道焊和多道焊
EF×5	—	自保护	直流　焊丝接负	单道焊和多道焊
EF×G	—	—	—	单道焊和多道焊
EF×GS	—	—	—	单道焊

第二部分用四位数字表示焊缝金属的力学性能，前两位数字表示最小抗拉强度；后两位数字表示夏比（V型缺口）冲击吸收功，其中第1位数字为冲击吸收功不小于27J所对应的试验温度，第2位数字为冲击吸收功不小于47J所对应的试验温度。

b. 药芯焊丝的牌号　药芯焊丝牌号的表示方法是：以字母"Y"表示药芯焊丝，第2个字母及其后的3位数字与焊条牌号编制方法相同。在牌号尾部再用1位数字表示焊接时的保护方法，并用短画"-"与前面数字分开，见表4-13。药芯焊丝有特殊性能和用途时，可在牌号后面加注起主要作用的元素或主要用途的字母，一般不超过2个。

表 4-13　药芯焊丝牌号中的焊接时保护方法及其代号

牌　号	焊接时的保护方法	牌　号	焊接时的保护方法
YJ××-1	气保护	YJ××-3	气保护自保护两用
YJ××-2	自保护	YJ××-4	其他保护形式

例如：YJ502-1

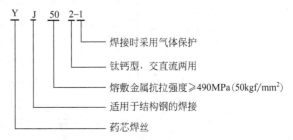

4.2.2　焊剂

(1) 焊剂的作用及分类

① 焊剂的作用　焊剂是焊接时能够熔化形成熔渣（有的也有气体），对熔化金属起保护和冶金作用的一种颗粒状物质。焊剂与焊条的药皮作用相似，但它必须与焊丝配合使用，共同决定熔敷金属的化学成分和性能。

焊剂有许多分类方法，每一种分类方法只能反映焊剂某一方面的特性。图4-3所示为钢用焊剂的分类，侧重于按制造方法、化学成分和冶金性能等方面。

② 焊剂的分类

a. 按制造方法分类　有熔炼焊剂和非熔炼焊剂两大类。

a）熔炼焊剂。熔炼焊剂是将一定比例的各种配料放在炉内熔炼，然后经水冷粒化、烘干、筛选而制成的一种焊剂。因制造过程中配料需要高温熔化，故焊剂中不能加入碳酸盐、脱氧剂和合金剂；制造高碱度焊剂也很困难。根据颗粒结构不同，熔炼焊剂又分玻璃状焊剂、结晶状焊剂和浮石状焊剂。浮石状焊剂较疏松，不及其余两种致密。

b）非熔炼焊剂。焊剂所用粉状配料不经熔炼，而是加入黏结剂后经造粒和焙烧而成。按焙烧温度不同又分黏结焊剂和烧结焊剂两类。

黏结焊剂，又称陶质焊剂或低温烧结焊剂，是将一定比例的各种粉状配料加入适量黏结剂，经混合搅拌、造粒和低温（一般在400℃以下）烘干而成。烧结焊剂则是粉料加入黏结剂并搅拌之后，经高温（600～1000℃）烧结成块，然后粉碎、筛选而制成。经高温烧结后，焊剂的颗粒强度明显提高，吸潮性大为降低。

非熔炼焊剂的碱度可以在较大范围内调节而仍能保持良好的工艺性能；由于烧结温度低，故可以根据需要加入合金剂、脱氧剂和铁粉等，所以非熔炼焊剂适用性强，而且制造简便，近年来发展很快。

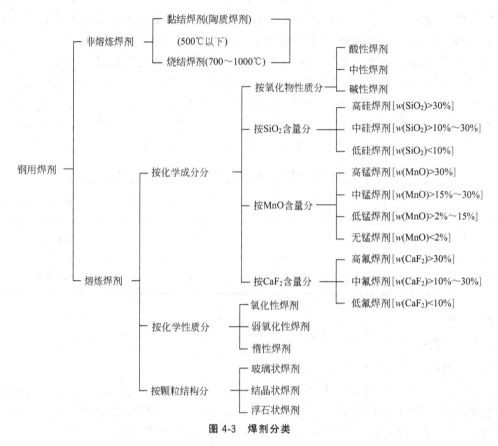

图 4-3　焊剂分类

表 4-14 为熔炼焊剂与非熔炼焊剂主要性能比较。

表 4-14　熔炼焊剂与非熔炼焊剂主要性能比较

比较项目		熔炼焊剂	非熔炼焊剂
一般特点		焊剂熔点低，松装密度较大（1.0～1.8g/cm³)，颗粒不规则，但生产中耗电多，成本高，焊接时焊剂消耗量较小	焊剂熔点高，松装密度较小（1.0～1.8g/cm³)，颗粒圆滑呈球状（可用管道输送，回收时阻力小），但强度低，可连续生产，成本低，焊接时焊剂消耗量较大
焊接工艺性能	高速焊接性能	焊道均匀，不易产生气孔和夹渣	焊道无光泽，易产生气孔和夹渣
	大工艺参数焊接性能	焊道凸凹显著，易粘渣	焊道均匀，易脱渣
	吸潮性能	比较小，使用前可不必再烘干	较大，使用前必须再烘干
	抗锈性能	比较敏感	不敏感
焊缝性能	韧性	受焊丝成分和焊剂碱度影响大	比较容易得到高韧性
	成分波动	焊接参数变化时成分波动小，均匀	焊接参数变化时焊剂熔化不同，成分波动较大，不易均匀
	多层焊接性	焊缝金属的成分变动小	焊缝金属成分变动较大
	脱氧能力	较差	较好
	合金剂的添加	几乎不可能	容易

b. 按化学成分分类　在熔炼焊剂中，有一种是按主要成分 SiO_2、MnO 和 CaF_2 单独的或组合的含量来分类。例如单独的有：高硅的、中锰的或低氟的焊剂等。组合的有：高锰高

硅低氟焊剂（HJ431）、低锰中硅中氟焊剂（如 HJ250）和中锰中硅中氟焊剂（HJ350）等。另一种是按焊剂所属的渣系来分类。如 SiO_2-MnO 系 $[w(SiO_2＋MnO)＞50\%]$，即硅锰型；CaO-SiO_2 系 $[w(CaO＋MgO＋SiO_2)＞60\%]$，硅钙型；Al_2O_3-CaO-MnO 系 $[w(Al_2O_3＋CaO＋MnO)＞45\%]$，高铝型；CaO-MnO-$CaF_2$-MgO 系，即氟碱型等。

c. 按焊剂（熔渣）的化学性质分类

a）按碱度分类

ⅰ. 酸性焊剂。具有良好的焊接工艺性，焊缝成形美观，但焊缝金属含氧量高，冲击韧度较低。

ⅱ. 中性焊剂。焊后熔敷金属的化学成分与焊丝的化学成分相近，焊缝含氧量有所降低。

ⅲ. 碱性焊剂。焊后熔敷金属含氧量低，可获得较高的冲击韧度，但工艺性能较差。

b）按活度分类 为了评价焊剂由于硅锰还原对金属的氧化能力，根据焊剂活度高低分为：高活性焊剂、活性焊剂、低活性焊剂和惰性焊剂。

d. 按用途分类 有两种分类方法，若按焊接方法分，则有埋弧焊用焊剂、堆焊用焊剂和电渣焊用焊剂等；若按被焊金属材料分有碳钢用焊剂、低合金钢用焊剂、不锈钢用焊剂和各种非钢铁用焊剂等。

(2) 焊剂的型号与牌号

① 焊剂的型号 以碳钢埋弧焊用焊剂为例，在 GB/T 5293—1999《埋弧焊用碳素钢焊丝和焊剂》规定的型号表示方法如下：

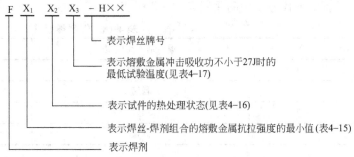

表示焊丝牌号

表示熔敷金属冲击吸收功不小于27J时的最低试验温度（见表4-17）

表示试件的热处理状态（表4-16）

表示焊丝-焊剂组合的熔敷金属抗拉强度的最小值（表4-15）

表示焊剂

表 4-15 焊缝金属拉伸力学性能要求——第一位（X_1）数字的含义

X_1	σ_b/MPa	$\sigma_{0.2}$/MPa≥	δ_5/%≥
HJ4X_2X_3-H×××	415～550	330	22
HJ5X_2X_3-H×××	480～650	400	

表 4-16 试样状态——第二位（X_2）数字的含义

X_2	试 样 状 态
A	焊态
P	焊后热处理状态

表 4-17 焊缝金属冲击韧度要求——第三位（X_3）数字的含义

X_3	试验温度 T/℃	α_K/J·cm^{-2}≥
HJ$X_1X_2$0-H×××	—	无要求
HJ$X_1X_2$2-H×××	−20	
HJ$X_1X_2$3-H×××	−30	
HJ$X_1X_2$4-H×××	−40	27
HJ$X_1X_2$5-H×××	−50	
HJ$X_1X_2$6-H×××	−60	

举例：HJ430-H08MnA，表示这种埋弧焊剂采用 H08MnA 焊丝，按 GB/T 5293—1999 所规定的焊接工艺参数焊接试板。其试验状态为焊态时，焊缝金属的抗拉强度 σ_b 为 412～538MPa，屈服点 $\sigma_s \geqslant 304$MPa，$\delta_5 \geqslant 22\%$；在 -30℃时，冲击韧度 $\alpha_K \geqslant 34.3$J·cm^{-2}。

注意，这里的 HJ430 不是牌号，不要与后面焊剂的统一牌号 HJ×××相混淆。

② 焊剂的牌号　《焊接材料产品样本》（1997）规定焊剂牌号编制方法如下。

a. 熔炼焊剂　用汉语拼音字母"HJ"表示埋弧焊及电渣焊用熔炼焊剂；"HJ"后第一位数表示焊剂类型，以焊剂中氧化锰含量编序，见表4-18；第二位数字也表示焊剂类型，以焊剂中二氧化硅与氟化钙含量编序，见表4-19；第三位数字为同一类型的不同编号，按 0，1，2…9 顺序排列。

$$\text{HJ} \quad X_1 \quad X_2 \quad X_3$$

- 焊剂牌号编号，按0，1，…9排列
- 焊剂类型(SiO₂和CaF₂含量，见表4-19)
- 焊剂类型(MnO含量，见表4-18)
- 埋弧焊及电渣焊用熔炼焊剂

同一牌号焊剂生产两种颗粒度时，在细颗粒焊剂牌号后面加短划"-"再加"细"的汉语拼音字母"X"，有些生产厂常在牌号前加上厂标志的代号，中间用圆点"·"分开。

表 4-18　焊剂类型 (X_1)

X_1	焊 剂 类 型	$w(\text{MnO})/\%$
1	无锰	<2
2	低锰	$2\sim15$
3	中锰	$15\sim30$
4	高锰	>30

表 4-19　焊剂类型 (X_2)

X_2	焊 剂 类 型	$w(\text{SiO}_2)/\%$	$w(\text{CaF}_2)/\%$
1	低硅低氟	<10	<10
2	中硅低氟	$10\sim30$	
3	高硅低氟	>30	
4	低硅中氟	<10	$10\sim30$
5	中硅中氟	$10\sim30$	
6	高硅中氟	>30	
7	低硅高氟	<10	>30
8	中硅高氟	$10\sim30$	
9	其他	不规定	不规定

例如：HJ431 表示此为高锰高硅低氟型埋弧焊用熔炼焊剂。

b. 非熔炼焊剂　用汉语拼音字母"SJ"表示埋弧焊用烧结焊剂，后面第一位数字表示焊剂熔渣渣系，见表4-20。第二、三位数字表示相同渣系焊剂中的不同牌号，按 01，02，…09 顺序排列。如：

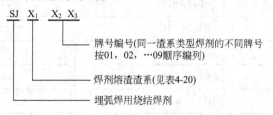

$$\text{SJ} \quad X_1 \quad X_2 \quad X_3$$

- 牌号编号(同一渣系类型焊剂的不同牌号按01，02，…09顺序编列)
- 焊剂熔渣渣系(见表4-20)
- 埋弧焊用烧结焊剂

表 4-20　烧结焊剂熔渣渣系（X_1）

X_1	熔渣渣系类型	主要化学成分（质量分数）及组成类型
1	氟碱型	$CaF_2 \geqslant 15\%$ $CaO+MgO+MnO+CaF_2 > 5\%$ $SiO_2 < 20\%$
2	高铝型	$Al_2O_3 \geqslant 20\%$ $Al_2O_3+CaO+MgO > 45\%$
3	硅钙型	$CaO+MgO+SiO_2 > 60\%$
4	硅锰型	$MnO+SiO_2 > 50\%$
5	铝钛型	$Al_2O_3+TiO_2 > 45\%$
6、7	其他型	不规定

（3）对焊剂的要求

熔炼和非熔炼焊剂都应满足下列要求。

① 应具有良好的冶金性能　在焊接时，配以适当的焊丝和合理的焊接工艺，使焊缝金属具有适宜的化学成分和良好力学性能，以符合国标或焊接产品设计要求，并有较强的抗气孔和抗裂纹性能。

② 应具有良好的工艺性能　在规定的工艺参数下焊接，电弧燃烧稳定，熔渣有适宜的熔点、黏度和表面张力，焊缝成形良好，易脱渣，产生有毒气体少等。

要达到上述要求必须正确地确定焊剂的成分，此外还必须与焊丝合理配合。

（4）焊剂的选用

选用焊剂必须与选择焊丝同时进行，因为焊剂与焊丝的不同组合，可获得不同性能或不同化学成分的熔敷金属。

埋弧焊用的焊剂和焊丝，通常都是根据被焊金属材料及对焊缝金属的性能要求加以选择。一般地说对结构钢（包括碳钢和低合金高强度钢）的焊接，是选用与母材强度相匹配的焊丝；对耐热钢、不锈钢的焊接，是选用与母材成分相匹配的焊丝；堆焊时，应根据堆焊层成分的技术要求、使用性能等选定合金系统及相近成分的焊丝。然后选择与产品结构特点相适应，又能与焊丝合理配合的焊剂。选配焊剂时，除考虑钢种外，还要考虑产品各项焊接技术的要求和焊接工艺等因素。因为不同类型焊剂的工艺性能、抗裂性能和抗气孔性能有较大差别。例如，焊接强度级别高而低温韧性好的低合金钢时，就应选配碱度较高的焊剂，焊接厚板窄坡口对接多层焊缝时，应选用脱渣性能好的焊剂。

在熔炼焊剂与非熔炼焊剂之间作选择时，一定要注意两者之间的性能特点。熔炼焊剂焊接时气体析出量很少，过程稳定，有利于改善焊缝成形，很适于大电流高速焊接，对焊接工艺性能要求较高时，也很适用；熔炼焊剂颗粒具有高的均匀性和较高强度，耐磨性较强，对于焊接时采用负压和风动回收焊剂具有重大意义。

非熔炼焊剂可使焊缝金属在比较广泛的范围内加入各种合金元素，这对于不能生产出与母材成分相一致的焊丝情况下，有最大的优势性。因此，广泛用于合金钢或具有特殊性能的钢材的焊接，尤其适于堆焊。

表 4-21 和表 4-22 分别给出了埋弧焊用的熔炼焊剂和烧结焊剂的主要用途及配用的焊丝。

表 4-21　埋弧焊熔炼焊剂用途及配用焊丝

焊剂牌号	焊剂类型	用　途	配用焊丝	焊剂颗粒度（筛号）	电源种类	用前焙烘 /(h×℃)
HJ130	无 Mn 高 Si 低 F	低碳钢、普低钢	H10Mn2	8～40	交流直流	2×250
HJ131	无 Mn 高 Si 低 F	Ni 基合金	Ni 基焊丝	10～40	交流直流	2×250
HJ150	无 Mn 中 Si 中 F	轧辊堆焊	H2Cr13、H3Cr2W8	8～40	直流	2×250
HJ151	无 Mn 中 Si 中 F	奥氏体不锈钢	相应钢种焊丝	10～60	直流	2×300
HJ172	无 Mn 低 Si 高 F	含 Nb、Ti 不锈钢	相应钢种焊丝	10～60	直流	2×400
HJ173	无 Mn 低 Si 高 F	含 Mn、Al 高合金钢	相应钢种焊丝	10～60	直流	2×250
HJ280	低 Mn 高 Si 低 F	低碳钢、普低钢	H08MnA、H10Mn2	8～40	交流直流	2×250
HJ250	低 Mn 中 Si 中 F	低合金高强度钢	相应钢种焊丝	10～60	直流	2×350
HJ251	低 Mn 中 Si 中 F	珠光体耐热钢	CrMo 钢焊丝	10～60	直流	2×350
HJ252	低 Mn 中 Si 中 F	15MnV、14MnMoV、18MnMoNb	H08MnMoA、H10Mn2	10～60	直流	2×350
HJ260	低 Mn 高 Si 中 F	不锈钢、轧辊堆焊	不锈钢焊丝	10～60	直流	2×400
HJ330	中 Mn 高 Si 低 F	重要低碳钢、普低钢	H08MnA、H10Mn2SiA、H10MnSi	8～40	交流直流	2×250
HJ350	中 Mn 中 Si 中 F	重要低合金高强度钢	MnMo、MnSi 及含 Ni 高强钢焊丝	3～40、14～80	交流直流	2×400
HJ351	中 Mn 中 Si 中 F	MnMo、MnSi 及含 Ni 普低钢	相应钢种焊丝	8～40、14～80	交流直流	2×400
HJ430	高 Mn 高 Si 低 F	重要低碳钢、普低钢	H08A、H08MnA	8～40、14～80	交流直流	2×250
HJ431	高 Mn 高 Si 低 F	重要低碳钢、普低钢	H08A、H08MnA	8～40	交流直流	2×250
HJ432	高 Mn 高 Si 低 F	重要低碳钢、普低钢（薄板）	H08A	8～40	交流直流	2×250
HJ433	高 Mn 高 Si 低 F	低碳钢	H08A	8～40	交流直流	2×350

表 4-22　埋弧焊烧结焊剂用途及配用焊丝

焊剂牌号	焊剂类型	用　途	配用焊丝	焊剂颗粒度（筛号）	电源种类	用前焙烘 /(h×℃)
SJ101	碱性（氟碱型）	重要普低钢	H08MnA、H08MnMoA、H08Mn2MoA、H10Mn2	10～60	交流直流	2×350
SJ301	中性（硅钙型）	低碳钢、锅炉钢	H08MnA、H10Mn2、H08MnMoA	10～60	交流直流	2×350
SJ401	酸性（硅锰型）	低碳钢、普低钢	H08A	10～60	交流直流	2×250
SJ501	酸性（铝钛型）	低碳钢、普低钢	H08A、H08MnA	10～60	交流直流	2×250
SJ502	酸性（铝钛型）	低碳钢、普低钢	H08A	14～60	交流直流	2×350
SJ621	酸性	重要普低钢	H08Mn2Si、H08MnA、H10Mn2	10～60	交流直流	不烘焙

4.3　保护气体及钨极

4.3.1　保护气体

焊接用保护气体的作用是在焊接过程中保护金属熔滴、焊接熔池及焊接区的高温金属免受外界有害气体侵袭。

熔焊、压焊和钎焊中都有使用保护气体的焊接方法，但以熔焊最为普遍，尤其是电弧焊。焊接用的保护气体可分成惰性气体和活性气体两大类。惰性气体高温时不分解，且不与金属起化学作用。常用的惰性气体有氩（Ar）气和氦（He）气两种，对于铜及铜合金，氮（N_2）也是惰性气体，也可作为焊铜用的保护气体；活性气体高温时能分解出与金属起化学反应或溶于液态金属的气体，常用的活性气体有 CO_2 以及含有 CO_2、O_2 的混合气体等。

（1）保护气体的物理性能

焊接常用几种保护气体的物理性能见表 4-23。

表 4-23　焊接常用保护气体的物理性能

气体名称	Ar	He	H_2	N_2	CO_2	O_2
相对分子质量	39.948	4.0026	2.01594	28.0134	44.011	32.00
正常沸点/℃	−185.88	−268.94	−252.89	−195.81	−78.51	−182
密度①/（kg/m³）	1.656	0.1667	0.0841	1.161	1.833	1.42
比体积①/（m³/kg）	0.6039	5.999	11.89	0.8613	0.5405	—
比密度①（空气为1）	1.380	0.1389	0.0700	0.9676	1.527	1.105
比热容①（压力为常数）/[J/（kg·K）]	521.3	5192	1490	1041	846.9	
比热容①（容积为常数）/[J/（kg·K）]	312.3	3861	1077	742.2	653.4	
电离电位/eV	15.760	24.5876	15.43	15.58	13.77	13.6
解离能/eV	—	—	4.4	9.8	5.5	
压力 0.1MPa 时的露点/℃	−50 以下	−50 以下	−50 以下	−50 以下	−35 以下	−35 以下

① 在 101.325kPa 下 21℃测定。

（2）保护气体的化学性能

表 4-24 列出了焊接常用几种保护气体的主要化学性能。

表 4-24　焊接常用保护气体的化学性能及其应用

气体	主要化学性能	在焊接中的应用
氩（Ar）	无色无味单原子的惰性气体，化学性质很不活泼，常温和高温下不与其他元素起化学作用，也不溶于金属	在氩弧焊、等离子弧焊、热切割中作保护气体，起机械保护作用。用于焊接与切割易氧化的金属
氦（He）	无色无味单原子的惰性气体，化学性质很不活泼，常温和高温下不与其他元素起化学作用，也不溶于金属	用途与氩气相同。由于价格昂贵，仅利用其电弧温度高、热量集中的特点，用于厚板、高热导率或高熔点的金属、热敏感材料和高速焊接。与 Ar 混合使用改善电弧特性
氢（H_2）	无色无味，可燃，常温时不活泼，高温时十分活泼，可作为金属矿和氧化物的还原剂。焊接时能大量溶入液态金属，冷却时析出，易形成气孔	氢原子焊时，作为还原性保护气体；炉内钎焊时，也作还原性保护气体；加入少量与 Ar 混合，提高氩弧热功率，增加熔深，提高焊接速度

气体	主要化学性能	在焊接中的应用
氮 （N_2）	化学性质不活泼，加热能与锂、镁、钛等化合，高温时与氧、氢直接化合。焊接时熔入液态金属起有害作用。对铜基本不起反应，可作为保护气体	氮弧焊时用氮作保护气体，可焊接铜和不锈钢。氮也常用于等离子切割，作为工作气体和外层保护气体；炉内钎焊铜及其合金时作保护气体
二氧化碳 （CO_2）	化学性质稳定，不燃烧，不助燃，在高温时能分解为 CO 和 O_2 对金属有一定氧化性。能液化，液态 CO_2 蒸发时吸收大量热。能凝固成固态 CO_2 即干冰	焊接时配合含脱氧元素的焊丝，可作为保护气体，如 CO_2 气体保护焊。与 O_2 或 Ar 混合的气体保护电弧焊，可改善焊接工艺性能，减少飞溅，稳定电弧等
氧 （O_2）	无色气体，助燃，在高温下很活泼，与多种元素直接化合。焊接时，氧进入熔池氧化金属元素，起有害作用	在气焊气割中起助燃，获取高温火焰。在焊接中与氩、CO_2 等按比例混合，可进行混合气体保护焊，改善熔滴过渡和其他工艺性能

（3）保护气体在焊接过程中的工艺特点

气体保护电弧焊的工艺性能受所用保护气体的成分、物理与化学性能的影响，因而在电弧稳定、熔滴稳定、焊缝成形等方面的行为表现不同。表 4-25 列出了不同保护气体在弧焊过程中的上述表现。

表 4-25　气体保护焊常用的保护气体成分及其工艺性能

保护气体种类	保护气体成分 （体积分数）	弧柱 电位梯度	电弧 稳定性	金属 过渡特性	化学性能	焊缝熔 深形状	加热 特性
Ar	纯度 99.995%	低	好	满意	—	蘑菇形	—
He	纯度 99.99%	高	满意	满意	—	扁平形	对焊件热输入比 Ar 高
N_2	纯度 99.99%	高	差	差	会在钢中产生气孔和氮化物	扁平形	—
CO_2	纯度 99.99%	高	满意	满意，有些飞溅	强氧化性	扁平形熔深较大	—
Ar＋He	Ar＋≤75%He	中等	好	好	—	扁平形熔深较大	—
Ar＋H_2	Ar＋(5～15)%H_2	中等	好	—	还原性，H_2>5%会产生气孔	熔深较大	对焊件热输入比 Ar 高
Ar＋	Ar＋5%CO_2	低至 中等	好	好	弱氧化性	扁平形熔深较大（改善焊缝成形）	—
	Ar＋20%CO_2				中等氧化性		
Ar＋O_2	Ar＋(1～5)%O_2	低	好	好	弱氧化性	蘑菇形熔深较大（改善焊缝成形）	—
Ar＋CO_2＋O_2	Ar＋20%CO_2＋5%O_2	中等	好	好	中等氧化性	扁平形熔深较大（改善焊缝成形）	—
CO_2＋O_2	CO_2＋≤20%O_2	高	稍差	满意	强氧化性	扁平形，熔深大	—

4.3.2　焊接用保护气体要求及其选用

(1) 保护气体的技术要求

为了保证焊接质量，焊接用的保护气体提出表 4-26 所示的纯度要求。表中也规定了盛装这些气体容器的涂色标记，防止储运和使用中出错。

表 4-26　焊接用保护气体的技术要求

气　　体	纯度要求不小于（体积分数）	容器涂色标记
氩（Ar）	焊接铜及铜合金、铬镍不锈钢 99.7% 焊接铝、镁及其合金、耐热钢 99.9% 焊接钛及其合金、难熔金属 99.98%	蓝灰色
氧（O_2）	99.2%	天蓝色
氢（H_2）	99.5%	深绿色
氮（N_2）	99.7%	黑色
二氧化碳（CO_2）	99.5%	黑色

(2) 保护气体的选用

选择焊接用的保护气体，主要取决于焊接方法，其次与被焊金属的性质、接头的质量要求、焊件厚度和焊接位置等因素有关。

① 按焊接方法　焊接方法确定之后，采用何种保护气体大体已经确定。当有多种气体可供选用时，首先应根据每种气体的冶金特性和工艺特性选择最能满足接头质量要求的保护气体。在同样能满足接头质量的前提下，选用来源容易、价格便宜的气体。例如 TIG 焊，为了减少电极烧损，须采用惰性气体保护。

② 按被焊金属　对于易氧化的金属如铝、钛、铜、锆等及它们的合金焊接应选用惰性气体作保护，而且越容易氧化的金属所用惰性气体的纯度要求越高。对用熔化极气体保护焊焊接碳素钢、低合金钢、不锈钢等，不宜采用纯惰性气体，推荐选用氧化性的保护气体，如 CO_2、$Ar+O_2$ 或 $Ar+CO_2$ 等。这样能改善焊接工艺性能，减少飞溅而且熔滴过渡稳定，可以获得好的焊缝成形。

③ 按工艺要求　手工 TIG 焊接极薄材料时，宜用 Ar 气保护。当焊接厚件或焊接热导率高和难熔金属，或者进行高速自动焊时，宜选用 He 或 Ar＋He 作保护；对于铝的手工 TIG 焊采用交流电源时，应选用 Ar 气保护。因与 He 比较，Ar 的引弧性能和阴极净化作用较 He 好，具有很好的焊缝质量；对于熔化极气体保护焊，不仅决定于被焊金属，而且还决定于采用熔滴过渡的形式。

4.3.3　弧焊用钨极

电弧焊是利用电能的焊接方法，需使用能传导电流的电极。电弧焊用的电极有熔化的和不熔化的，熔化电极是焊接时既作电极又不断熔化作为填充金属。如焊条电弧焊用的焊条，埋弧焊用的焊丝等。不熔化电极是焊接时既不熔化又不作为填充金属的电极，如钨电极、碳电极等。

不熔化电极在长期高温下使用，会发生不同程度烧损、磨损或变形，经常要磨修或更换，所以在焊接生产中电极属于消耗材料。

(1) 弧焊用钨电极的基本要求

由金属钨棒作为 TIG 焊或等离子弧焊的电极为钨电极，简称钨极，属于不熔化电极的一种。

对不熔化电极的基本要求是：能传导电流，是强的电子发射体，高温工作时不熔化和使用寿命长等。金属钨能导电，其熔点（3410℃）和沸点（5900℃）电子逸出功为 4.5eV，发射电子能力强，是最适合作电弧焊的不熔化电极。

（2）弧焊用钨电极的种类

国内外常用钨极主要有纯钨、铈钨、钍钨和锆钨四种，它们的化学成分见表4-27。

纯钨极熔点和沸点高，不易熔化蒸发、烧损。但电子发射能力较其他钨极差，不利于电弧稳定燃烧。此外，电流承载能力较低，抗污染性差。

钍钨极的发射电子能力强，允许电流密度大，电弧燃烧较稳定，寿命较长。但钍元素具有一定放射性，使用时把钨极磨尖时若不注意防护，则对工人健康将是有害的。这种钨极在国外常使用。

铈钨极电子逸出功低，引弧和稳弧不亚于钍钨极，化学稳定性高，允许电流密度大，无放射性，是目前国内普遍采用的一种。

锆钨极的性能介于纯钨极和钍钨极之间。在需要防止电极污染焊缝金属的特殊条件下使用，焊接时，电极尖端易保持半球形，适于交流焊接。

表 4-27　常用钨极的种类及其化学成分

钨极种类	牌号	化 学 成 分（质量分数）/%							
		W	ThO_2	CeO	ZrO	SiO_2	Fe_2O_3 Al_2O_3	Mo	CaO
纯钨极	W_1	99.92	—	—	—	0.03	0.03	0.01	0.01
	W_2	99.85	总杂质成分不大于 0.15						
钍钨极	WTh-7	余量	0.7～0.99	—	—	0.06	0.02	0.01	0.01
	WTh-10	余量	1.0～1.49	—	—	0.06	0.02	0.01	0.01
	WTh-15	余量	1.5～2.0	—	—	0.06	0.02	0.01	0.01
铈钨极	WCe-20	余量	—	1.8～2.2	—	0.06	0.02	0.01	0.01
锆钨极	WZr	99.2	—	—	0.15～0.40	其他≤0.5%			

（3）弧焊用钨电极的性能及形状

所有类型钨极的电流承载能力受焊枪的型式、电极夹头、极性、电极直径、电源种类、电极从焊枪中伸出的长度、焊接位置、保护气体等许多因素的影响。

在工艺条件相同情况下，直流电焊接对各类电极的载流能力没有很大差别，而且都与极性有关。大约有2/3的热量产生在阳极上，1/3的热量在阴极上。在交流电情况下，纯钨极载流能力低于其他钨极。

电极在使用前常需对其端部磨削成尖锥状，对于用高频引弧装置能提供更好的起弧作用，也便于在受限制的部位上焊接。TIG焊电极锥角影响焊缝熔深和使用寿命，通常从30℃到120℃。电极端部越尖，熔宽越小而熔深增大，但耗损加快，磨削次数多。等离子弧焊用的钨极，一般锥角在20～60℃之间。

（4）弧焊用钨电极的选用

TIG焊时选用钨极主要考虑如下因素：被焊金属、板厚、电流类型及极性，此外，还要考虑电极的来源、使用寿命和价格等。表4-28为焊接不同金属时推荐用的钨极及保护气体。必须指出，铈钨极是我国研制成功的产品，其X射线剂量及抗氧化性能比钍钨极有较大改善；而且电子逸出功比钍钨极低，故引弧容易，燃烧稳定性好；此外，其化学稳定性好，阴极斑点小，压降低，烧损少等，完全可以取代钍钨极。

在机械化焊接应用中，铈钨极或钍钨极比纯钨极更适合，因为纯钨极消耗速度快。

表 4-28　TIG 焊接不同金属时推荐用的钨极及保护气体

金属种类	厚度	电流种类	电极	保护气体
铝	所有厚度	交流	纯钨或锆钨极	Ar 或 Ar+He
	厚件	直流正接	钍钨或铈钨极	Ar+He 或 Ar
	薄件	直流正接	铈钨、钍钨或锆钨极	Ar
铜及铜合金	所有厚度	直流正接	铈钨或钍钨极	Ar 或 Ar+He
	薄件	交流	纯钨或锆钨极	Ar
镁合金	所有厚度	交流	纯钨或锆钨极	Ar
	薄件	直流正接	锆钨、铈钨或钍钨极	Ar
镍及镍合金	所有厚度	直流正接	铈钨或钍钨极	Ar
低碳、低合金钢	所有厚度	直流正接	铈钨或钍钨极	Ar 或 Ar+He
	薄件	交流	纯钨或锆钨极	Ar
不锈钢	所有厚度	直流正接	铈钨或钍钨极	Ar 或 Ar+He
	薄件	交流	纯钨或锆钨极	Ar
钛	所有厚度	直流正接	铈钨或钍钨极	Ar

【综合练习】

一、填空题

1. _____是涂有药皮的供焊条电弧焊用的熔化电极，它有_____和_____两部分组成。

2. 焊芯是一根实芯金属棒，在电弧热作用下自身熔化过渡到焊件的_____内，成为焊缝中的_____。

3. 按熔渣中碱性氧化物与酸性氧化物的比例来划分，焊条有_____和_____两大类。

4. 焊条的焊接工艺性能包括它的_____、_____、_____、_____、_____、熔敷率、焊接发尘量和焊条耗电量等。

5. 焊条的冶金性能主要是指_____、_____、_____、_____及_____的能力等。

6. 焊条药皮由_____、_____、_____、_____、_____、增塑剂和黏结剂组成。

7. 焊丝是_____、_____、_____、_____等焊接方法用的主要焊接材料。

8. 焊丝按其结构分为_____和_____两大类。

9. 焊剂是对熔化金属起_____和_____作用的一种颗粒状物质。

10. 熔炼焊剂的生产过程由_____、_____和_____三部分组成。

11. 焊接用保护气体的作用是在焊接过程中保护_____及_____的高温金属免受外界有害气体侵袭。

12. 气体保护电弧焊的工艺性能受所用保护气体的_____、_____与_____性能的影响。

二、选择题

1. _____是涂有药皮的供焊条电弧焊用的熔化电极。

　　a. 焊条　　　　　　　　　　　b. 焊芯

　　c. 焊丝　　　　　　　　　　　d. 焊剂

2. _____是一根实芯金属棒，焊接时作为电极。

　　a. 焊条　　　　　　　　　　　b. 焊芯

　　c. 焊丝　　　　　　　　　　　d. 焊剂

3. _____使焊条容易引弧和在焊接过程中保持电弧燃烧稳定。

　　a. 脱氧剂　　　　　　　　　　b. 造渣剂

　　c. 造气剂　　　　　　　　　　d. 稳弧剂

4. _____用于补偿焊接过程合金元素的烧损及向焊缝中过渡某些焊接元素，以保证焊缝金属所需的化学成分和性能。

a. 脱氧剂　　　　　　　　　　b. 造渣剂

c. 造气剂　　　　　　　　　　d. 合金剂

5. 酸性焊条药皮中含有大量 SiO_2、TiO_2 等酸性氧化物及一定数量的碳酸盐等，其熔渣碱度 B _____。

a. 小于1　　　　　　　　　　b. 大于1

c. 等于1　　　　　　　　　　d. 不等于1

6. 焊条牌号 J507CuP 中的 J 表示_____。

a. 铸铁焊条　　　　　　　　　b. 不锈钢焊条

c. 结构钢焊条　　　　　　　　d. 低温钢焊条

7. 对于承载的焊接接头，最理想的接头应当是_____匹配接头。

a. 等塑性　　　　　　　　　　b. 等强度

c. 等韧性　　　　　　　　　　d. 等疲劳

8. _____是目前国内普遍采用的一种钨极。

a. 纯钨极　　　　　　　　　　b. 钍钨极

c. 铈钨极　　　　　　　　　　d. 锆钨极

9. 焊丝不是_____用的主要焊接材料。

a. 埋弧焊　　　　　　　　　　b. 气体保护焊

c. 气焊　　　　　　　　　　　d. 焊条电弧焊

10. 药芯焊丝牌号中的字母"Y"表示_____。

a. 药芯焊丝　　　　　　　　　b. 焊丝硬度

c. 焊丝强度　　　　　　　　　d. 实芯焊丝

三、判断题（正确的打"√"，错误的打"×"）

（　　）1. 药皮又称涂料，是焊条中压涂在焊芯表面上的涂覆层。

（　　）2. 碱性（低氢）焊条一般用于重要的焊接结构，如承受动载或刚性较大的结构，这是因为焊缝金属
的力学性能好，尤其冲击韧度高。

（　　）3. 酸性焊条药皮中含有大量如大理石、萤石等的碱性造渣物，并含有一定数量的脱氧剂和合金剂。

（　　）4. 焊条的冶金性能主要是指脱氧、去氢、脱硫、掺合金、抗气孔及抗裂纹的能力等。

（　　）5. 低氢钠型焊条的熔敷金属中氧、氢、硫、磷、氮等杂质的含量均比钛钙型焊条低。

（　　）6. 选用焊条的基本原则是确保经济利润的前提下，尽量选用工艺性能好和生产效率高的焊条。

（　　）7. 焊剂是焊接时能够熔化形成熔渣，对熔化金属起保护和冶金作用的一种颗粒状物质。

四、问答题

1. 药皮在焊接过程中起到哪些作用？

2. 请说一说焊条的基本要求。

3. 请举例说明焊条型号和牌号的编制方法其含义。

4. 酸、碱性焊条各有何特点？主要应用在哪些场合？

5. 选用焊条的基本原则有哪些？

6. 焊丝的作用和分类有哪些？

7. 请举例说明钢焊丝的牌号及其含义。

8. 药芯焊丝与实心焊丝相比有哪些特点？

9. 对焊剂有何要求？

10. 常用焊接用的保护气体有哪些？

11. 请说一说保护气体的选用要点。

12. 弧焊用钨电极的基本要求是什么？

13. 请说一说弧焊用钨电极的种类及其特点。

第5章　常用熔化焊方法

5.1　焊条电弧焊

5.1.1　焊条电弧焊特点

焊条电弧焊是利用手工操纵焊条进行焊接的一种电弧焊方法。由于电弧柱的温度高于5000℃，热量集中，其热效率大大高于气焊。焊条电弧焊是最常用的熔焊方法之一。焊接过程如图5-1所示。在焊条末端和工件之间燃烧的电弧所产生的高温使药皮、焊芯和焊件熔化，药皮熔化过程中产生的气体和熔渣，不仅使熔池和电弧周围的空气隔绝，而且和熔化了的焊芯、母材发生一系列冶金反应，使熔池金属冷却结晶后形成符合要求的焊缝。

(1) 焊条电弧焊的优点

① 设备简单维护方便。焊条电弧焊可用交流焊机或直流焊机进行焊接，这些设备都比较简单，购置设备的投资少，而且维护方便，这是它应用广泛的原因之一。

② 操作灵活。在空间任意位置的焊缝，凡焊条能够达到的地方都能进行焊接。

③ 应用范围广。选用合适的焊条不仅可以焊接低碳钢、低合金高强钢、而且还可以焊接高合金钢及有色金属，不仅可焊接同种金属，而且可以焊接异种金属，还可以在普通钢上堆焊具有耐磨、耐腐蚀、高硬度等特殊性能的材料，应用范围很广。

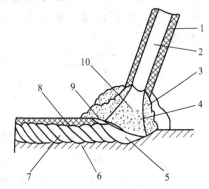

图5-1　焊条电弧焊过程示意
1—药皮；2—焊芯；3—保护气；4—电弧；5—熔池；
6—母材；7—焊缝；8—渣壳；9—熔渣；10—熔滴

(2) 焊条电弧焊的缺点

① 对焊工要求高。焊条电弧焊的焊接质量，除靠选用合适的焊条、焊接工艺参数及焊接设备外，主要靠焊工的操作技术和经验保证，在相同的工艺设备条件下，一名技术水平高、经验丰富的焊工能焊出外形美观、质量优良的焊缝，而一名技术水平低、没有经验的焊工焊出的焊缝却可能不合格。

② 劳动条件差。焊条电弧焊主要靠焊工的手工操作控制焊接的全过程，焊工不仅要完成引弧、运条、收弧等动作，而且要随时观察熔池，根据熔池情况不断地调整焊条角度、摆动方式和幅度以及电弧长度等。所以说整个焊接过程中，焊工都处在手脑并用、精神高度集中的状态，而且还要受到高温烘烤，在有毒的烟尘及金属和金属氧氮化合物的蒸气环境中工作，焊工的劳动条件是比较差的，因此要加强劳动保护。

③ 生产效率低。焊材利用率不高，熔敷率低，难以实现机械化和自动化，故生产效率低。

5.1.2　坡口形式和焊接位置

(1) 接头和坡口形式

焊条电弧焊常用的基本接头有对接、搭接、角接和T形接头，如图5-2所示。不同的焊接接头以及不同板厚应加工成不同的坡口形式。对接接头常用的坡口形式如图 5-3 所示。板厚 1～6mm 时，用 I 形坡口；板厚增加时可选用 Y 形、X 形和 U 形等各种形式的坡口。

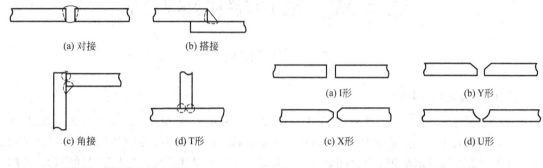

(a) 对接　　(b) 搭接

(c) 角接　　(d) T形

图 5-2　焊接接头基本形式

(a) I形　　(b) Y形

(c) X形　　(d) U形

图 5-3　对接接头坡口基本形式

角接和 T 形接头常用的坡口形式如图 5-4 所示。坡口形式与尺寸一般随板厚而变化，同时还与焊接方法、焊接位置、热输入量、焊件材料等有关。坡口形式与尺寸选用见 GB/T 985.1—2008。

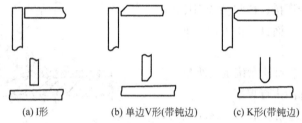

(a) I形　　(b) 单边V形(带钝边)　　(c) K形(带钝边)

图 5-4　角接和 T 形接头的坡口

(2) 焊接位置

熔焊时，被焊焊件接缝所处的空间位置，称为焊接位置，如图 5-5 所示。

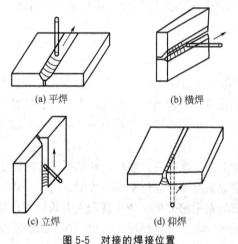

(a) 平焊　　(b) 横焊

(c) 立焊　　(d) 仰焊

图 5-5　对接的焊接位置

① 平焊位置　焊缝倾角 0°、焊缝转角 90°的焊接位置称为平焊位置，如图 5-5（a）所示。在平焊位置进行的焊接称为平焊。

② 横焊位置　焊缝倾角 0°、180°，焊缝转角 0°、180°的对接位置称为横焊位置，如图 5-5（b）所示。在横焊位置上进行的焊接称为横焊。

③ 立焊位置　焊缝倾角 90°（立向上）、270°（立向下）的焊接位置称为立焊位置，如图 5-5（c）所示。在立焊位置上进行的焊接称为立焊。

④ 仰焊位置　对接焊缝倾角 0°、180°，转角 270°的焊接位置称为仰焊位置。如图 5-5（d）所示。在仰焊位置上进行的焊接称为仰焊。

5.1.3　焊接参数的选择

焊条电弧焊焊接参数包括：焊条种类、牌号和直径，焊接电流的种类、极性和大小，电弧电压，焊道层次等。选择合适的焊接参数，对提高焊接质量和生产效率是十分重要的，下面分别讲述选择这些焊接参数的原则及它们对焊缝成形的影响。

(1) 焊条种类和牌号的选择

在相关的课程中已经讲述了焊条选择的原则。实际工作中主要根据母材的性能、接头的刚性和工作条件来选择焊条，焊接一般碳钢和低合金结构钢主要是按等强度原则选择焊条的强度级别，一般选用酸性焊条，重要结构选用碱性焊条。

(2) 焊接电源种类和极性的选择

通常根据焊条的类型选择焊接电源的种类，除低氢型焊条必须采用直流反接外，所有酸性焊条通常采用交流或直流电源均可以进行焊接。当选用直流电源时，焊接厚板用直流正接，焊薄板用直流反接。

(3) 焊条直径的选择

为提高生产效率，尽可能地选用直径较大的焊条。但用直径过大的焊条焊接，容易造成未焊透或焊缝成形不良等缺陷。选用焊条直径应考虑焊件的位置及厚度。平焊位置或厚度较大的焊件应选用直径较大的焊条，较薄焊件应选用直径较小的焊条，见表5-1。另外，焊接同样厚度的T形接头时，选用的焊条直径应比对接接头的焊条直径大些。

表 5-1　焊条直径与焊件厚度的关系　　　　　　　　　　　mm

工件厚度	2	3	4～5	6～12	>13
焊条直径	2	3.2	3.2～4	4～5	4～6

(4) 焊接电流的选择

焊接电流是焊条电弧焊最重要的工艺参数，也可以说是唯一的独立参数，因为焊工在操作过程中需要调节的只有焊接电流，而焊接速度和电弧电压都是由焊工控制的。焊接电流越大，熔深越大（焊缝宽度和余高变化都不大），焊条熔化快，焊接效率也高，但是，焊接电流太大时，飞溅和烟雾大，药皮易发红和脱落，而且容易产生咬边、焊瘤、烧穿等缺陷；若焊接电流太小，则引弧困难，焊条容易粘连在工件上，电弧不稳，熔池温度低，焊缝窄而高，熔合不好，而且容易产生夹渣、未焊透等缺陷。

选择焊接电流时，要考虑的因素很多，如焊条直径、药皮类型、工件厚度，接头类型、焊接位置、焊道层次等。但主要是由焊条直径、焊接位置和焊道层次决定的。

① 焊条直径　焊条直径越粗，熔化焊条所需的热量越大，必须增大焊接电流，每种直径的焊条都有一个最合适的电流范围，表5-2给出了各种直径焊条合适的焊接电流的参考值。

表 5-2　各种直径焊条使用电流的参考值

焊条直径/mm	1.6	2.0	2.5	3.2	4.0	5.0	5.8
焊接电流/A	25～40	40～65	50～80	100～130	160～210	200～270	260～300

还可以根据选定的焊条直径用下面的经验公式计算焊接电流。

$$I = 10d^2$$

式中　I——焊接电流，A；

　　　d——焊条直径，mm。

② 焊接位置　在平焊位置焊接时，可选择偏大些的焊接电流。横焊、立焊、仰焊位置焊接时，焊接电流应比平焊位置小 $10\% \sim 20\%$。

③ 焊道层次　通常焊接打底焊道时，特别是焊接单面焊双面成形的焊道时，使用的焊接电

流较小，才便于操作和保证背面焊道的质量；焊填充焊道时，为提高效率，保证熔合好，通常都使用较大的焊接电流；而焊盖面焊道时，为防止咬边和获得较美观的焊道，使用的电流稍小些。

以上所讲的只是选择焊接电流的一些原则和方法，实际生产过程中焊工都是根据试焊的试验结果，根据自己的实践经验选择焊接电流的。通常焊工都根据焊条直径推荐的电流范围，或根据经验选定一个电流，在试板上试焊，在焊接过程中看熔池的变化情况、渣和铁水的分离情况、飞溅大小、焊条是否发红、焊缝成形是否好，脱渣性是否好等来选择焊接电流的。当焊接电流合适时，焊接时很容易引弧，电弧稳定，熔池温度较高，渣比较稀，很容易从铁水中分离出去，能观察到颜色比较暗的液体从熔池中翻出，并向熔池后面集中，熔池较亮，表面稍下凹，但很平稳地向前移动，焊接过程中飞溅很小，能听到很均匀的劈啪声，焊后焊缝两侧圆滑地过渡到母材，鱼鳞纹较细，焊渣也容易敲掉。如果选用的焊接电流太小，则很难引弧，焊条容易粘在工件上，焊道余高很高，鱼鳞纹粗，两侧熔合不好，当焊接电流太小时，根本形不成焊道。如果选用的焊接电流太大，焊接时飞溅和烟雾很大，焊条药皮成块脱落，焊条发红，电弧吹力大，熔池有一个很深的凹坑，表面很亮，非常容易烧穿、产生咬边，由于焊机负载过重，可听到很明显的哼哼声、焊缝外观很难看，鱼鳞纹很粗。

(5) 电弧电压

电弧电压主要影响焊缝的宽窄，电弧电压越高，焊缝越宽，因为焊条电弧焊时，焊缝宽度主要靠焊条的横向摆动幅度来控制，因此电弧电压的影响不明显。

当焊接电流调好以后，电焊机的外特性曲线就决定了。实际上电弧电压由弧长决定。电弧越长，电弧电压越高，电弧越短，电弧电压越低。但电弧太长时，电弧燃烧不稳，飞溅大，容易产生咬边、气孔等缺陷；若电弧太短，容易粘焊条。一般情况下，电弧长度等于焊条直径的 $1/2 \sim 1$ 倍为好，相应的电弧电压为 $16 \sim 25V$。碱性焊条的电弧长度应为焊条直径的一半较好，酸性焊条的电弧长度应等于焊条直径。

(6) 焊接速度

焊接速度就是单位时间内完成焊缝的长度。焊条电弧焊时，在保证焊缝具有所要求的尺寸和外形、保证熔合良好的原则下，焊接速度由焊工根据具体情况灵活掌握。

(7) 焊接层数的选择

在厚板焊接时，必须采用多层焊或多层多道焊。多层焊的前一条焊道对后一条焊道起预热作用，而后一条焊道对前一条焊道起热处理作用（退火和缓冷），有利于提高焊缝金属的塑性和韧性。每层焊道厚度不能大于 $4 \sim 5mm$。

5.1.4　焊条电弧焊操作技术

(1) 引弧

电弧焊开始时，引燃焊接电弧的过程叫引弧。引弧的方法包括以下两类。

① **不接触引弧**　利用高频高压使电极末端与工件间的气体导电产生电弧。用这种方法引弧时，电极端部与工件不发生短路就能引燃电弧，其优点是可靠、引弧时不会烧伤工件表面，但需要另外增加小功率高频高压电源，或同步脉冲电源。焊条电弧焊很少采用这种引弧方法。

② **接触引弧**　先使电极与工件短路，再拉开电极引燃电弧。这是焊条电弧焊时最常用的引弧方法，根据操作手法不同又可分为以下两种。

a. 直击法　使焊条与焊件表面垂直地接触，当焊条的末端与焊件表面轻轻一碰，便迅速提起焊条，并保持一定距离，立即引燃了电弧，见图 5-6。操作时必须掌握好手腕的上下动作的时间和距离。

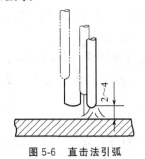

图 5-6　直击法引弧

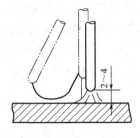

图 5-7　划擦法引弧

　　b. 划擦法　这种方法与擦火柴有些相似，先将焊条末端对准焊件，然后将焊条在焊件表面划擦一下，当电弧引燃后趁金属还没有开始大量熔化的一瞬间，立即使焊条末端与被焊表面的距离维持在 2～4mm 的距离，电弧就能稳定地燃烧。见图 5-7。操作时手腕顺时针方向旋转，使焊条端头与工件接触后再离开。

　　以上两种方法相比，划擦法比较容易掌握，但是在狭小工作面上或不允许烧伤焊件表面时，应采用直击法。直击法对初学者较难掌握，一般容易发生电弧熄灭或造成短路现象，这是没有掌握好离开焊件时的速度和保持一定距离的原因。如果操作时焊条上拉太快或提得太高，都不能引燃电弧或电弧只燃烧一瞬间就熄灭。相反，动作太慢则可能使焊条与焊件粘在一起，造成焊接回路短路。

　　引弧时，如果发生焊条和焊件粘在一起时，只要将焊条左右摇动几下，就可脱离焊件，如果这时还不能脱离焊件，就应立即将焊钳放松，使焊接回路断开，待焊条稍冷后再拆下。如果焊条粘住焊件的时间过长，则因过大的短路电流可能使电焊机烧坏，所以引弧时，手腕动作必须灵活和准确，而且要选择好引弧起始点的位置。

　　(2) 运条

　　焊接过程中，焊条相对焊缝所做的各种动作的总称叫运条。正确运条是保证焊缝质量的基本因素之一，因此每个焊工都必须掌握好运条这项基本功。

　　运条包括沿焊条轴线的送进、沿焊缝轴线方向纵向移动和横向摆动三个动作，如图 5-8 所示。

　　① 运条的基本动作

　　a. 焊条沿轴线向熔池方向送进　使焊条熔化后，能继续保持电弧的长度不变，因此要求焊条向熔池方向送进的速度与焊条熔化的速度相等。如果焊条送进的速度小于焊条熔化的速度，则电弧的长度将逐渐增加，导致断弧；如果焊条送进速度太快，则电弧长度迅速缩短，使焊条末端与焊件接触发生短路，同样会使电弧熄灭。

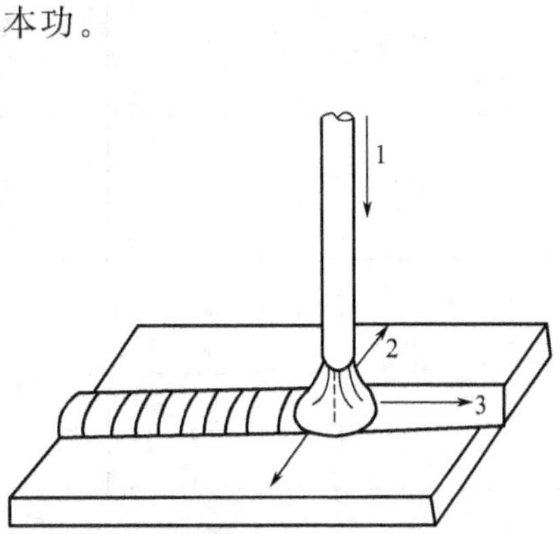

　　b. 焊条沿焊接方向的纵向移动　此动作使焊条熔敷金属与熔化的母材金属形成焊缝。焊条移动速度对焊缝质量、焊接生产率有很大影响。如果焊条移动速度太快，则电弧来不及熔化足够的焊条与母材金属，产生未焊透或焊缝较窄；若焊条移动速度太慢，则会造成焊缝过高、过宽、外形不整齐，在焊较薄焊件时容易焊穿。移动速度必须适当才能使焊缝均匀。

图 5-8　运条的基本动作

1—焊条送进；2—焊条摆动；3—沿焊缝移动

　　c. 焊条的横向摆动　横向摆动的作用是为获得一定宽度的焊缝，并保证焊缝两侧熔合良好。其摆动幅度应根据焊缝宽度与焊条直径决定。横向摆动力求均匀一致，才能获得宽度整齐的焊缝。正常的焊缝宽度一般不超过焊条直径的2～5倍。

　　② 运条方法　运条的方法很多，选用时应根据接头的形式、装配间隙、焊缝的空间位置、焊条直径与性能、焊接电流及焊工技术水平等方面而定。常用运条方法及适用范围见表5-3。

（3）焊缝的起头

　　焊缝的起头是指刚开始焊接处的焊缝。这部分焊缝的余高容易增高，这是由于开始焊接时工件温度较低，引弧后不能迅速使这部分金属温度升高，因此熔深较浅，余高较大。为减少或避免这种情况，可在引燃电弧后先将电弧稍微拉长些，对焊件进行必要的预热，然后适当压低电弧转入正常焊接。

（4）焊缝的收尾

　　焊缝的收尾是指一条焊缝焊完后如何收弧。焊接结束时，如果将电弧突然熄灭，则焊缝表面留有凹陷较深的弧坑会降低焊缝收尾处的强度，并容易引起弧坑裂纹。过快拉断电弧，液体金属中的气体来不及逸出，还容易产生气孔等缺陷。为克服弧坑缺陷，可采用下述方法收尾。

表 5-3　常用的运条方法及适用范围

运条方法		运条示意图	适用范围
直线形运条法			① 3～5mm 厚度 I 形坡口对接平焊 ② 多层焊的第一层焊道 ③ 多层多道焊
直线往返形运条法			① 薄板焊 ② 对接平焊（间隙较大）
锯齿形运条法			① 对接接头（平焊、立焊、仰焊） ② 角接接头（立焊）
月牙形运条法			同锯齿形运条法
三角形运条法	斜三角形		① 角接接头（仰焊） ② 对接接头（开 V 形坡口横焊）
	正三角形		① 角接接头（立焊） ② 对接接头
圆圈形运条法	斜圆圈形		① 角接接头（平焊、仰焊） ② 对接接头（横焊）
	正圆圈形		对接接头（厚焊件平焊）
八字形运条法			对接接头（厚焊件平焊）

① 反复断弧法　焊条移到焊缝终点时，在弧坑处反复熄弧、引弧数次，直到填满弧坑为止。此方法适用于薄板和大电流焊接时的收尾，不适于碱性焊条。

② 划圈收尾法　焊条移到焊缝终点时，在弧坑处作圆圈运动，直到填满弧坑再拉断电弧，此方法适用于厚板。

③ 转移收尾法　焊条移到焊缝终点时，在弧坑处稍做停留，将电弧慢慢抬高，引到焊缝边缘的母材坡口内。这时熔池会逐渐缩小，凝固后一般不出现缺陷。适用于换焊条或临时停弧时的收尾。

(5) 焊缝的接头

后焊焊缝与先焊焊缝的连接处称为焊缝的接头。由于受焊条长度限制，焊缝前后两段的接头是不可避免的，但焊缝的接头应力求均匀，防止产生过高、脱节、宽窄不一致等缺陷。焊缝的接头情况有以下四种，如图5-9所示。

① 中间接头　后焊的焊缝从先焊的焊缝尾部开始焊接，如图5-9（a）所示。要求在弧坑前约10mm附近引弧，电弧长度比正常焊接时略长些，然后回移到弧坑，压低电弧，稍作摆动，再向前正常焊接。这种接头方法是使用最多的一种，适用于单层焊及多层焊的表层接头。

② 相背接头　两焊缝的起头相接，如图5-9（b）所示。要求先焊缝的起头处略低些，后焊的焊缝必须在前条焊缝始端稍前处起弧，然后稍拉长电弧将电弧逐渐引向前条焊缝的始端，并覆盖前焊缝的端头，待焊平后，再向焊接方向移动。

③ 相向接头　是两条焊缝的收尾相接，如图5-9（c）所示。当后焊的焊缝焊到先焊的焊缝收弧处时，焊接速度应稍慢些，填满先焊焊缝的弧坑后，以较快的速度再略向前焊一段，然后熄弧。

④ 分段退焊接头　是先焊焊缝的起头和后焊的收尾相接，如图5-9（d）所示。要求后焊的焊缝焊至靠近前焊焊缝始端时，改变焊条角度，使焊条指向前焊缝的始端，拉长电弧，待形成熔池后，再压低电弧，往回移动，最后返回原来熔池处收弧。

接头连接得平整与否，和焊工操作技术有关，

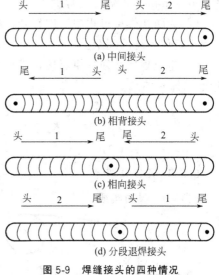

图 5-9　焊缝接头的四种情况
1—先焊焊缝；2—后焊焊缝

同时还和接头处温度高低有关系。温度越高，接得越平整。因此，中间接头要求电弧中断时间要短，换焊条动作要快。多层焊时，层间接头要错开，以提高焊缝的致密性。除中间焊缝接头时可不清理熔渣外，其余两种接头前，必须先将需接头处的焊渣打掉，否则接不好头，必要时可将需接头处先打磨成斜面后再接头。

(6) 定位焊与定位焊缝

焊前为固定焊件的相对位置进行的焊接操作叫定位焊，俗称点固焊。定位焊形成的短小而断续的焊缝叫定位焊缝，也叫点固焊缝。通常定位焊缝都比较短小，焊接过程中都不去掉，而成为正式焊缝的一部分保留在焊缝中，因此定位焊缝的质量好坏、位置、长度和高度等是否合适，将直接影响正式焊缝的质量及焊件的变形。根据经验，生产中发生的一些重大质量事故，如结构变形大、出现未焊透及裂纹等缺陷，往往是定位焊不合格造成的，因此对

定位焊必须引起足够的重视。

焊接定位焊缝时必须注意以下几点：

① 必须按照焊接工艺规定的要求焊接定位焊缝。如采用与工艺规定的同牌号、同直径的焊条，用相同的焊接工艺参数施焊；若工艺规定焊前需预热，焊后需缓冷，则焊定位焊缝前也要预热，焊后也要缓冷。

② 定位焊缝必须保证熔合良好，焊道不能太高，起头和收尾处应圆滑不能太陡，防止焊缝接头时两端焊不透。

③ 定位焊缝的长度、余高、间距见表 5-4。

表 5-4　定位焊缝的参考尺寸　　　　　　　　　　　　　　　　　mm

焊件厚度	定位焊缝余高	定位焊缝长度	定位焊缝间距
<4	<4	5～10	50～100
4～12	3～6	10～20	100～200
>12	>6	15～30	200～300

④ 定位焊缝不能焊在焊缝交叉处或焊缝方向发生急剧变化的地方，通常至少应离开这些地方 50mm 才能焊定位焊缝。

⑤ 为防止焊接过程中工件裂开，应尽量避免强制装配，必要时可增加定位焊缝的长度，并减小定位焊缝的间距。

⑥ 定位焊后必须尽快焊接，避免中途停顿或存放时间过长，定位焊用电流可比焊接电流大 10％～15％。

5.2　二氧化碳气体保护焊

5.2.1　CO₂焊特点

(1) CO₂焊的实质

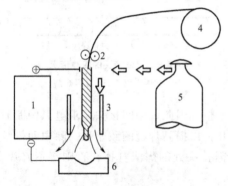

图 5-10　CO₂焊的原理示意

1—直流电源；2—送丝机构；3—焊枪；
4—焊丝盘；5—CO₂气瓶；6—焊件

CO_2 气体保护电弧焊是利用 CO_2 作为保护气体的熔化极电弧焊方法。这种方法以 CO_2 气体作为保护介质，使电弧及熔池与周围空气隔离，防止空气中氧、氮、氢对熔滴和熔池金属的有害作用，从而获得优良的机械保护性能。生产中一般是利用专用的焊枪，形成足够的 CO_2 气体保护层，依靠焊丝与焊件之间的电弧热，进行自动或半自动熔化极气体保护焊接。CO_2 焊的原理示意如图 5-10 所示。

CO_2 焊按使用焊丝直径的不同，可分为细丝 CO_2 焊（焊丝直径≤1.6mm）和粗丝 CO_2 焊（焊丝直径>1.6mm）。按操作的方式分类，又可分为半自动 CO_2 焊和自动 CO_2 焊。

(2) CO₂焊的特点

① 优点

a. 焊接生产率高。由于焊接电流密度较大，电弧热量利用率较高，以及焊后不需清渣，因此提高了生产率。CO_2 焊的生产率比普通的焊条电弧焊高 2~4 倍。

　　b. 焊接成本低。CO_2 气体来源广，价格便宜，而且电能消耗少，故使焊接成本降低。通常 CO_2 焊的成本只有埋弧焊或焊条电弧焊的 40%~50%。

　　c. 焊接变形小。由于电弧加热集中，焊件受热面积小，同时 CO_2 气流有较强的冷却作用，所以焊接变形小，特别适宜于薄板焊接。

　　d. 焊接品质较高。对铁锈敏感性小，焊缝含氢量少，抗裂性能好。

　　e. 适用范围广。可实现全位置焊接，并且对于薄板、中厚板甚至厚板都能焊接。

　　f. 操作简便。焊后不需清渣，且是明弧，便于监控，有利于实现机械化和自动化焊接。

　　② 缺点

　　a. 飞溅率较大，并且焊缝表面成形较差。金属飞溅是 CO_2 焊中较为突出的问题，这是主要缺点。

　　b. 很难用交流电源进行焊接，焊接设备比较复杂。

　　c. 抗风能力差，给室外作业带来一定困难。

　　d. 不能焊接容易氧化的有色金属。

　　CO_2 焊的缺点可以通过提高技术水准和改进焊接材料、焊接设备加以解决，而其优点却是其他焊接方法所不能比的。因此，可以认为 CO_2 焊是一种高效率、低成本的节能焊接方法。

(3) CO_2 焊的应用

　　CO_2 焊主要用于焊接低碳钢及低合金钢等黑色金属。对于不锈钢，由于焊缝金属有增碳现象，影响抗晶间腐蚀性能，所以只能用于对焊缝性能要求不高的不锈钢焊件。此外，CO_2 焊还可用于耐磨零件的堆焊、铸钢件的焊补以及电铆焊等方面。目前 CO_2 焊已在汽车制造、机车和车辆制造、化工机械、农业机械、矿山机械等部门得到了广泛的应用。

5.2.2 CO_2 焊的冶金特性

(1) 合金元素的氧化与脱氧

　　① 合金元素的氧化　CO_2 及其在高温分解出的氧，都具有很强的氧化性。随着温度的提高，氧化性增强。氧化反应的程度取决于合金元素在焊接区的浓度和它们对氧的亲和力。熔滴和熔池金属中 Fe 的浓度最大，Fe 的氧化比较激烈。Si、Mn、C 的浓度虽然较低，但它们与氧的亲和力比 Fe 大，所以也很激烈。

　　② 氧化反应的结果　氧化反应会使 Fe、Si、Mn 和 C 等合金元素烧损，在 CO_2 电弧中，Ni、Cr、Mo 过渡系数最高，烧损最少。Si、Mn 的过渡系数则较低，因为它们中的相当一部分要耗于熔池中的脱氧。Al、Ti、Nb 等元素的过渡系数更低，烧损比 Si、Mn 还要多。

　　氧化反应中的反应生成物 SiO_2 和 MnO 会结合成硅酸盐。其密度较小，很容易浮出熔池形成熔渣。FeO 一部分呈杂质浮于熔池表面；另一部分溶入液态金属中，并进一步与熔池及熔滴中的合金元素发生反应。

　　反应生成的 CO 气体有两种情况：其一是在高温时反应生成的 CO 气体，由于 CO 气体体积急剧膨胀，在逸出液态金属过程中，往往会引起熔池或熔滴的爆破，发生金属的溅损与飞溅；其二是在低温时反应生成的 CO 气体，由于液态金属呈现较大的黏度和较强的表面张力，产生的 CO 无法逸出，最终留在焊缝中形成气孔。

　　合金元素烧损、气孔和飞溅是 CO_2 焊中三个主要的问题。它们都与 CO_2 电弧的氧化性有关，因此必须在冶金上采取脱氧措施予以解决。

③ CO_2 焊的脱氧　加入到焊丝中的 Si 和 Mn，在焊接过程中一部分直接被氧化和蒸发，一部分耗于 FeO 的脱氧，剩余的部分则残剩留在焊缝中，起焊缝金属合金化作用，所以焊丝中加入的 Si 和 Mn，需要有足够的数量。Si 和 Mn 之间的比例还必须适当，否则不能很好地结合成硅酸盐浮出熔池，而会有一部分 SiO_2 或者 MnO 夹杂物残留在焊缝中，使焊缝的塑性和冲击值下降。

(2) CO_2 焊的气孔及防止

CO_2 焊时，由于熔池表面没有熔渣覆盖，CO_2 气流又有冷却作用，因而熔池凝固比较快。如果焊接材料或焊接工艺处理不当，可能会出现 CO 气孔、氮气孔和氢气孔。

① CO 气孔　在焊接熔池开始结晶或结晶过程中，熔池中的 C 与 FeO 反应生成的 CO 气体来不及逸出，而形成 CO 气孔。这类气孔通常出现在焊缝的根部或近表面的部位，且多呈针尖状。

CO 气孔产生的主要原因是焊丝中脱氧剂不足，并且含 C 量过多。要防止产生 CO 气孔，必须选用含足够脱氧剂的焊丝，且焊丝中的含碳量要低，抑制 C 与 FeO 的氧化反应。如果母材的含碳量较高，则在工艺上应选用较大热输入的焊接参数，增加熔池停留的时间，以利于 CO 气体的逸出。所以在 CO_2 焊中，只要焊丝选择适当，产生 CO 气孔的可能性是很小的。

② 氮气孔　在电弧高温下，熔池金属对 N_2 有很大的溶解度。但当熔池温度下降时，N_2 在液态金属中的溶解度便迅速减小，就会析出大量 N_2，若未能逸出熔池，便生成 N_2 气孔。N_2 气孔常出现在焊缝近表面的部位，呈蜂窝状分布，严重时还会以细小气孔的形式广泛分布在焊缝金属之中。这种细小气孔往往在金相检验中才能被发现，或者在水压试验时被扩大成渗透性缺陷而表露出来。

氮气孔产生的主要原因是保护气层遭到破坏，使大量空气侵入焊接区。造成保护气层破坏的因素有：使用的 CO_2 保护气体纯度不合要求；CO_2 气体流量过小；喷嘴被飞溅物部分堵塞；喷嘴与焊件距离过大及焊接场地有侧向风等。要避免 N_2 气孔，必须改善气体保护效果。要选用纯度合格的 CO_2 气体，焊接时采用适当的气体流量参数；要检验从气瓶至焊枪的气路是否有漏气或阻塞；要增加室外焊接的防风措施。此外，在野外施工中最好选用含有固氮元素（如 Ti、Al）的焊丝。

③ 氢气孔　氢气孔产生的主要原因是，熔池在高温时溶入了大量氢气，在结晶过程中又不能充分排出，留在焊缝金属中成为气孔。

氢的来源是焊件、焊丝表面的油污、铁锈以及 CO_2 气体中所含的水分。油污为碳氢化合物，铁锈是含结晶水的氧化铁。它们在电弧的高温下都能分解出氢气。氢气在电弧中还会被进一步电离，然后以离子形态很容易溶入熔池。熔池结晶时，由于氢的溶解度陡然下降，析出的氢气如不能排出熔池，则在焊缝金属中形成圆球形的气孔。

要避免 H_2 气孔，就要杜绝氢的来源。应去除焊件及焊丝上的铁锈、油污及其他杂质，更重要的要注意 CO_2 气体中的含水量。因为 CO_2 气体中的水分常常是引起氢气孔的主要原因。CO_2 气体具有氧化性，可以抑制氢气孔的产生，只要焊前对 CO_2 气体进行干燥处理，去除水分，清除焊丝和焊件表面的杂质，产生氢气孔的可能性很小。

(3) CO_2 焊的飞溅及防止

① 飞溅产生的原因　飞溅是 CO_2 焊最主要的缺点，严重时甚至要影响焊接过程的正常进行。产生飞溅的主要原因如下。

a. 气体爆炸引起的飞溅。熔滴过渡时，由于熔滴中的 FeO 与 C 反应产生的 CO 气体，在电弧高温下急剧膨胀，使熔滴爆破而引起金属飞溅。

b. 由电弧斑点压力而引起的飞溅。因 CO_2 气体高温分解吸收大量电弧热量，对电弧的冷却作用较强，使电弧电场强度提高，电弧收缩，弧根面积减小，增大了电弧的斑点压力，熔滴在斑点压力的作用下十分不稳定，形成飞溅。用直流正接法时，熔滴受斑点压力大，飞溅也大。

c. 短路过渡时由于液态小桥爆断引起的飞溅。当熔滴与熔池接触时，由熔滴把焊丝与熔池连接起来，形成液体小桥。随着短路电流的增加，使液体小桥金属迅速的加热，最后导致小桥金属发生汽化爆炸，引起飞溅。

d. 当焊接参数选择不当时，也会引起飞溅。

② 减少金属飞溅的措施

a. 正确选择焊接参数

a) 焊接电流与电弧电压。CO_2 焊时，不同直径的焊丝，其飞溅率和焊接电流之间的关系如图 5-11 所示。在短路过渡区飞溅率较小，细滴过渡区飞溅率也较小，而混合过渡区飞溅率最大。以直径 1.2mm 焊丝为例，电流小于 150A 或大于 300A 飞溅率都较小，介于两者之间则飞溅率较大。在选择焊接电流时应尽可能避开飞溅率高的混合过渡区。电弧电压则应与焊接电流匹配。

b) 焊丝伸出长度。一般焊丝伸出长度越长，飞溅率越高。例如直径 1.2mm 焊丝，焊丝伸出长度从 20mm 增至 30mm，飞溅率约增加 5%。所以在保证不堵塞喷嘴的情况下，应尽可能缩短焊丝伸出长度。

c) 焊枪角度。焊枪垂直时飞溅量最少，倾斜角度越大，飞溅越多。焊枪前倾或后倾最好不超过 20°。

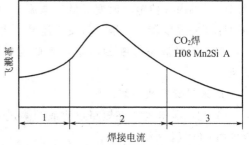

图 5-11　CO_2 焊飞溅损失与电流的关系

1—短路过渡区；2—混合过渡区；3—细滴过渡区

b. 细滴过渡时在 CO_2 中加入 Ar 气，CO_2 气体的物理性质决定了电弧的斑点压力较大，这是 CO_2 焊产生飞溅的最主要原因。在 CO_2 气体中加入 Ar 气后，改变了纯 CO_2 气体的物理性质。随着 Ar 气比例增大，飞溅逐渐减少，见图 5-12。由图中可见，飞溅损失变化最显著的是细滴直径大于 0.8mm 的飞溅，对直径小于 0.8mm 的细滴飞溅影响不大。

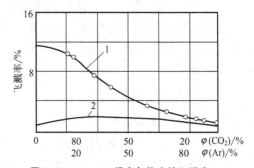

图 5-12　CO_2 + Ar 混合气体中的飞溅率

1—细滴直径 > 0.8mm；2—细滴直径 ≤ 0.8mm

焊丝直径 1.2mm，电流 250A，电弧电压 30V

混合气体的成本虽然比纯 CO_2 气体高，但可从材料损失降低和节省清理飞溅的辅助时间上得到补偿。所以采用 CO_2 + Ar 混合气体，总成本还有减低的趋势。另外，CO_2 + Ar 混合气体的焊缝金属低温韧性值也比纯 CO_2 气体高。

c. 短路过渡时限制金属液桥爆断能量　短路过渡 CO_2 焊接时，当熔滴与熔池接触形成短路后，如果短路电流的增长速率过快，使液桥金属迅速地加热，造成了热量的聚集，将导致金属液桥爆裂而产生飞溅。因此必须设法使短路液桥的金属过渡趋于平缓。目前具体的方法有如下几种。

a) 在焊接回路中串接附加电感。电感越大，短路电流增长速度越小。焊丝直径不同，串接相同的电感值时，短路电流增长速度不同。焊丝直径粗，短路电流增长速度大；焊丝直径细，短路电流增长速度小。短路电流增长速度应与焊丝的最佳短路频率相适应，细焊丝熔化快，熔滴过渡的周期短，因此需要较大的电流增长速度，要求串接的附加电感值较小。粗焊丝熔化慢，熔滴过渡的周期长，则要求较小的电流增长速度，应串接较大的附加电感。通常，焊接回路内的电感值在 $0\sim0.2mH$ 范围内变化时，对短路电流上升速度的影响最明显。因此适当地调整附加电感值，可以有效地减少金属飞溅。这种方法的优点是设备简单，效果明显。缺点是控制不够精确，适量调整不易。因而只能在一定程度上减少飞溅。

b) 电流切换法。在每个熔滴过渡过程中，液桥缩颈达到临界尺寸之前，允许短路电流有较大的自然增长，以产生足够的电磁收缩力。一旦缩颈尺寸达到临界值，便立即进行电流切换，迅速将电流从高值切换到低值，使液桥缩颈在小电流下爆断，就消除了液桥爆断产生飞溅的因素。据试验，若将电流从 400A 降至 30A，飞溅率可降低至 $2\%\sim3\%$。

c) 电流波形控制法。通过控制电流的波形，使金属液桥在较低的电流时断开，液桥断开、电弧再引燃后，立即施加电流脉冲，增加电弧热能，使熔化金属的温度提高。而在即将短路时，再由高值电流改变成低值电流，短路时的电流值较低，但处于高温状态的熔滴形成的短路液桥温度较高，很容易发生流动，再施加很少的能量就能实现金属的过渡与爆断。从而限制了金属液桥爆断的能量，因此能够降低金属飞溅。电流波形控制法的缺点是设备复杂。

d. 采用低飞溅率焊丝

a) 超低碳焊丝。在短路过渡或细滴过渡的 CO_2 焊中，采用超低碳的合金钢焊丝，能够减少由 CO 气体引起的飞溅。

b) 药芯焊丝。由于熔滴及熔池表面有熔渣覆盖，并且药芯成分中有稳弧剂，因此电弧稳定，飞溅少。通常药芯焊丝 CO_2 焊的飞溅率约为实芯焊丝的1/3。

c) 活化处理焊丝。在焊丝的表面涂有极薄的活化涂料，如 CS_2CO_3 与 K_2CO_3 的混合物，采用直流正极性焊接。这种稀土金属或碱土金属的化合物能提高焊丝金属发射电子的能力，从而改善 CO_2 电弧的特性，使飞溅大大减少。但由于这种焊丝储存、使用比较困难，所以应用还不广泛。

5.2.3 CO_2 焊工艺

(1) 短路过渡 CO_2 焊

短路过渡时，采用细焊丝、低电压和小电流。熔滴细小而过渡频率高，电弧非常稳定，飞溅小，焊缝成形美观。主要用于焊接薄板及全位置焊接。焊接薄板时，生产率高、变形小，焊接操作容易掌握，对焊工技术水准要求不高。因而短路过渡的 CO_2 焊易于在生产中得到推广应用。

主要的焊接工艺参数有：焊丝直径、焊接电流、电弧电压、焊接速度、保护气体流量、焊丝伸出长度及电感值等。

(2) 细滴过渡 CO_2 焊

细滴过渡 CO_2 焊的特点是电弧电压比较高，焊接电流比较大。此时电弧是持续的，不发生短路熄弧的现象。焊丝的熔化金属以细滴形式进行过渡，所以电弧穿透力强，母材熔深大。适合于进行中等厚度及大厚度焊件的焊接。

5.2.4　CO$_2$焊操作技术

二氧化碳气体保护焊的焊接质量取决于焊接过程的稳定性，而焊接过程的稳定性是由焊接设备、焊接设备的调整（焊接参数的调整）以及焊工的操作技术水平决定的，在很大程度上是决定于焊工的操作技术水平。

(1) 操作时注意事项

① 正确的持枪姿势　焊工只有掌握了正确的持枪姿势才能长时间、稳定地进行生产，并能够切实保证生产。正确的持枪姿势应满足以下条件，如图 5-13 所示。

a. 操作时用身体的某个部位承担焊枪的质量，通常手臂都处于自然状态，手腕能灵活带动焊枪平移或转动，以不感到累为宜。

b. 焊接过程中，软管电缆最小的曲率半径应大于 300mm，以便焊接时可随意拖动焊枪。

c. 焊接时，应能维持焊枪倾角不变，并能清楚、方便地观察熔池。

d. 将焊丝机放在合适的地方，以保证焊枪能在需要焊接的范围内自由移动。

(a) 蹲位平焊　　(b) 坐位平焊　　(c) 立位平焊　　(d) 站位平焊　　(e) 站位仰焊

图 5-13　正确持枪姿势

② 保持焊枪与工件合适的相对位置　二氧化碳气体保护焊焊接过程中，必须使焊枪与工件间保持合适的相对位置。主要是正确控制焊枪与工件间的倾角和喷嘴高度。焊枪与工件间位置合适时，焊工既能方便地观察熔池，控制焊缝形式，又能可靠地保护熔池，防止出现缺陷。

合适的相对位置因焊缝的空间位置和接头形式而异，在实际操作时再作介绍。

③ 保持焊枪匀速向前移动　在焊接过程中，焊工可根据焊接电流的大小、熔池的形状、工件的熔合情况、装配间隙、钝边大小等情况，调整焊枪向前移动的速度，但在整个焊接中须保持焊枪匀速向前运动。

④ 焊枪的横向摆幅一致　为了控制焊缝的熔宽和焊接质量，在焊接时必须使焊枪在一定范围作摆幅一样的摆动。

焊枪的摆动形式及应用范围见表 5-5。

表 5-5　焊枪的摆动形式及应用范围

摆动形式	用途	摆动形式	用途
直线往复式	薄板及中厚板打底焊	划圈式	平角焊或多层焊时的第一层
锯齿式	坡口小时及中厚板打底焊	月牙式	坡口大时

为了减小焊接热影响区，减小焊接变形，一般不采用大的横向摆动来获得宽焊缝，提倡采用多层多道焊来焊接厚板。

(2) 基本操作技术

CO$_2$气体保护焊的基本操作与焊条电弧焊一样，都是由引弧、收弧、接头、摆动等过程组成。焊接过程由于没有焊条的送进运动，只需维持弧长不变，并根据熔池情况摆动和移动焊枪就行了，因此，二氧化碳气体保护焊的操作比较容易掌握。

① 引弧　CO_2 气体保护焊与焊条电弧焊引弧的方法稍有不同，不采用划擦法，主要是碰撞引弧，但引弧时不必抬起焊枪。具体步骤如下。

a. 引弧前先按遥控盒上的点动开关或按焊枪上的控制开关，点动送出一段焊丝，焊丝长度小于喷嘴与工件间应保持的距离，超长部分或焊丝端部出现球状应剪去，如图 5-14 所示。

b. 将焊枪按要求（保持合适的倾角和喷嘴高度）放在引弧处，注意此时焊丝端部与工件未接触。喷嘴高度由焊接电流决定。如图 5-15 所示。

c. 按焊枪上的控制开关，焊机自动提前送气，延时接通电源，并保持高电压、慢送丝，当焊丝碰撞工件短路后，自动引燃电弧。

短路时，焊枪有自动顶起的倾向，如图 5-16 所示，故引弧时要稍用力向下压焊枪，防止因焊枪抬起太高导致电弧熄灭。

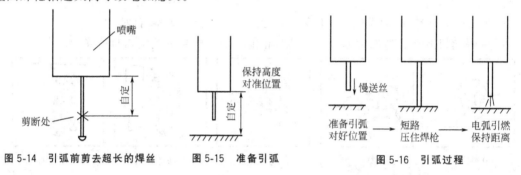

图 5-14　引弧前剪去超长的焊丝　　图 5-15　准备引弧　　图 5-16　引弧过程

② 焊接　引燃电弧后，通常都采用左向焊法。焊接过程中，焊工的主要任务是保持焊枪合适的倾角和喷嘴高度，沿焊接方向尽可能地均匀移动，当坡口较宽时，为保证两侧熔合好，焊枪还要作横向摆动。

焊工必须能够根据焊接过程的情况，判断焊接参数是否合适。像焊条电弧焊一样，焊工主要依靠在焊接过程中观察到的熔池情况、电弧的稳定性、飞溅的大小及焊缝成形的好坏来调整焊接参数。

当焊丝直径不变时，实际上使用的焊接参数只有两组。其中一组焊接参数用来焊薄板或打底焊道，另一组焊接参数用来焊中厚板或盖面焊。

a. 焊薄板或打底焊的焊接参数　这组焊接参数的特点是焊接电流小，电弧电压较低，熔滴过渡为短路过渡。当采用多元控制的焊机进行焊接时，电弧电压与焊接电流相匹配是关键。对于直径为 0.8mm、1.0mm、1.2mm、1.6mm 的焊丝，短路过渡时的电弧电压在 20V 左右。当采用一元控制的焊机进行焊接时，如果选用小电流，控制系统会自动选择合适的低电压，焊工只需根据焊缝成形情况稍加修正，就能保证短路过渡。

b. 焊接中厚板的填充层和盖面层的焊接参数　这组焊接参数的焊接电流和电弧电压都较大，但焊接电流小于引起喷射过渡的临界电流。这时熔滴过渡主要以细颗粒过渡为主。它具有飞溅小、电弧较平稳的特点。

③ 收弧　焊接结束前必须收弧，若收弧不当容易产生弧坑，并出现弧坑裂纹（火口裂纹）、气孔等缺陷。操作时可以采取以下措施。

a. CO_2 气体保护焊机有弧坑控制电路时，当焊枪在收弧处停止前进，同时接通此电路，焊接电流与电弧电压自动变小，待熔池填满时断电。

b. 若焊机没有弧坑控制电路时，或因焊接电流小没有使用弧坑控制电路时，在收弧处焊枪停止前进，并在熔池未凝固时，反复断弧，引弧几次，直至弧坑填满为止。操作时动作要快，若熔池已凝固才收弧，则可能产生未熔合及气孔等缺陷。

不论采用哪种方法收弧，操作时需特别注意，收弧时焊枪除停止前进外，不能抬高喷嘴，即使弧坑已填满，电弧已熄灭，也要让焊枪在弧坑处停留几秒钟后才能移开。因为灭弧后，控制线路仍保证延迟送气一段时间，以保证熔池凝固时能得到可靠的保护，若收弧时抬高焊枪，则容易因保护不良引起缺陷。

④ 接头 CO_2气体保护焊不可避免地要接头，为保证接头质量，应按下述步骤操作。

a. 将待接接头处用角向磨光机打磨成斜面，如图 5-17 所示。

b. 在斜面顶部引弧，引燃电弧后，将电弧移至斜面底部，转一圈返回引弧处后再继续向左焊接，如图 5-18 所示。应当指出，引燃电弧后向斜面底部移动时，要注意观察熔孔，若未形成熔孔则接头处背面焊不透；若熔孔太小，则接头处背面产生缩颈；若熔孔太大，则背面焊缝太宽或出现烧穿。

图 5-17 接头处的准备　　　　　　图 5-18 接头处的引弧操作

⑤ 定位焊 由于 CO_2气体保护焊电弧的热量较焊条电弧焊大，要求定位焊缝有足够的强度。通常定位焊缝都不磨去，仍保留在焊缝中，焊接过程中很难全部重熔，因此应保证定位焊缝的质量。定位焊缝既要熔合好，余高又要合适，还不能有缺陷，要求焊工像正式焊接那样定位焊缝。定位焊缝的长度和间距应符合下述规定。

a. 中厚板对接定位焊缝 如图 5-19 所示。工件两端应装引弧、收弧板。

b. 薄板对接定位焊缝 如图 5-20 所示。

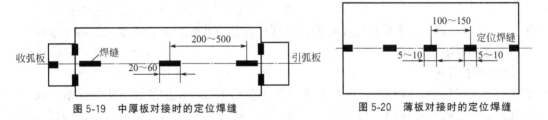

图 5-19 中厚板对接时的定位焊缝　　　　图 5-20 薄板对接时的定位焊缝

5.3 钨极惰性气体保护焊

5.3.1 TIG 焊的特点及应用

钨极惰性气体保护电弧焊是指使用纯钨或活化钨作电极的非熔化极惰性气体保护焊方法，简称 TIG 焊（Tungsten Inert Gas Welding）。钨极惰性气体保护焊可用于几乎所有金属及其合金的焊接，可获得高质量的焊缝。但由于其成本较高，生产率低，多用于焊接铝、镁、钛、铜等有色金属及合金，以及不锈钢、耐热钢等材料。

(1) TIG 焊的过程

TIG 焊是在惰性气体的保护下，利用钨极与焊件间产生的电弧热熔化母材和填充焊丝

（也可以不加填充焊丝），形成焊缝的焊接方法，如图 5-21 所示。焊接时保护气体从焊枪的喷嘴中连续喷出，在电弧周围形成保护层隔绝空气，保护电极和焊接熔池以及临近热影响区，以形成优质的焊接接头。

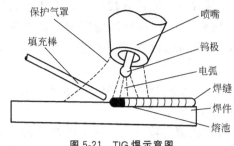

保护气罩
喷嘴
填充棒
钨极
电弧
焊缝
焊件
熔池

图 5-21　TIG 焊示意图

TIG 焊分为手工和自动两种。焊接时，用难熔金属钨或钨合金制成的电极基本上不熔化，故容易维持电弧长度的恒定。填充焊丝在电弧前方添加，当焊接薄焊件时，一般不需开坡口和填充焊丝；还可采用脉冲电流以防止烧穿焊件。焊接厚大焊件时，也可以将焊丝预热后，再添加到熔池中去，以提高熔敷速度。

TIG 焊一般采用氩气作保护气体，称为钨极氩弧焊。在焊接厚板、高导热率或高熔点金属等情况下，也可采用氦气或氦氩混合气作保护气体。在焊接不锈钢、镍基合金和镍铜合金时可采用氩-氢混合气作保护气体。

（2）TIG 焊的特点

TIG 焊与其他焊接方法相比有如下特点。

① 可焊金属多　氩气能有效隔绝焊接区域周围的空气，它本身又不溶于金属，不和金属反应；TIG 焊过程中电弧还有自动清除焊件表面氧化膜的作用。因此，可成功地焊接其他焊接方法不易焊接的易氧化、氮化、化学活泼性强的有色金属、不锈钢和各种合金。

② 适应能力强　钨极电弧稳定，即使在很小的焊接电流下也能稳定燃烧；不会产生飞溅，焊缝成形美观；热源和焊丝可分别控制，因而热输入量容易调节，特别适合于薄件、超薄件的焊接；可进行各种位置的焊接，易于实现机械化和自动化焊接。

③ 焊接生产率低　钨极承载电流能力较差，过大的电流会引起钨极熔化和蒸发，其颗粒可能进入熔池，造成夹钨。因而 TIG 焊使用的电流小，焊缝熔深浅，熔敷速度小，生产率低。

④ 生产成本较高　由于惰性气体较贵，与其他焊接方法相比生产成本高，故主要用于要求较高产品的焊接。

（3）TIG 焊的应用

TIG 焊几乎可用于所有钢材、有色金属及其合金的焊接，特别适合于化学性质活泼的金属及其合金。常用于不锈钢、高温合金、铝、镁、钛及其合金以及难熔的活泼金属（如锆、钽、钼铌等）和异种金属的焊接。

TIG 焊容易控制焊缝成形，容易实现单面焊双面成形，主要用于薄件焊接或厚件的打底焊。脉冲 TIG 焊特别适宜于焊接薄板和全位置管道对接焊。但是，由于钨极的载流能力有限，电弧功率受到限制，致使焊缝熔深浅，焊接速度低，TIG 焊一般只用于焊接厚度在6mm 以下的焊件。

5.3.2　TIG 焊的电流种类和极性

TIG 焊时，焊接电弧正、负极的导电和产热机构与电极材料的热物理性能有密切关系，从而对焊接工艺有显著影响。

（1）直流 TIG 焊

直流 TIG 焊时，电流极性没有变化，电弧连续而稳定，按电源极性的不同接法，又可将直流 TIG 焊分为直流正极性法和直流反极性法两种方法。

① 直流正极性法 直流正极性法焊接时，焊件接电源正极，钨极接电源负极。由于钨极熔点很高，热发射能力强，电弧中带电粒子绝大多数是从钨极上以热发射形式产生的电子。这些电子撞击焊件（负极），释放出全部动能和位能（逸出功），产生大量热能加热焊件，从而形成深而窄的焊缝，见图 5-22 (a)。该法生产率高，焊件收缩应力和变形小。另一方面，由于钨极上接受正离子撞击时放出的能量比较小，而且由于钨极在发射电子时需要付出大量的逸出功，所以钨极上总的产热量比较小，因而钨极不易过热，烧损少；对于同一焊接电流可以采用直径较小的钨极。再者，由于钨极热发射能力强，采用小直径钨棒时，电流密度大，有利于电弧稳定。

(a) 直流正极性　　　(b) 直流反极性　　　(c) 交流

图 5-22　TIG 焊电流种类与极性对焊缝形状的影响示意图

综上所述，直流正极性有如下特点：

a. 熔池深而窄，焊接生产率高，焊件的收缩应力和变形都小。

b. 钨极许用电流大，寿命长。

c. 电弧引燃容易，燃烧稳定。

总之，直流正极性优点较多，所以除铝、镁及其合金的焊接以外，TIG 焊一般都采用直流正极性焊接。

② 直流反极性法 直流反极性时焊件接电源负极，钨极接正极。这时焊件和钨极的导电和产热情况与直流正极性时相反。由于焊件一般熔点较低，电子发射比较困难，往往只能在焊件表面温度较高的阴极斑点处发射电子，而阴极斑点总是出现在电子逸出功较低的氧化膜处。当阴极斑点受到弧柱中来的正离子流的强烈撞击时，温度很高，氧化膜很快被汽化破碎，显露出纯洁的焊件金属表面，电子发射条件也由此变差。这时阴极斑点就会自动转移到附近有氧化膜存在的地方，如此下去，就会把焊件焊接区表面的氧化膜清除掉，这种现象称为阴极破碎（或称阴极雾化）现象。

阴极破碎现象对于焊接工件表面存在难熔氧化物的金属有特殊的意义，如铝是易氧化的金属，它的表面有一层致密的 Al_2O_3 附着层，它的熔点为 2050℃，比铝的熔点（657℃）高很多，用一般的方法很难去除铝的表面氧化层，使焊接过程难以顺利。若用直流反极性 TIG 焊则可获得弧到膜除的显著效果，使焊缝表面光亮美观，成形良好。

但是直流反极性时钨极处于正极，TIG 焊阳极产热量多于阴极（有关资料指出：2/3 的热量产生于阳极，1/3 的热量产生于阴极），大量电子撞击钨极，放出大量热量，很容易使钨极过热熔化而烧损，使用同样直径的电极时，就必须减小许用电流或者为了满足焊接电流的要求，就必须使用更大直径的电极（见表 5-6）；另一方面，由于在焊件上放出的热量不多，使焊缝熔深浅 [见图 5-22 (b)]，生产率低。所以 TIG 焊中，除了铝、镁及其合金的薄件焊接外，很少采用直流反极性法。

表 5-6　电流种类和极性不同时纯钨极的许用电流

钨极直径/mm 电流种类和极性	许用电流/A				
	1～2	3	4	5	6
交流	20～100	100～160	140～220	220～280	250～360
直流正接	65～150	140～180	250～340	300～400	350～450
直流反接	10～30	20～40	30～50	40～80	60～100

(2) 交流 TIG 焊

交流 TIG 焊时，电流极性每半个周期交换一次，因而兼备了直流正极性法和直流反极性法两者的优点。在交流负极性半周里，焊件金属表面氧化膜会因"阴极破碎"作用而被清除；在交流正极性半周里，钨极又可以得到一定程度的冷却，可减轻钨极烧损，且此时发射电子容易，有利于电弧的稳定燃烧。交流 TIG 焊时，焊缝形状也介于直流正极性与直流反极性之间 [见图 5-22 (c)]。实践证明，用交流 TIG 焊焊接铝、镁及其合金能获得满意的焊接质量。

但是，由于交流电弧每秒钟要 100 次过零点，加上交流电弧在正负半周里导电情况的差别，又出现了交流电弧过零点后复燃困难和焊接回路中产生直流分量的问题。必须采取适当的措施才能保证焊接过程的稳定进行。

综上所述，TIG 焊既可以使用交流电流也可以使用直流电流进行焊接，对于直流电流还有极性选择的问题。焊接时应根据被焊材料来选择适当的电流和极性。表 5-7 为被焊材料与电流种类或极性选择的关系。

表 5-7　被焊材料与电流种类或极性的选择

材　料	直　流		交　流
	正 极 性	反 极 性	
铝（2.4mm 以下）	×	O	△
铝（2.4mm 以上）	×	×	△
铝青铜、铍青铜	×	O	△
铸　铝	×	×	△
黄铜、铜基合金	△	×	O
铸　铁	△	×	O
异种金属	△	×	O
合金钢堆焊	O	×	△
低碳钢、高碳钢、低合金钢	△	×	O
镁（3mm 以下）	×	O	△
镁（3mm 以上）	×	×	△
镁铸件	×	O	△
高合金、镍及镍基合金、不锈钢	△	×	O
钛	△	×	O

注：△最佳；O 良好；×最差。

5.3.3 TIG焊工艺

(1) 焊前清理

① 清除油污、灰尘 常用汽油、丙酮等有机溶剂清洗焊件与焊丝表面。也可按焊接生产说明书规定的其他方法进行。

② 清除氧化膜 常用的方法有机械清理和化学清理两种，或两者联合进行。

机械清理主要用于焊件，有机械加工、吹砂、磨削及抛光等方法。对于不锈钢或高温合金焊件，常用砂布打磨或抛光法，将焊件接头两侧30～50mm宽度内的氧化膜清除掉；铝及其合金由于材质较软，不宜用吹砂清理，可用细钢丝轮、钢丝刷或刮刀将焊件接头两侧一定范围的氧化膜除掉。但这些方法生产效率低，所以成批生产时常用化学法。

化学法对于铝、镁、钛及其合金等有色金属的焊件与焊丝表面氧化膜的清理效果好，且生产率高。不同金属材料所采用的化学清理剂与清理程序是不一样的，可按焊接生产说明书的规定进行。铝及其合金的化学清理工序见表5-8。

清理后的焊件与焊丝必须妥善放置与保管，一般应在24h内焊接完。如果存放中弄脏或放置时间太长，其表面氧化膜仍会增厚并吸附水分，因而为保证焊缝质量，必须在焊前重新清理。

表5-8 铝及其合金的化学清理

材料	碱 洗			冲洗	光 化			冲 洗	干燥/℃
	$w(NaOH)/\%$	温度/℃	时间/min		$w(HNO_3)/\%$	温度/℃	时间/min		
纯铝	15	室温	10～15	冷净水	30	室温	2	冷净水	60～110
	4～5	6～70	1～2						
铝合金	8	5～60	5	冷净水	30	室温	2	冷净水	60～110

(2) 焊接工艺参数的影响及选择

TIG焊的焊接工艺参数有：焊接电流、电弧电压（电弧长度）、焊接速度、填丝速度、保护气体流量与喷嘴孔径、钨极直径与形状等。合理的焊接工艺参数是获得优质焊接接头的重要保证。

① 焊接工艺参数对焊缝成形和焊接过程的影响

a. 焊接电流 焊接电流是TIG焊的主要参数。在其他条件不变的情况下，电弧能量与焊接电流成正比；焊接电流越大，可焊接的材料厚度越大。因此，焊接电流是根据焊件的材料性质与厚度来确定的。随着焊接电流的增大（或减小），凹陷深度 a_1、背面焊缝余高 e、熔透深度 s 以及焊缝宽度 c 都相应地增大（或减小），而焊缝余高 h 相应地减小（或增大），如图5-23所示。当焊接电流太大时，易引起焊缝咬边、焊漏等缺陷；反之，焊接电流太小时，易形成未焊透焊缝。

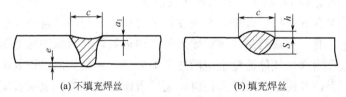

(a) 不填充焊丝　　　　　(b) 填充焊丝

图5-23 TIG焊焊缝截面

b. 电弧电压（或电弧长度） 当弧长增加时，电弧电压即增加，焊缝熔宽 c 和加热面积都略有增大。但弧长超过一定范围后，会因电弧热量的分散使热效率下降，电弧力对熔池的作用减小，熔宽 c 和母材熔化面积均减小。同时电弧长度还影响到气体保护效果的好坏。由图 5-24 知，在一定限度内，喷嘴到焊件间距离 L 越短，则保护效果就越好。一般在保证不短接的情况下，应尽量采用较短的电弧进行焊接。不加填充焊丝焊接时，弧长以控制在 $1 \sim 3mm$ 之间为宜，加填充焊丝焊接时，弧长约 $3 \sim 6mm$。

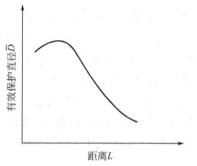

图 5-24　喷嘴到工件的距离与有效保护区大小的关系

c. 焊接速度　焊接时，焊缝获得的热输入反比于焊接速度。在其他条件不变的情况下，焊接速度越小，热输入越大，则焊接凹陷深度 a_1、熔透深度 s、熔宽 c 都相应增大。反之上述参数减小。

当焊接速度过快时，焊缝易产生未焊透、气孔、夹渣和裂纹等缺陷。反之，焊接速度过慢时，焊缝又易产生焊穿和咬边现象。从影响气体保护效果这方面来看，随着焊接速度的增大，从喷嘴喷出的柔性保护气流套，因为受到前方静止空气的阻滞作用，会产生变形和弯曲，如图 5-25 所示。当焊接速度过快时，就可能使电极末端、部分电弧和熔池暴露在空气中，见图 5-25（c），从而恶化了保护作用。这种情况在自动高速焊时容易出现。此时，为了扩大有效保护范围，可适当加大喷嘴孔径和保护气流量。

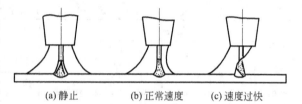

(a) 静止　　(b) 正常速度　　(c) 速度过快

图 5-25　焊接速度对气体保护效果的影响

鉴于以上原因，在 TIG 焊时，采用较低的焊接速度比较有利。焊接不锈钢、耐热合金和钛及钛合金材料时，尤其要注意选用较低的焊接速度，以便得到较大范围的气保护区域。

d. 填丝速度与焊丝直径　焊丝的填送速度与焊丝的直径、焊接电流、焊接速度、接头间隙等因素有关。一般焊丝直径大时送丝速度慢，焊接电流、焊接速度、接头间隙大时，送丝速度快。送丝速度选择不当，可能造成焊缝出现未焊透、烧穿、焊缝凹陷、焊缝堆高太高、成形不光滑等缺陷。

焊丝直径与焊接板厚及接头间隙有关。当板厚及接头间隙大时，焊丝直径可选大一些。焊丝直径选择不当可能造成焊缝成形不好，焊缝堆高过高或未焊透等缺陷。

e. 保护气体流量和喷嘴直径　保护气流量和喷嘴孔径的选择是影响气保护效果的重要因素。气体流量 q 和喷嘴直径 D 与气体保护有效直径 D_y 之间的关系如图 5-26 所示。可见，无论是气体流量 q 或是喷嘴直径 D，在一定条件下，都有一个最佳值（M 点），在这个最佳值时，气体保护有效直径 D_y 最大，其保护效果最佳。

因此，为了获得良好的保护效果，必须使保护气体流量与喷嘴直径匹配，也就是说，对于一定直径的喷嘴，有一个获得最佳保护效果的气体流量，此时保护区范围最大，保护效果最好。如果喷嘴直径增大，气体流量也应随之增加才可得到良好的保护效果。

另外，在确定保护气流量和喷嘴孔径时，还要考虑焊接电流和电弧长度的影响。当焊接电流或电弧长度增大时，电弧功率增大，温度剧增，对气流的热扰动加强。因此，为了保持良好的保护效果，则需要相应增大喷嘴直径和气体流量。

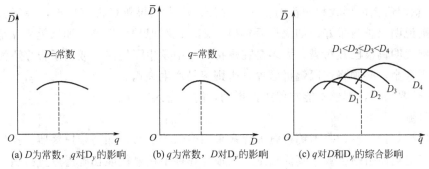

图 5-26　气体流量 q 和喷嘴内径 D 对气体保护效果的影响

f. 电极直径和端部形状　钨极直径的选择取决于焊件厚度、焊接电流的大小、电流种类和极性。原则上应尽可能选择小的电极直径来承担所需要的焊接电流。此外，钨极的许用电流还与钨极的伸出长度及冷却程度有关，如果伸出长度较大或冷却条件不良，则许用电流将下降。一般钨极的伸出长度为 5～10mm。

钨极直径大小和端部的形状影响电弧的稳定性和焊缝成形，因此 TIG 焊应根据焊接电流大小来确定钨极的形状。在焊接薄板或焊接电流较小时，为便于引弧和稳弧可用小直径钨极并磨成约 20° 的尖锥角。电流较大时，电极锥角小将导致弧柱的扩散，焊缝成形呈厚度小而宽度大的现象。电流越大，上述变化越明显。因此，大电流焊接时，应将电极磨成钝角或平顶锥形。这样，可使弧柱扩散减小，对焊件加热集中。

② 焊接参数的选择　在焊接过程中，每一项参数都直接影响焊接质量，而且各参数之间又相互影响，相互制约。为了获得优质的焊缝，除注意各焊接参数对焊缝成形和焊接过程的影响外，还必须考虑各参数的综合影响，即应使各项参数合理匹配。

TIG 焊时，首先应根据焊件材料的性质与厚度参考现有资料确定适当的焊接电流和焊接速度进行试焊。再根据试焊结果调整有关参数，直至符合要求。

表 5-9 列出了 TIG 焊的焊接工艺参数，供参考。

表 5-9　不锈钢对接接头手工钨极氩弧焊焊接工艺参数

板厚/mm	坡口形式	焊接位置	焊道层数	焊接电流/A	焊接速度/mm·min^{-1}	钨极直径/mm	焊丝直径/mm	氩气流量/L·min^{-1}
1	I形 $b=0$	平 立	1 1	50～80 50～80	100～120 80～100	1.6	1	4～6
2.4	I形 $b=0～1$	平 立	1	80～120 80～120	100～120 80～100	1.6	1～2	6～10
3.2	I形 $b=0～2$	平 立	2	105～150	100～120 80～120	2.4	2～3.2	6～10
4	I形 $b=0～2$	平 立	2	150～200	100～150 80～120	2.4	3.2～4	6～10
6	Y形 $b=0～2$ $p=0～2$	平 立	3 2	180～230 150～200	100～150 80～120	2.4	3.2～4	6～10

5.3.4　TIG 焊操作技术

为了保证手工钨极氩弧焊的质量，在焊接过程中要始终注意以下几个问题：

① 保持正确的持枪姿式，随时调整焊枪角度及喷嘴高度，既有可靠的保护效果，又便于观察熔池。

②注意焊后钨极形状和颜色的变化。焊接过程中如果钨极没有变形，焊后钨极端部为银白色，则说明保护效果好；如果焊后钨极发蓝，说明保护效果差；如果钨极端部发黑或有瘤状物，则说明钨极已被污染，大多是在焊接过程中发生了短路，或沾了很多飞溅，使钨极端头变成了合金，必须将这段钨极磨掉，否则容易产生夹钨。

③送丝要均匀，焊丝不能在保护区搅动，防止卷入空气。

(1) 引弧

为了提高焊接质量，手工钨极氩弧焊多采用引弧器引弧，如高频振荡器或高压脉冲发生器，使氩气电离而引燃电弧。其优点是：钨极与焊件不接触就能在施焊点直接引燃电弧，钨极端部损耗小；引弧处焊接质量高不会产生夹钨等缺陷。

(2) 定位焊

为了防止焊接时焊件的变形，必须保证定位焊缝的距离，可按表 5-10 选择。

表 5-10　定位焊缝的距离

板厚/mm	0.5～0.8	1～2	>2
定位焊缝的间距/mm	≈20	50～100	≈200

由于定位焊缝是将来焊缝的一部分，故必须焊牢，不允许有缺陷，如果该焊缝要求单面焊双面成形，则定位焊缝必须焊透。

必须按正式的焊接工艺要求焊定位焊缝。如正式焊缝要求预热、缓冷，则定位焊焊前也要预热，焊后也要缓冷。

定位焊缝不能太高，以免焊接到定位焊缝处接头困难。如果遇到这种情况，最好将定位焊缝磨低些，两端磨成斜坡，以便于焊接时好接头。

如果定位焊缝上发现有裂纹、气孔等缺陷，应将这段定位焊缝打磨掉进行重焊，不允许用重熔的方法进行修补。

(3) 焊接

①打底焊　打底焊缝最好不在中途停止；如中途有停止时，则接头必须严格按要求进行打磨。而且，打底焊缝应有一定厚度：对于壁厚不大于 10mm 的管子，其厚度不得小于 2～3mm；壁厚大于 10mm 的管子，其厚度不得小于 4～5mm，打底焊缝需经自检合格后，才能填充焊接。

②焊接　焊接时要保证焊枪的角度及送丝位置，力求做到送丝均匀，才能保证焊缝成形。

为了获得比较宽的焊道，保证坡口两侧的熔合质量，焊枪也可作横向摆动，但摆动频率不能太高，幅度不能太大，以不破坏熔池的保护效果为原则，由操作者灵活掌握。

打底层焊完后，进行第二层焊接时，应注意不得将打底焊道烧穿，防止焊道下凹或背面剧烈氧化。

③焊接接头质量的控制　无论打底层焊接还是填充层焊接，控制焊接接头的质量是很重要的。因为接头是两段焊缝交接的地方，由于温度的差别和填充金属量的变化，接头处易出现超高、缺肉、未焊透、夹渣或夹杂、气孔等缺陷，所以焊接时应尽量避免停弧，减少接头次数。但在实际操作时，由于需要更换焊丝、更换钨极以及焊接位置的变化，或要求对称分段焊接等必须停弧，所以接头是不可避免的，因此就应尽可能地设法控制接头的质量。控制焊接接头的质量有以下方法。

a. 接头处要有斜坡，不能有死角。

b. 重新引弧的位置在原弧坑后面，使焊缝重叠 20～30mm，重叠处一般不加或只加少量焊丝。

c. 熔池要贯穿到接头的根部，以确保接头处熔透。

（4）填丝

① 填丝的基本操作技术

a. 连续填丝 这种填丝操作技术较好，对保护层的扰动小，但比较难掌握。连续填丝时，要求焊丝平直，用左手拇指、食指、中指配合动作送丝，无名指和小指夹住焊丝控制方向，如图 5-27 所示。

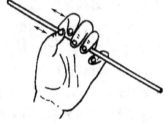

图 5-27 连续填丝操作技术

连续填丝时手臂动作不大，待焊丝快用完时，才前移。当填丝量较大，采用较大的焊接参数时，多采用此法。

b. 断续送丝 以左手拇指、食指、中指捏紧焊丝，焊丝末端应始终处于氩气保护区内。填丝动作要轻，不得扰动氩气层，以防止空气侵入。更不能像气焊那样在熔池中搅拌，而是靠手臂和手腕的上、下反复动作，将焊丝端部的熔滴送入熔池，全位置焊时多采用此法。

c. 焊丝贴紧坡口或钝边一起熔入 即将焊丝弯成弧形，紧贴在坡口间隙处，焊接电弧熔化坡口钝边的同时也熔化了焊丝。由于坡口间隙应小于焊丝直径，此法可避免焊丝遮住操作者视线，适用于困难位置的焊接。

② 填丝注意事项

a. 必须等坡口两侧熔化后才填丝，以免造成熔合不良。

b. 填丝时，焊丝应与焊件表面夹角成 15°，快速地从熔池前沿点进，随后撤回，如此反复动作。

c. 填丝要均匀，快慢要适当。过快焊缝余高大；过慢则产生焊缝下凹和咬边。焊丝端头应始终处于在氩气保护区内。

d. 对于坡口间隙大于焊丝直径时，焊丝应跟随电弧作同步横向摆动。无论采用哪种填丝动作，送丝速度均应与焊接速度相匹配。

e. 填充焊丝，不应把焊丝直接放在电弧下面，把焊丝抬得过高也是不适宜的，不应让熔滴向熔池"滴渡"。填丝位置的正确与否的示意如图 5-28 所示。

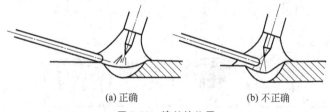

(a) 正确　　　(b) 不正确

图 5-28 填丝的位置

f. 操作过程中，如不慎使钨极与焊丝相碰，发生瞬时短路，将产生很大的飞溅和烟雾，会造成焊缝污染和夹钨。这时应立即停止焊接，用砂轮磨掉被污染处，直到磨出金属光泽。被污染的钨极，应在别处重新引弧熔化掉污染端部，或重新磨尖后，方可继续焊接。

g. 撤回焊丝时，切记不要让焊丝端头撤出氩气保护区，以免焊丝端头被氧化，在下次点进时送入熔池，造成氧化物夹渣或产生气孔。

（5）收弧

收弧不当，会影响焊缝质量，使弧坑过深或产生弧坑裂纹，甚至造成返修。一般氩弧焊设备都配有电流自动衰减装置，若无电流衰减装置时，多采用改变操作方法来收弧，其基本要点是逐渐减少热量输入，如改变焊枪角度、拉长电弧、加大焊速。对于管子封闭焊缝，最后的收弧一般多采用稍拉长电弧，重叠焊缝 20～40mm，在重叠部分不加或少加焊丝。停弧后，氩气开关应延时 10s 左右关闭（一般设备上都有提前送气、滞后关气的装置），防止金属在高温下继续氧化。

5.4　埋弧焊

5.4.1　埋弧焊特点及应用

埋弧焊是目前广泛使用的一种生产效率较高的机械化焊接方法。它与焊条电弧焊相比，虽然灵活性差一些，但焊接质量好、效率高、成本低，劳动条件好。

(1) 埋弧焊原理

埋弧焊是电弧在焊剂层下燃烧进行焊接的方法。这种方法是利用焊丝和焊件之间燃烧的电弧产生热量，熔化焊丝、焊剂和母材而形成焊缝的。焊丝作为填充金属，而焊剂则对焊接区起保护和合金化作用。由于焊接时电弧掩埋在焊剂层下燃烧，电弧光不外露，因此被称为埋弧焊。

埋弧焊的焊接过程如图 5-29 所示。焊接时电源的两极分别接在导电嘴和焊件上，焊丝通过导电嘴与焊件接触，在焊丝周围撒上焊剂，然后接通电源，则电流经过导电嘴、焊丝与焊件构成焊接回路。焊接时，焊机的启动、引弧、送丝、机头（或焊件）移动等过程全由焊机进行机械化控制，焊工只需按动相应的按钮即可完成工作。

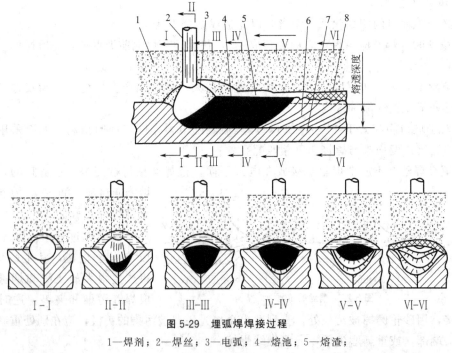

图 5-29　埋弧焊焊接过程

1—焊剂；2—焊丝；3—电弧；4—熔池；5—熔渣；
6—焊缝；7—工件；8—焊渣

当焊丝和焊件之间引燃电弧后，电弧的热量使周围的焊剂熔化形成熔渣，部分焊剂分解、蒸发成气体，气体排开熔渣形成一个气泡，电弧就在这个气泡中燃烧。连续送入电弧的焊丝在电弧高温作用下加热熔化，与熔化的母材混合形成金属熔池。熔池上覆盖着一层熔渣，熔渣外层是未熔化的焊剂，它们一起保护着熔池，使其与周围空气隔离，并使有碍操作的电弧光辐射不能散射出来。电弧向前移动时，电弧力将熔池中的液态金属排向后方，则熔池前方的金属就暴露在电弧的强烈辐射下而熔化，形成新的熔池，而电弧后方的熔池金属则冷却凝固成焊缝，熔渣也凝固成焊渣覆盖在焊缝表面。熔渣除了对熔池和焊缝金属起机械保护作用外，焊接过程中还与熔化金属发生冶金反应，从而影响焊缝金属的化学成分。由于熔渣的凝固温度低于液态金属的结晶温度，熔渣总是比液态金属凝固迟一些。这就使混入熔池的熔渣、溶解在液态金属中的气体和冶金反应中产生的气体能够不断地逸出，使焊缝不易产生夹渣和气孔等缺陷。未熔化的焊剂不仅具有隔离空气、屏蔽电弧光的作用，也提高了电弧的热效率。

（2）埋弧焊的特点

① 埋弧焊的主要优点

a. 焊接生产率高　这主要是因为埋弧焊是经过导电嘴将焊接电流导入焊丝的，与焊条电弧焊相比，导电的焊丝长度短，其表面又无药皮包覆，不存在药皮成分受热分解的限制，所以允许使用比焊条电弧焊大得多的电流（见表 5-11），使得埋弧焊的电弧功率、熔透深度及焊丝的熔化速度都相应增大。在特定条件下，可实现 20mm 以下钢板开 I 形坡口一次焊透。另外，由于焊剂和熔渣的隔热作用，电弧基本上没有热的辐射散失，金属飞溅也小，虽然用于熔化焊剂的热量损耗较大，但总的热效率仍然大大增加（见表 5-12）。因此使埋弧焊的焊接速度大大提高，最高可达 60～150m/h，而焊条电弧焊则不超过 6～8m/h，故埋弧焊与焊条电弧焊相比有更高的生产率。

表 5-11　焊条电弧焊与埋弧焊的焊接电流和电流密度比较

焊条芯或焊丝直径 /mm	焊条电弧焊		埋弧焊	
	焊接电流/A	电流密度/A·mm⁻²	焊接电流/A	电流密度/A·mm⁻²
φ1.6	25～34	12.5～20.0	150～400	74.6～199.0
φ2.0	40～65	12.7～20.7	200～600	63.7～191.0
φ2.5	50～80	10.2～16.3	260～700	53.0～142.7
φ3.2	100～130	12.4～16.2	300～900	37.3～112.0
φ4.0	160～210	14.4～16.7	400～1000	31.8～79.6
φ5.0	200～270	10.2～13.8	520～1100	26.5～56.0
φ5.8	260～300	9.8～11.4	600～1200	22.7～45.4

表 5-12　焊条电弧焊与埋弧焊的热量平衡比较

焊接方法	产　热/%		耗　热/%					
	两个极区	弧柱	辐射	飞溅	熔化焊条	熔化母材	母材传热	熔化药皮或焊剂
焊条电弧焊	66	34	22	10	23	8	30	7
埋弧焊	54	46	1	1	27	45	3	25

b. 焊缝质量好　这首先是因为埋弧焊时电弧及熔池均处在焊剂与熔渣的保护之中，保护效果比焊条电弧焊好。从其电弧气氛组成来看（见表 5-13），主要成分为 CO 和 H_2 气体，是具有一定还原性的气体，因而可使焊缝金属中的氮含量、氧含量大大降低。其次，焊剂的存在也使熔池金属凝固速度减缓，液态金属与熔化的焊剂之间有较多的时间进行冶金反应，减少了焊缝中产生气孔、裂纹等缺陷的可能性，焊缝化学成分稳定，表面成形美观，力学性能好。此外，埋弧焊时，焊接参数可通过自动调节保持稳定，焊缝质量对焊工操作技术的依

赖程度亦可大大降低。

表 5-13　焊条电弧焊与埋弧焊电弧区的气体成分

焊接方法	电弧中的气体成分 $\phi^{①}$/%					焊缝中含氮量 $\phi(N)$/%
	CO	CO_2	H_2	N_2	$w(H_2O)^{②}$	
焊条电弧焊（钛型）	46.7	5.3	34.5	—	13.5	0.02
埋弧焊（HJ431）	89～93	—	7～9	≤1.5	—	0.002

① ϕ 为体积分数。

② $w(H_2O)$ 为质量分数。

　　c. 焊接成本较低　这首先是由于埋弧焊使用的焊接电流大，可使焊件获得较大的熔深，故埋弧焊时焊件可开 I 形坡口或开小角度坡口，因而既节约了因加工坡口而消耗掉的焊件金属和加工工时，也减少了焊缝中焊丝的填充量。而且，由于焊接时金属飞溅极少，又没有焊条头的损失，所以也节约了填充金属。此外，埋弧焊的热量集中，热效率高，故在单位长度焊缝上所消耗的电能也大大减少。正是由于上述原因，在使用埋弧焊焊接厚大焊件时，可获得较好的经济效益。

　　d. 劳动条件好　由于埋弧焊实现了焊接过程的机械化，操作较简便，焊接过程中操作者只是监控焊机，因而大大减轻了焊工的劳动强度。另外，埋弧焊时电弧是在焊剂层下燃烧，没有弧光的有害影响，放出的烟尘和有害气体也较少，所以焊工的劳动条件大为改善。

　　② 埋弧焊的主要缺点

　　a. 难以在空间位置施焊　这主要是因为采用颗粒状焊剂，而且埋弧焊的熔池也比焊条电弧焊的大得多，为保证焊剂、熔池金属和熔渣不流失，埋弧焊通常只适用于平焊或倾斜角度不大的位置焊接。其他位置的埋弧焊需采用特殊措施保证焊剂能覆盖焊接区时才能进行焊接。

　　b. 对焊件装配质量要求高　由于电弧埋在焊剂层下，操作人员不能直接观察电弧与坡口的相对位置，当焊件装配质量不好时易焊偏而影响焊接质量。因此，埋弧焊时焊件装配必须保证接口中间隙均匀、焊件平整无错边现象。

　　c. 不适合焊接薄板和短焊缝　这是由于埋弧焊电弧的电场强度较高，焊接电流小于100A 时电弧稳定性不好，故不适合焊接太薄的件。另外，埋弧焊由于受焊接小车的机动灵活性差的影响，一般只适合焊接长直焊缝或大圆弧焊缝；对于焊接弯曲、不规则的焊缝或短焊缝则比较困难。

　　(3) 埋弧的分类及应用

　　① 分类　近年来，埋弧焊作为一种高效、优质的焊接方法有了很大的发展，已演变出多种埋弧焊工艺方法并在工业生产中得到实际应用。埋弧焊按送丝方式、焊丝数量及形状、焊缝成形条件等分成多种类型，见表 5-14。

　　② 应用

　　a. 焊缝类型和焊件厚度　凡是焊缝可以保持在水平位置或倾斜度不大的焊件，不管是对接、角接和搭接接头，都可以用埋弧焊缝、各种焊接结构中的角缝和搭接缝等。

表 5-14 埋弧焊工艺方法分类

分类依据	分类名称	应用范围
按送丝方式	等速送丝埋弧焊	细焊丝高电流密度
	变速送丝埋弧焊	粗焊丝低电流密度
按焊丝数目或形状	单丝埋弧焊	常规对接、角接、筒体纵缝、环缝焊
	双丝埋弧焊	高生产率对接、角接焊
	多丝埋弧焊	螺旋焊管等超高生产率对接焊
	带极埋弧焊	耐磨、耐蚀合金堆焊
按焊缝成形条件	双面埋弧焊	常规对接焊
	单面焊双面成形埋弧焊	高生产率对接焊，难以双面焊的对接焊

埋弧焊可焊接的焊件厚度范围很大。除了厚度在 5mm 以下的焊件由于容易烧穿，埋弧焊用得不多外，较厚的焊件都适用于埋弧焊焊接。目前，埋弧焊焊接的最大厚度已达 650mm。

b. 焊接材料种类 随着焊接冶金技术和焊接材料生产技术的发展，适合埋弧焊的材料已从碳素结构钢发展到低合金结构钢、不锈钢、耐热钢以及某些有色金属，如镍基合金、铜合金等。此外，埋弧焊还可在基体金属表面堆焊耐磨或耐腐蚀的合金层。铸铁因不能承受高热输入量引起的热应力，一般不能用埋弧焊焊接。铝、镁及其合金因没有适用的焊剂，目前，还不能使用埋弧焊焊接。铅、锌等低熔点金属材料也不适合用埋弧焊焊接。

可以看出，适宜于埋弧焊的范围是很广的。最能发挥埋弧焊快速、高效特点的生产领域，是造船、锅炉、化工容器、大型金属结构和工程机械等工业制造部门，是当今焊接生产中普遍使用的焊接方法之一。

埋弧焊还在不断发展之中，如多丝埋弧焊能达到厚板一次成形；窄间隙埋弧焊可使特厚板焊接提高生产效率，降低成本；埋弧堆焊能使焊件在满足使用要求的前提下节约贵重金属或提高使用寿命。这些新的、高效率的埋弧焊方法的出现，更进一步拓展了埋弧焊的应用范围。

5.4.2 埋弧焊的冶金过程

(1) 冶金过程的特点

埋弧焊的冶金过程是指液态熔渣与液态金属以及电弧气氛之间的相互作用，其中主要包括氧化、还原反应，脱硫脱磷反应以及去除气体等过程。埋弧焊冶金过程具有下列特点。

① 空气不易侵入焊接区 埋弧焊时，电弧在一层较厚的焊剂层下燃烧，部分焊剂在电弧热作用下立即熔化，形成液态熔渣和气泡，包围了整个焊接区和液态熔池，隔绝了周围的空气，产生了良好的保护作用。以低碳钢焊缝的含氮量为例来分析，焊条电弧焊（用优质药皮焊条焊接）的焊缝金属 $\phi(N)$ 为 $0.02\% \sim 0.03\%$，而埋弧焊焊缝金属 $\phi(N)$ 仅为 0.002%。故埋弧焊焊缝金属的塑性良好，具有较高的致密性和纯度。

② 冶金反应充分 埋弧焊时，由于热输入大以及焊剂的作用，不仅使熔池体积大，同时由于焊接熔池和凝固的焊缝金属被较厚的熔渣层覆盖，焊接区的冷却速度较慢，使熔池金属凝固速度减缓，所以埋弧焊时金属熔池处于液态的时间要比焊条电弧焊长几倍，这样液态金属与熔化的焊剂、熔渣之间有较多的孔、夹渣等缺陷。

③ 焊缝金属的合金成分易于控制　埋弧焊接过程中可以通过焊剂或焊丝对焊缝金属进行渗合金，焊接低碳钢时，可利用焊剂中的 SiO_2 和 MnO 的还原反应，对焊缝金属渗硅和渗锰，以保证焊缝金属应有的合金和力学性能。焊接合金钢时，通常利用相应的焊丝来保证焊缝金属的合金成分。因而，埋弧焊时焊缝金属的合金成分易于控制。

④ 焊缝金属纯度较高且成分均匀　埋弧焊过程中，高温熔渣具有较强的脱硫、脱磷作用，焊缝金属中的硫、磷含量可控制在很低的范围内；同时，熔渣亦具有去除气体成分的作用，因而大大降低了焊缝金属中氢和氧的含量，提高了焊缝金属的纯度。另外，埋弧焊时，由于焊接过程机械化操作，又有弧长自动调节系统，因此焊接参数（焊接电流、电弧电压及焊接速度）比焊条电弧焊稳定，即每单位时间内所熔化的金属和焊剂的数量较为稳定，因此焊缝金属的化学成分均匀。

(2) 低碳钢埋弧焊时的主要冶金反应

埋弧焊的冶金反应，主要是液态金属中某一元素被焊剂中某元素取代的反应。对于低碳钢埋弧焊来说，最主要的冶金反应有硅、锰的还原，碳的氧化（烧损）反应，以及焊缝中氢和硫、磷含量的控制等。

① 焊缝中硅、锰的还原反应　硅、锰是低碳钢焊缝金属中最重要的合金元素。锰可以降低焊缝中产生热裂纹的危险性，提高焊缝力学性能；硅可镇静焊接熔池，加快其脱氧过程，并保证焊缝金属的致密性。因此，必须有效控制熔池的冶金过程，保证焊缝金属中适当的硅、锰含量。

低碳钢埋弧焊时，主要采用高锰高硅低氟型熔炼焊剂“HJ430”和“HJ431”并配用 H08A 型焊丝。焊剂的主要成分是 MnO 和 SiO_2，它们的渣系为 $MnO\text{-}SiO_2$。因此焊接时在熔渣与液态金属间将会发生如下反应

$$2[Fe]+(SiO_2) \Longleftrightarrow 2(FeO)+[Si]$$

$$[Fe]+(MnO) \Longleftrightarrow (FeO)+[Mn]$$

式中 [ ] 表示在液态金属中含量，（ ）表示在熔渣中含量。由于 (SiO_2) 和 (MnO) 的浓度较高，因此该反应将向 Si、Mn 还原的方向进行。还原生成的 Si、Mn 元素则过渡到焊缝中去，而生成的 FeO 大部分进入熔渣，只有少量残留在焊缝金属中。埋弧焊时 Si、Mn 的还原程度以及向焊缝过渡的多少取决于焊剂成分、焊丝成分和焊接参数等因素。在上述诸因素的影响下，由实验得知用高锰高硅低氟焊剂焊接低碳钢时，通常 $w(Mn)$ 的过渡量为 $0.1\%\sim0.4\%$，而 $w(Si)$ 的过渡量为 $0.1\%\sim0.3\%$。在实际生产条件下，可以根据焊缝化学成分的要求，调节上述各种因素，以达到控制硅、锰含量的目的。

② 埋弧焊时碳的氧化烧损　低碳钢埋弧焊时，由于使用的熔炼焊剂中不含碳元素，因而碳只能从焊丝及母材进入焊接熔池。焊丝熔滴中的碳在过渡过程中发生非常剧烈的氧化反应

$$C+O \Longleftrightarrow CO$$

在熔池内也有一部分碳被氧化，其结果将使焊缝中的碳元素烧损而出现脱碳现象。若增加焊丝中碳的含量，则碳的烧损量也增大。由于碳的剧烈氧化，熔池的搅动作用增强，使熔池中的气体容易析出，有利于遏制焊缝中气孔的形成。由于焊缝中碳的含量对焊缝的力学性能有很大的影响，所以碳烧损后必须补充其他强化焊缝金属的元素，才可保证焊缝力学性能的要求，这正是焊缝中硅、锰元素一般都比母材高的原因。

③ 硫、磷杂质的限制　硫、磷在金属中都是有害杂质，焊缝含硫量增加时会造成偏析

形成低温共晶，使产生热裂纹的倾向增大；焊缝含磷量增加时会引起金属的冷脆性，降低其冲击韧度。因此必须限制焊接材料中硫、磷的含量并控制其过渡。低碳钢埋弧焊所用的焊丝对硫、磷有严格的限制，一般要求 $w(S，P)≤0.040\%$。低碳钢埋弧焊常用的熔炼型焊剂可以在制造过程中通过冶炼限制硫、磷含量，使焊剂中的硫、磷含量控制在 $w(S，P)≤0.1\%$ 以下；而用非熔炼型焊剂焊接时焊缝中的硫、磷含量则较难控制。

④ 熔池中的去氢反应 埋弧焊时对氢的敏感性比较大，经研究和实验证实，氢是埋弧焊时产生气孔和冷裂纹的主要原因。而防止气孔和冷裂纹的重要措施就是去除熔池中的氢。去氢的途径主要有两条：一是杜绝氢的来源，这就要求清除焊丝和焊件表面的水分、铁锈、油和其他污物，并按要求烘干焊剂；二是通过冶金手段去除已混入熔池中的氢。后一种途径对于焊接冶金来说非常重要，这可利用由焊剂中加入的氟化物分解出的氟元素和某些氧化物中分解出的氧元素，通过高温冶金反应与氢结合成不溶于熔池的化合物 HF 和 OH 来加以去除。

5.4.3 埋弧焊应用

(1) 环缝埋弧焊

环缝埋弧焊是制造圆柱形容器最常用的一种焊接形式，它一般先在专用的焊剂垫上焊接内环缝，如图 5-30 所示，然后在滚轮转胎上焊接外环缝。由于筒体内通风较差，为改善劳动条件，环缝坡口通常采用不对称布置，将主要焊接工作量放在外环缝，内环缝主要起封底作用。焊接时，通常采用机头不动，让焊件匀速转动的方法进行焊接，焊件转动的切线速度即是焊接速度。环缝埋弧焊的焊接工艺可参照平板双面对接的焊接参数选区，焊接操作技术也与平板对接埋弧焊时的基本相同。

为了防止熔池中液态金属和熔渣从转动的焊件表面流失，无论焊接内环缝还是外环缝，焊丝位置都应逆焊件转动方向偏离中心线一定距离，使焊接熔池接近于水平位置，以获得较好成形。焊丝偏置距离随所焊筒体直径而变，一般为 30~80mm，如图 5-31 所示。

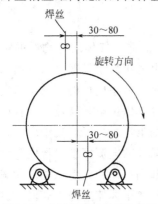

图 5-30 内环缝埋弧焊焊接示意

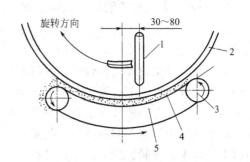

图 5-31 环缝埋弧焊焊丝偏移位置示意
1—焊丝；2—焊件；3—辊轮；4—焊剂垫；5—传动带

(2) T 形接头和搭接接头埋弧焊

T 形接头和搭接接头的焊缝均是角焊缝，用埋弧焊时可采用船形焊和横角焊两种形式。小焊件及焊件易翻转时多用船焊；大焊件及不易翻转时则用横角焊。

船形焊示意如图5-32所示。它是将装配好的焊件旋转一定的角度，相当于在呈 90°的 V 形坡口内进行平对接焊。由于焊丝为垂直状态，熔池处于水平位置，因而容易获得理想的焊缝形状。一次成形的焊脚尺寸较大，而且通过调整焊件旋转角度即图 5-32 中的 α 角就可有效地控制角焊缝两边融合面积的比例。当板厚相等即使 $\delta_1=\delta_2$ 时，可取 $\alpha=45°$，为对称船形焊，此时焊丝与接头中心线重合，熔池对称，焊缝在两板上的焊脚相等；当板厚不相等如 $\delta_1<\delta_2$ 时，取 $\alpha<45°$，此为不对称船形焊，焊丝与接头中心线不重合，使焊丝端头偏向厚板，因而熔合区偏向厚板一侧。

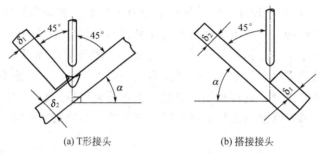

(a) T形接头　　(b) 搭接接头

图 5-32　船形焊缝埋弧焊示意图

船形焊对接头的装配质量要求较高，要求接头的装配间隙不得超过 1～1.5mm。否则，便需采取工艺措施，如预填焊丝、预封底或在接缝背面设置衬垫等，以防止熔化金属从装配间隙中流失。选择焊接参数时应注意电弧电压不能过高，以免产生咬边。此外焊缝的成形系数不大于 2 才有利于焊缝根部焊透，也可避免咬边现象。

5.5　等离子弧焊

5.5.1　等离子弧的形成及其特性

等离子弧是电弧的一种特殊形式，是自由电弧被压缩后形成的。从本质上讲，它仍然是一种气体放电的导电现象。

(1) 等离子弧的形成

① 等离子弧　现代物理学认为等离子体是除固体、液体、气体之外物质的第四种存在形态。它是充分电离了的气体，由带负电的电子、带正电的正离子及部分未电离的、中性的原子和分子组成。产生等离子体的方法很多。目前，焊接领域中应用的等离子弧实际上是一种压缩电弧，是由钨极气体保护电弧发展而来的。钨极气体保护电弧常被称为自由电弧，它燃烧于惰性气体保护下的钨极与焊件之间，其周围没有约束，当电弧电流增大时，弧柱直径也伴随增大，二者不能独立地进行调节，因此自由电弧弧柱的电流密度、温度和能量密度的增大均受到一定限制。实验证明，借助水冷铜喷嘴的外部拘束作用，使弧柱的横截面受到限制而不能自由扩大时，就可使电弧的温度、能量密度和等离子体流速都显著增大。这种用外部拘束作用使弧柱受到压缩的电弧就是通常所称的等离子弧。

② 等离子弧形成原理　目前广泛采用的压缩电弧的方法是将钨极缩入喷嘴内部，并且在水冷喷嘴中通以一定压力和流量的离子气，强迫电弧通过喷嘴孔道，以形成高温、高能量密度的等离子弧，如图 5-33 所示。此时电弧受到下述三种压缩作用。

a. 机械压缩效应　当把一个用水冷却的铜制喷嘴放置在其通道上，强迫这个"自由电弧"从细小的喷嘴孔中通过时，弧柱直径受到小孔直径的机械约束而不能自由扩大，而使电弧截面受到压缩。这种作用称为"机械压缩效应"。

b. 热收缩效应　水冷铜喷嘴的导热性很好，紧贴喷嘴孔道壁的"边界层"气体温度很低，电离度和导电性均降低。这就迫使带电粒子向温度更高、导电性更好的弧柱中心区集中，相当于外围的冷气流层迫使弧柱进一步收缩。这种作用称为"热收缩效应"。

c. 电磁收缩效应　这是由通电导体间相互吸引力产生的收缩作用。弧柱中带电的粒子流可被看成是无数条相互平行且通以同向电流的导体。在自身磁场作用下，产生相互吸引力，使导体相互靠近。导体间的距离越小，吸引力越大。这种导体自身磁场引起的收缩作用使弧柱进一步变细，电流密度与能量密度进一步增加。

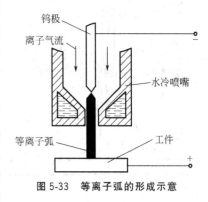

图 5-33　等离子弧的形成示意

电弧在三种压缩效应的作用下，直径变小、温度升高、气体的离子化程度提高、能量密度增大。最后与电弧的热扩散作用相平衡，形成稳定的压缩电弧。这就是工业中应用的等离子弧。作为热源，等离子弧获得了广泛的应用，可进行等离子弧焊接、等离子弧切割、等离子弧堆焊、等离子弧喷涂、等离子弧冶金等。

在上述三种压缩作用中，喷嘴孔径的机械压缩作用是前提；热收缩效应则是电弧被压缩的最主要的原因；电磁收缩效应是必然存在的，它对电弧的压缩也起到一定作用。

③ 等离子弧的影响因素　等离子弧是压缩电弧，其压缩程度直接影响等离子弧的温度、能量密度、弧柱挺度和电弧压力。影响等离子弧压缩程度的因素如下。

a. 等离子弧电流　当电流增大时，弧柱直径也要增大。因电流增大时，电弧温度升高，气体电离程度增大，因而弧柱直径增大。如果喷嘴孔径不变，则弧柱被压缩程度增大。

b. 喷嘴孔道形状和尺寸　喷嘴孔道形状和尺寸对电弧被压缩的程度具有较大的影响，特别是喷嘴孔径对电弧被压缩程度的影响更为显著。在其他条件不变的情况下，随喷嘴孔径的减小，电弧被压缩程度增大。

c. 离子气体的种类及流量　离子气体（工作气体）的作用主要是压缩电弧强迫通过喷嘴孔道，保护钨极不被氧化等。使用不同成分的气体作离子气时，由于气体的热导率和热熔值不同，对电弧的冷却作用不同，故电弧被压缩的程度不同。例如，在常用的氢、氮、氩三种气体中，氢气的热熔值最高，热导率最大，氮气次之，氩气最小。所以这三种气体对电弧的冷却作用随氢-氮-氩顺序递增，对电弧的压缩作用也以这个顺序递增。通过对离子气成分和流量的调节，可进一步提高、控制等离子弧的温度、能量密度及其稳定性。

改变和调节这些因素可以改变等离子弧的特性，使其压缩程度适应于切割、焊接、堆焊或喷涂等方法的不同要求。例如为了进行切割，要求等离子弧有很大的吹力和高度集中的能量，应选择较小的压缩喷嘴孔径、较大的等离子气流量、较大的电流和导热性好的气体；为进行焊接，则要求等离子弧的压缩程度适中，应选择较切割时稍大的喷嘴孔径、较小的等离子气流量。

(2) 等离子弧的特性

① 温度高、能量密度大。普通钨极氩弧的最高温度为 10000～24000K，能量密度在 $10^4 W/cm^2$ 以下。等离子弧的最高温度可达 24000～50000K，能量密度可达 $10^5 \sim 10^8 W/cm^2$，且稳定性好。等离子弧和钨极氩弧的温度比较如图 5-34 所示。

② 等离子弧的能量分布均衡。等离子弧由于弧柱被压缩，横截面减小，弧柱电场强度

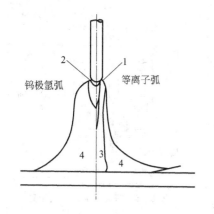

图 5-34 等离子弧和钨极氩弧的温度分布

1—24000～50000K；2—18000～24000K；

3—14000～18000K；4—10000～14000K

（钨极氩弧：200A，15V；等离子弧：

200A，30V；压缩孔径：2.4mm）

明显提高，因此等离子弧的最大压降是在弧柱区，加热金属时利用的主要是弧柱区的热功率，即利用弧柱等离子体的热能。所以说，等离子弧几乎在整个弧长上都具有高温。这一点和钨极氩弧是明显不同的。

③ 等离子弧的挺度好、冲力大。钨极氩弧的形状一般为圆锥形，扩散角在 45°左右；经过压缩后的等离子弧，其形态近似于圆柱形，电弧扩散角很小，约为 5°左右，因此挺度和指向性明显提高。等离子弧在三种压缩作用下，横截面缩小，温度升高，喷嘴内部的气体剧烈膨胀，迫使等离子体高速从喷嘴孔中喷出，因此冲力大，挺直性好。电流越大，等离子弧的冲力也越大，挺直性也就越好。当弧长发生相同的波动时，等离子弧加热面积的波动比钨极氩弧要小得多。例如，弧柱截面同样变化 20%，钨极氩弧的弧长波动只允许 0.12mm，而等离子弧的弧长波动仍可达 1.2mm。等离子弧和钨极氩弧的扩散角比较如图 5-35 所示。

④ 等离子弧的静特性曲线仍接近于 U 形。由于弧柱的横截面受到限制，等离子弧的电场强度增大，电弧电压明显提高，U 形曲线上移且其平直区域明显减小，如图 5-36 所示。使用小电流时，等离子弧仍具有缓降或平的静特性，但 U 形曲线的下降区斜率明显减小。所以在小电流时等离子弧静特性与电源外特性仍有稳定工作点。而钨极氩弧焊在小电流范围内其电弧的静特性曲线是陡降的，电流的微小变化将造成电弧电压的急剧变化，容易造成电弧的静特性曲线与电源外特性曲线相切，使电弧失稳。

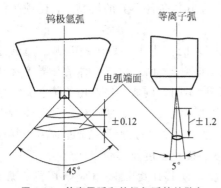

图 5-35 等离子弧和钨极氩弧的扩散角

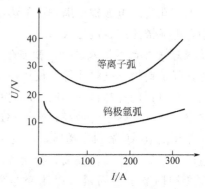

图 5-36 等离子弧的静特性

⑤ 等离子弧的稳定性好。等离子弧的电离度较钨极氩弧更高，因此稳定性好。外界气流和磁场对等离子弧的影响较小，不易发生电弧偏吹和漂移现象。焊接电流在 10A 以下时，一般的钨极氩弧很难稳定，常产生电弧漂移，指向性也常受到破坏。而采用微束等离子弧，当电流小至 0.1A 时，等离子弧仍可稳定燃烧，指向性和挺度均好。这些特性在用小电流焊接极薄焊件时特别有利。

（3）等离子弧的类型及应用

等离子弧按接线方式和工作方式不同，可分为非转移型、转移型和混合型三种类型，如图 5-37 所示。

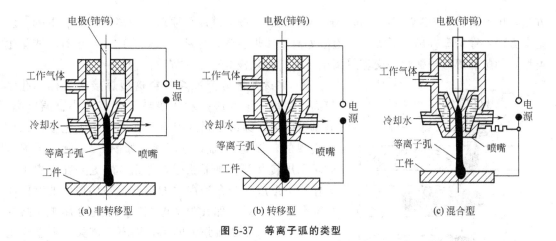

图 5-37 等离子弧的类型

① **非转移型等离子弧** 钨极接电源的负极，喷嘴接电源的正极，焊件不接电源，电弧是在钨极与喷嘴孔壁之间燃烧的，在离子气流的作用下电弧从喷嘴孔喷出，电弧受到压缩而形成等离子弧，一般将这种等离子弧称为等离子焰，如图 5-37 （a）所示。由于焊件不接电源，工作时只靠等离子焰来加热，故其温度比转移型等离子弧低，能量密度也没有转移型等离子弧高。喷嘴受热较多，大量热能通过喷嘴散失。所以喷嘴应更好地冷却，否则其寿命不长，非转移弧主要在等离子弧喷涂、焊接和切割较薄的金属及非金属时采用。

② **转移型等离子弧** 钨极接电源的负极、焊件接电源的正极，等离子弧燃烧于钨极与焊件之间，如图 5-37 （b）所示。但这种等离子弧不能直接产生，必须先在钨极和喷嘴之间接通维弧电源，以引燃小电流的非转移型弧（引导弧），然后将非转移型弧通过喷嘴过渡到焊件表面，再引燃钨极与焊件之间的转移型等离子弧（主弧），并自动切断维弧电源。采用转移弧工作时，等离子弧温度高、能量密度大，焊件上获得的热量多，热的有效利用率高。常用于等离子弧切割、等离子弧焊接和等离子弧堆焊等工艺方法中。

③ **混合型等离子弧** 在工作过程中非转移型弧和转移型弧同时存在，则称之为混合型（或联合型）等离子弧，如图 5-37 （c）所示。两者可以用两台单独的焊接电源供电，也可以用一台焊接电源中间串接一定电阻后向两个电弧供电。其中的转移弧主要用来加热焊件和填充金属，非转移弧用来协助转移弧的稳定燃烧（小电流时）和对填充金属进行预热（堆焊时）。混合型等离子弧稳定性好，电流很小时也能保持电弧稳定，主要用在微束等离子弧焊接和粉末等离子弧堆焊等工艺方法中。

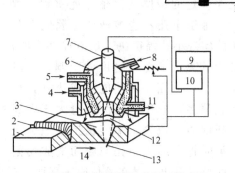

图 5-38 穿透型等离子弧焊示意

1—焊件；2—焊缝；3—液态熔池中的小孔；4—保护气；
5—进水；6—喷嘴；7—钨极；8—等离子气；
9—焊接电源；10—高频发生器；11—出水；
12—等离子弧；13—尾焰；14—焊接方向；
15—接头断面

5.5.2 等离子弧焊基本方法及应用

等离子弧焊是借助水冷喷嘴对电弧的拘束作用，获得高能量密度的等离子弧进行焊接的方法，国际统称为 PAW（Plasma Arc Welding）。按焊缝成形原理，等离子弧焊有下列三种基本方法：穿透型等离子弧焊、熔透型等离子弧焊、微束等离子弧焊。此外，还有一些派生类型，如脉冲等离子弧焊、交流等离子弧焊、熔化极等离子弧焊等。

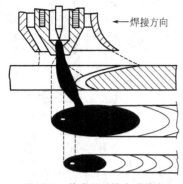

图 5-39 等离子弧的小孔效应

① 穿透型等离子弧焊 穿透型焊接法又称小孔型等离子弧焊。该方法是利用等离子弧直径小、温度高、能量密度大、穿透力强的特点，在适当的工艺参数条件下实现的，焊缝断面呈酒杯状，如图 5-38 所示。焊接时，采用转移型等离子弧把焊件完全熔透并在等离子流力作用下形成一个穿透焊件的小孔，并从焊件的背面喷出部分等离子弧（称其为"尾焰"）。熔化金属被排挤在小孔周围，依靠表面张力的承托而不会流失。随着焊枪向前移动，小孔也跟着焊枪移动，熔池中的液态金属在电弧吹力、表面张力作用下沿熔池壁向熔池尾部流动，并逐渐收口、凝固，形成完全熔透的正反面都有波纹的焊缝，这就是所谓的小孔效应。如图 5-39所示。利用这种小孔效应，不用衬垫就可实现单面焊双面成形。焊接时一般不加填充金属，但如果对焊缝余高有要求的话，也可加入填充金属。目前大电流（100～500A）等离子弧焊通常采用这种方法进行焊接。

采用穿透型焊接法时，要保证焊件完全熔透且正反面都能成形，关键是能形成穿透性的小孔，并精确控制小孔尺寸，以保持熔池金属平衡的要求。另外，小孔效应只有在足够的能量密度条件下才能形成。板厚增加时所需的能量密度也增加，而等离子弧的能量密度难以再进一步提高。因此，穿透型焊接法只能在一定的板厚条件下才能实现。焊件太薄时，由于小孔不能被液体金属完全封闭，故不能实现小孔焊接法。如果焊件太厚，一方面受到等离子弧能量密度的限制，形成小孔困难。另一方面，即使能形成小孔，也会因熔化金属多，液体金属的质量大于表面张力的承托能力而流失，不能保持熔池金属平衡，严重时将会形成小孔空腔而造成切割

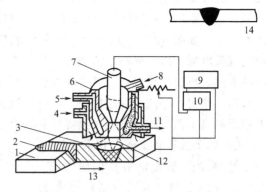

图 5-40 熔透型等离子弧焊示意
1—焊件；2—焊缝；3—液态熔池；4—保护气；
5—进水；6—喷嘴；7—钨极；8—等离子气；
9—焊接电源；10—高频发生器；11—出水；
12—等离子弧；13—焊接方向；
14—接头断面

现象。由此可以看出，对在液体时表面张力较大的金属（如钛等），穿透型焊接的厚度就可以大一些。此法在应用上最适于焊接 3～8mm 不锈钢、12mm 以下用钛合金、2～6mm 低碳钢或低合金结构钢以及铜、黄铜、镍及镍合金的对接焊。在上述厚度范围内可在不开坡口、不加填充金属、不用衬垫的条件下实现单面焊双面成形。当焊件厚度大于上述范围时，需开 V 形坡口进行多层焊。

② 熔透型等离子弧焊 熔透型等离子弧焊又称熔入型焊接法，它是采用较小的焊接电流（30～100A）和较低的离子气流量，采用混合型等离子弧焊接的方法。在焊接过程中不形成小孔效应，焊件背面无"尾焰"。液态金属熔池在弧柱的下面，靠熔池金属的

热传导作用熔透母材，实现焊透。焊缝断面形状呈碗状，如图 5-40 所示。熔透型等离子弧焊基本焊法与钨极氩弧焊相似。焊接时可加填充金属，也可不加填充金属。主要用于薄板（0.5～2.5mm 以下）的焊接、多层焊封底焊道以后各层的焊接以及角焊缝的焊接。

③ 微束等离子弧焊　焊接电流在 30A 以下的等离子弧通常称为微束等离子弧焊。有时也把焊接电流稍大的等离子弧归为此类。这种方法使用很小的喷嘴孔径（$\phi 0.5 \sim \phi 1.5mm$），得到针状细小的等离子弧，主要用于焊接厚度 1mm 以下的超薄、超小、精密的焊件。

微束等离子弧焊通常采用混合型等离子弧，采用两个独立焊接电源。其一向钨极与喷嘴之间的非转移弧供电，这个电弧称为维弧，其供电电源为维弧电源。维弧电流一般为 2～5A，维弧电源的空载电压一般大于 90V，以便引弧。另一个电源向钨极与焊件间的转移弧（主弧）供电，以进行焊接。焊接过程中两个电弧同时工作。维弧的作用是在小电流下帮助和维持转移弧工作。在焊接电流小于 10A 时维弧的作用尤为明显。当维弧电流大于 2A 时，转移型等离子弧在小至 0.1A 焊接电流下仍可稳定燃烧，因此小电流时微束等离子弧十分稳定。

上述三种等离子弧焊方法均可采用脉冲电流，借以提高焊接过程的稳定性，此时称为脉冲等离子弧焊。脉冲等离子弧焊易于控制热输入和熔池，适于全位置焊接，并且其焊接热影响区和焊接变形都更小。尤其是脉冲微束等离子弧焊，特点更突出，因而应用较广。

交流等离子弧焊具有阴极清理作用，主要用来焊接铝、镁及其合金。熔化极等离子弧焊实质上是一种等离子弧焊和 MIG 焊组合在一起的联焊方法。这两种方法特点不突出，目前用得尚不多。

5.5.3　等离子弧焊工艺

（1）等离子弧焊的工艺特点

① 由于等离子弧的温度高、能量密度大，因此等离子弧焊熔透能力强，可用比钨极氩弧焊高得多的焊接速度施焊。这不仅提高了焊接生产率，而且可减小熔宽、增大熔深，因而可减小热影响区宽度和焊接变形。

② 由于等离子弧的形态近似于圆柱形，挺度好，因此当弧长发生波动时熔池表面的加热面积变化不大，对焊缝成形的影响较小，容易得到均匀的焊缝成形。

③ 由于等离子弧的稳定性好，使用很小的焊接电流也能保证等离子弧的稳定，故可以焊接超薄件。

④ 由于钨极内缩在喷嘴里面，焊接时钨极与焊件不接触，因此可减少钨极烧损和防止焊缝金属夹钨。

（2）等离子弧焊工艺

① 接头形式　用于等离子弧焊接的通用接头形式为 I 形对接接头、开单面 V 形和双面 V 形坡口的对接接头以及开单面 U 形和双面 U 形坡口的对接接头。除此之外，也可用角接接头和 T 形接头。

a. 厚度大于 1.6mm，但小于表 5-15 所列厚度值的焊件，可不开坡口，采用穿透型焊接法一次焊透。

表 5-15　等离子弧焊一次焊透的焊件厚度　　　　　　　　　mm

材料	不锈钢	钛及钛合金	镍及镍合金	低碳钢
厚度范围	≤8	≤12	≤6	≤8

b. 对于厚度较大的焊件，需要开坡口进行多层焊。为使第一层焊缝即可采用穿透等焊接法，坡口钝边可留至 5mm，坡口角度也可减小。以后各层焊缝可采用熔透型焊接法焊接。

c. 焊件厚度如果在 0.025~1.6mm 之间，通常采用微束等离子弧焊接。常用接头形式如图 5-41 所示。焊接时要采用可靠的焊接夹具，以保证焊件的装配质量。装配间隙和错边量越小越好。

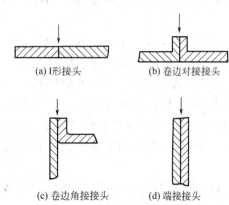

(a) I形接头　　(b) 卷边对接接头

(c) 卷边角接接头　　(d) 端接接头

图 5-41　微束等离子弧焊接头形式

② 焊接参数的选择　等离子弧焊焊接时，焊透母材的方式主要有穿透焊和熔透焊（包括微束等离子弧焊）两种。在采用穿透型等子弧焊时，焊接过程中确保小孔的稳定，是获得优质焊缝的前提。影响小孔稳定性的主要焊接工艺参数如下。

a. 喷嘴孔径　喷嘴孔径直接决定等离子弧的压缩程度，是选择其他参数的前提。在焊接生产过程中，当焊件厚度增大时，焊接电流也应增大，但一定孔径的喷嘴其许用电流是有限制的，见表 5-16。因此，一般应按焊件厚度和所需电流值确定喷嘴孔径。

表 5-16　喷嘴孔径与许用电流

喷嘴孔径/mm	1.0	2.0	2.5	3.0	3.5	4.0	4.5
许用电流/A	≤30	40~150	140~180	180~250	250~350	350~400	450~500

b. 焊接电流　当其他条件不变时，焊接电流增加，等离子弧的热功率也增加，熔透能力增强。因此，应根据焊件的材质和厚度首先确定焊接电流。在采用穿孔法焊接时，如果电流太小，则形成小孔的直径也小，甚至不能形成小孔，无法实现穿透法焊接；如果电流过大，则形成的小孔直径也过大，熔化金属过多，易造成熔池金属坠落，也无法实现穿透法焊接。同时，电流过大还容易引起双弧现象。因此，当喷嘴孔径及其他焊接参数一定时，焊接电流应控制在一定范围内。

c. 离子气种类及流量　目前应用最广的离子气是氩气，适用于所有金属。为提高焊接生产效率和改善接头质量，针对不同金属可在氩气中加入其他气体。例如，焊接不锈钢和镍合金时，可在氩气中加入体积分数为 5%~7.5% 的氢气；焊接钛及钛合金时，可在氩气中加入体积分数为 50%~75% 的氦气。

当其他条件不变时，离子气流量增加，等离子弧的冲力和穿透能力都增大。因此，要实现稳定的穿孔法焊接过程，必须要有足够的离子气流量；但离子气流量太大时，会使等离子弧的冲力过大将熔池金属冲掉，同样无法实现穿透法焊接。

d. 焊接速度　当其他条件不变时，提高焊接速度，则输入到焊缝的热量减少，在穿孔法焊接时，小孔直径将减小；如果焊速太高，则不能形成小孔，故不能实现穿透法焊接。焊接速度的确定，取决于焊接电流和离子气流量。

在穿透法焊接过程中，这三个参数应相互匹配。匹配的一般规律是：当焊接电流一定时，若增加离子气流量，则应相应增加焊接速度；当离子气流量一定时，若增加焊接速度，则应相应增加焊接电流；当焊接速度一定时，若增加离子气流量，则应相应减小焊接电流。

　　e. 喷嘴高度　喷嘴端面至焊件表面的距离为喷嘴高度。生产实践证明喷嘴高度应保持在 3～8mm 较为合适。如果喷嘴高度过大，会增加等离子弧的热损失，使熔透能力减小，保护效果变差；但若喷嘴高度太小，则不便操作，喷嘴也易被飞溅物堵塞，还容易产生双弧现象。

　　f. 保护气成分及流量　等离子弧焊时，除向焊枪输入离子气外，还要输入保护气，以充分保护熔池不受大气污染。大电流等离子弧焊时保护气与离子气成分应相同，否则会影响等离子弧的稳定性。小电流等离子弧焊时，离子气与保护气成分可以相同，也可以不同，因为此时气体成分对等离子弧的稳定性影响不大。保护气一般采用氩气，焊接铜、不锈钢、低合金钢时，为防止焊缝缺陷，通常在氩气中加一定量的氦气、氢气或二氧化碳等气体。保护气流量应与离子气流量有一个适当的比例。如果保护气流量过大，则会造成气流紊乱，影响等离子弧稳定性和保护效果。穿透法焊接时，保护气流量一般选择 15～30L/min。

【综合练习】

一、填空题

1. 焊条电弧焊常用的基本接头有_____、_____、_____和 T 形接头_____。

2. 焊接位置有_____、_____、_____和仰焊位置。

3. _____、_____、_____是 CO_2 焊中三个主要的问题。

4. CO_2 焊时可能会出现_____气孔、_____气孔、_____气孔。

5. CO_2 焊短路过渡时，采用_____焊丝、_____电压和_____电流。

6. CO_2 焊的基本操作由_____、_____、_____、_____等过程组成。

7. 在等离子弧形成过程中，电弧受到三种压缩作用，即_____、_____、_____。

8. 等离子弧按接线方式和工作方式不同，可分为_____、_____、_____三种类型。

9. 等离子弧焊有下列三种基本方法：_____等离子弧焊、_____等离子弧焊、_____等离子弧焊。

二、选择题

1. 焊条电弧焊是利用手工操纵焊条进行焊接的一种_____方法。
　　a. 电阻焊　　　　　　　　　　b. 钎焊
　　c. 电弧焊　　　　　　　　　　d. 摩擦焊

2. 最常用的熔焊方法是_____。
　　a. 焊条电弧焊　　　　　　　　b. 电渣焊
　　c. 钎焊　　　　　　　　　　　d. 点焊

3. _____是焊条电弧焊最重要的工艺参数。
　　a. 焊接电流　　　　　　　　　b. 电弧电压
　　c. 电源极性　　　　　　　　　d. 焊条直径

4. _____主要影响焊缝的宽窄。
　　a. 焊接电流　　　　　　　　　b. 电弧电压
　　c. 焊接位置　　　　　　　　　d. 焊条直径

5. 在焊条电弧焊中的_____由弧长决定。
　　a. 焊接电流　　　　　　　　　b. 电弧电压

　　c. 焊接速度　　　　　　　　　　d. 电源极性

6. 细丝 CO_2 焊焊丝直径为_____由弧长决定。

　　a. ≤0.8mm　　　　　　　　　　b. ≤1.0mm

　　c. ≤1.2mm　　　　　　　　　　d. ≤1.6mm

7. CO_2 焊时，_____气孔产生的主要原因是焊丝中脱氧剂不足，并且含 C 量过多。

　　a. 氢　　　　　　　　　　　　　b. 氧

　　c. 氮　　　　　　　　　　　　　d. CO

8. CO_2 焊_____主要用于焊接薄板及全位置焊接。

　　a. 细滴过渡　　　　　　　　　　b. 粗滴过渡

　　c. 短路过渡　　　　　　　　　　d. 射流过渡

9. 钨极惰性气体保护电弧焊简称_____焊

　　a. MIG　　　　　　　　　　　　b. TIG

　　c. MAG　　　　　　　　　　　　d. SMAW

10. TIG 焊_____焊接时，焊件接电源正极，钨极接电源负极。

　　a. 交流正极性法　　　　　　　　b. 交流反极性法

　　c. 直流正极性法　　　　　　　　d. 直流反极性法

三、判断题（正确的打"√"，错误的打"×"）

（　　）1. 焊条直径越细，熔化焊条所需的热量越大，必须增大焊接电流。

（　　）2. 横焊、立焊、仰焊位置焊接时，焊接电流应比平焊位置小 10%～20%。

（　　）3. 电弧电压越高，焊缝越窄。

（　　）4. 焊条电弧焊每层焊道厚度不能大于 4～5mm。

（　　）5. CO_2 气体保护焊是利用 CO_2 作为保护气体的非熔化极电弧焊方法。

（　　）6. CO_2 气体保护焊时，氢气孔产生的主要原因是保护气层遭到破坏，使大量空气侵入焊接区。

（　　）7. TIG 焊主要用于薄件焊接或厚件的打底焊。

（　　）8. 除铝、镁及其合金的焊接以外，TIG 焊一般都采用直流正极性焊接。

四、问答题

1. 焊条电弧焊有哪些优缺点？

2. 焊接定位焊缝时必须注意哪几点？

3. CO_2 焊有哪些特点？

4. CO_2 焊飞溅产生的原因是什么？如何防止？

5. TIG 焊具有哪些特点？

6. TIG 焊直流正极性有何特点？

7. 埋弧焊具有哪些特点？

8. 等离子弧有何特性？

第6章 常用金属材料焊接

6.1 金属材料的焊接性和焊接性试验

6.1.1 金属材料焊接性的概念

(1) 金属材料焊接性

金属材料在焊接时要经受加热、熔化、冶金反应、结晶、冷却、固态相变等一系列复杂的过程，这些过程又都是在温度、成分及应力极不平衡的条件下发生的，有时可能在焊接区造成缺陷，或者使金属的性能下降而不能满足使用时的要求，因而金属材料的焊接性是一项非常重要的性能指标。为了确保焊接质量，必须研究金属材料的焊接性，采用合理有效的工艺措施，以保证获得优质的焊接接头。实践证明，不同的金属材料获得优质焊接接头的难易程度不同，或者说各种金属对焊接工艺的适应性不同。这种适应性就是通常所说的焊接性。

金属焊接性根据 GB/T 3375—1994《焊接术语》的定义为："金属材料在限定的施工条件下，焊接成规定设计要求的构件，并满足预定服役要求的能力"。即金属材料对焊接加工的适应性和使用的可靠性。根据这两方面内容，优质的焊接接头应具备两个条件：即接头中不允许存在超过质量标准规定的缺陷；同时具有预期的使用性能。因此，焊接性的具体内容可分为工艺焊接性和使用焊接性。

① 工艺焊接性 工艺焊接性是指在一定焊接工艺条件下，能否获得优质、无缺陷的焊接接头的能力。它不仅取决于金属本身的成分与性能，而且与焊接方法、焊接材料和工艺措施有关。随着焊接工艺条件的变化，某些原来不能焊接或不易焊接的金属材料，可能会变得能够焊接和易于焊接。对于熔焊，一般都要经历传热过程和冶金反应过程，因而又可把工艺焊接性分为"热焊接性"和"冶金焊接性"。热焊接性是指焊接热循环对焊接热影响区组织性能及产生缺陷的影响程度，主要与被焊材质及焊接工艺条件有关。冶金焊接性是指冶金反应对焊缝性能和产生缺陷的影响程度，它包括合金元素的氧化、还原、蒸发、氢、氧、氮的溶解等对形成气孔、夹杂、裂纹等缺陷的影响，用以评定被焊材料对冶金缺陷的敏感性。

② 使用焊接性 使用焊接性是指焊接接头或整体结构满足技术条件中所规定的使用性能的程度。使用性能取决于焊接结构的工作条件和设计上提出的技术要求。通常包括常规力学性能、低温韧性、抗脆断性能、高温蠕变、疲劳性能、持久强度、耐蚀性能和耐磨性能等。

(2) 影响焊接性的因素

焊接性是金属材料的一种工艺性能。除了受材料本身性质影响外，还受到工艺条件、结构条件和使用条件的影响。

① 材料因素 材料包括母材和焊接材料。在相同焊接条件下，决定母材焊接性的主要因素是它本身的物理化学性能。对钢而言，有钢的化学成分、冶炼轧制状态、热处理条件、组织状态和力学性能等。其中化学成分（包括杂质的分布）是主要的影响因素，它能决定热影响区的淬硬倾向、脆化倾向和产生裂纹的敏感性。同时，在焊接过程中，由于母材参与熔

池的冶金反应，也要影响到焊缝的化学成分。对焊接性影响较大的元素如 C、S、P、O、H 和 N 等，它们容易引起焊接工艺缺陷和降低焊接接头的使用性能。此外，钢材的冶炼轧制状态、热处理条件、组织状态等因素都会对焊接性产生不同的影响。例如经过精炼提纯的 CF 钢、Z 向钢和由控轧得到的"细晶粒钢"（TMCP 钢），在焊接性方面有很大改善。

焊接材料直接参与焊接过程中的一系列化学冶金反应，决定着焊缝金属的成分、组织、性能及缺陷的形成。如果焊接材料选择不当，与母材不匹配，不仅不能获得满足使用要求的接头，还会引起焊接缺陷的产生和组织性能的变化。因此，正确选用焊接材料也是保证获得优质焊接接头的重要冶金条件。

② 工艺因素 工艺因素包括焊接方法、焊接参数、预热、后热及焊后热处理等。焊接方法、焊接参数对焊接性的影响，诸如焊接热源的特点、功率密度、保护方式和热输入量等因素，它们会直接决定焊接区的温度场和热循环，从而对焊缝及热影响区的范围大小、组织变化和产生缺陷的敏感性等有明显的影响。应用氩弧焊等焊接方法可使焊接区保护严密，减少合金元素烧损，获得满意的接头性能。工艺措施对焊接性的影响，诸如预热、缓冷、后热及焊后热处理等因素决定了熔池和近缝区的冶金条件，例如，采用焊前预热和焊后缓冷可降低接头的冷却速度，从而降低接头的淬硬倾向和冷裂纹敏感性。选择合理的焊接顺序可以改善结构的约束程度和应力状态。

③ 结构因素 结构因素主要有焊接结构和焊接接头的设计形式，如结构形状、尺寸、厚度、接头坡口形式、焊缝布置及其截面形状等因素对焊接性的影响。其影响主要表现在热的传递和力的状态方面。不同板厚、不同接头形式或坡口形状其传热方向和传热速度不一样，从而对熔池结晶方向和晶粒成长发生影响。结构的形状、板厚和焊缝的布置等，决定接头的刚度和拘束度，对接头的应力状态产生影响。不良的结晶形态，严重的应力集中和过大的焊接应力等是形成焊接裂纹的基本条件。设计中减少接头的刚度、减少交叉焊缝，避免焊缝过于密集以及减少造成应力集中的各种因素，都是改善焊接性的重要措施。

④ 使用条件 使用条件因素是指焊接结构的工作温度（高温、低温）、受载类别（静载荷、动载荷、冲击载荷、交变载荷等）和工作环境（焊接结构的服役地点、工作介质有无腐蚀性等）。如在高温下工作时，有可能发生蠕变；在低温或冲击载荷下工作时，会发生脆性破坏；在腐蚀介质中工作时，焊接接头要考虑耐各种腐蚀破坏的可能性。总之，使用条件越苛刻，对焊接接头的质量要求越高，焊接性就越不容易得到保证。

综上所述，金属的焊接性与材料、工艺、结构及使用条件等密切相关，所以不应脱离开这些因素而单纯从材料本身的性能来评价焊接性，因此很难找到一项技术指标可以概括金属材料的焊接性，只能通过多方面的研究对其进行综合评定。

6.1.2 金属材料焊接性试验

(1) 焊接性试验方法分类

研究与评定金属材料焊接性的试验方法很多，根据试验的内容和特点主要分为工艺焊接性和使用焊接性两大方面的试验，每一方面又分为直接法和间接法两种类型。

① 直接法试验 直接法有两种情况：一种是仿照实际焊接的条件，通过焊接过程考查是否发生某种焊接缺陷，或发生缺陷的严重程度，直接去评价焊接性的优劣（即焊接性对比试验），也可以通过试验确定出所需的焊接条件（即工艺适应性试验），这种情况多在工艺焊接性试验中使用；另一种是直接在实际产品上进行测定其焊接性能的试验，这种情况主要用于使用焊接性方面的试验。

a. 直接模拟试验

a）焊接冷裂纹试验常用的有插销试验、斜Y形坡口对接裂纹试验、拉伸拘束裂纹试验（TRC试验）、刚性拘束裂纹试验（RRC试验）等。

b）焊接热裂纹试验常用的有可调拘束裂纹试验、菲斯柯（FISCO）焊接裂纹试验、窗形拘束对接裂纹试验、刚性固定对接裂纹试验等。

c）再热裂纹试验有H形拘束试验、缺口试棒应力松弛试验、U形弯曲试验等。

d）层状撕裂试验常用的有Z向拉伸试验、Z向窗口试验等。

e）应力腐蚀裂纹试验有U形弯曲试验、缺口试验、预制裂纹试验等。

f）脆性断裂试验除低温冲击试验外，常用的还有落锤试验、裂纹张开位移试验（COD）以及Wells宽板拉伸试验等。

b. 使用性能试验　属于这一类试验的方法主要有：焊缝及接头的拉伸、弯曲、冲击等力学性能试验，高温蠕变及持久强度试验，断裂韧度试验，低温脆性试验，耐磨及耐腐蚀试验，疲劳试验等。直接用产品做的试验有水压试验、爆破试验等。

② 间接法推算　间接法一般不需要焊出焊缝，只需对产品实际使用的材料作化学成分、金相组织或力学性能等的试验分析与测定，然后根据分析与测定的结果，对该材料的焊接性进行推测与评估。属于这一类的方法主要有：碳当量法、焊接裂纹敏感指数法、连续冷却组织转变曲线法、焊接热-应力模拟法、焊接热影响区最高硬度试验方法及焊接区断口金相分析等。

(2) 焊接性试验方法的选择原则

现有的焊接性试验方法很多，随着技术的进步，要求的提高，焊接性试验方法还会不断增加。选择焊接性试验方法时一般应遵循下列原则：

① 针对性　所选择的试验方法，其试验条件要尽量与实际焊接时的条件相一致，这些条件包括母材、焊接材料、接头形式、接头受力状态，焊接参数等。而且试验条件还应考虑到产品的使用条件，尽量使之接近。只有这样才能使焊接性试验具有良好的针对性，其试验结果才能够较准确地显示出实际生产时可能发生的问题或可能出现的现象。

② 可比性　只有试验条件完全相同时，两个试验的结果才具有可比性。因此，凡是国家或国际上已经颁布的标准试验方法，应优先选择，并严格按照标准的规定进行试验。尚没有建立标准的，应选择国内外同行业中较为通用或公认的试验方法进行试验。

③ 可靠性　焊接性试验的结果要稳定可靠，具有较好的再现性。试验数据不可过于分散，否则难以找出变化规律和导出正确的结论，为此，试验方法应尽量减少或避免人为因素的影响，多采用自动化、机械化的操作，少用人工操作。试验条件和试验程序要规定得严格，防止随意性。

④ 经济性　在符合上述原则并可获得可靠结果的前提下，力求减少材料消耗，避免复杂昂贵的加工工序，节省试验费用。

(3) 常用焊接性试验方法

① 碳当量法　钢材的化学成分对焊接热影响区的淬硬及冷裂倾向有直接影响，因此可以用化学成分来分析其冷裂敏感性。各种元素中，碳是对冷裂敏感性影响最显著的一个。因而，人们就将各种元素都按相当于若干含碳量折合并叠加起来求得碳当量。所谓"碳当量"就是把钢中包括碳在内的合金元素对淬硬、冷裂及脆化等的影响折合成碳的相当含量。碳当量法是一种粗略评价冷裂纹敏感性的方法。碳当量值越高，钢的淬硬倾向就越大，钢的冷裂

敏感性也就越大，焊接性就越差。目前用于评定钢材焊接性的碳当量计算公式很多，其中以国际焊接学会（IIW）所推荐 CE，日本 JIS 标准所规定的 C_{eq}，应用较为广泛。

$$CE=w(C)+1/6w(Mn)+1/5w(Cr)+1/5w(Mo)+1/5w(V)+$$
$$1/15w(Cu)+1/15w(Ni) \tag{6-1}$$

式中，$w(X)$ 是表示该元素在钢中的质量分数（%），计算碳当量时，应取其成分的上限。

式（6-1）主要适用于中高强度的非调质低合金高强度钢（$\sigma_b=500\sim900MPa$）。

$$C_{eq}=w(C)+1/6w(Mn)+1/24w(Si)+1/40w(Ni)+$$
$$1/5w(Cr)+1/4w(Mo)+1/14w(V) \tag{6-2}$$

式（6-2）主要适用于调质低合金高强度钢（$\sigma_b=500\sim1000MPa$）。

式（6-1）、式（6-2）主要适用于含碳量偏高的钢种 $[w(C)\geqslant0.18\%]$。这类钢的化学成分范围如下：

$w(C)\leqslant0.20\%$；$w(Si)\leqslant0.55\%$；$w(Mn)\leqslant1.5\%$；$w(Cu)\leqslant0.5\%$；

$w(Ni)\leqslant2.5\%$；$w(Cr)\leqslant1.25\%$；$w(Mo)\leqslant0.7\%$；$w(V)\leqslant0.10\%$；

$w(B)\leqslant0.006\%$。

上述两种公式都说明，碳当量值越大，钢的冷裂敏感性也就越大，焊接性就越差。为了防止冷裂纹，可用碳当量公式确定是否预热和采取其他工艺措施。例如板厚小于 20mm，CE＜0.4% 时，钢材的淬硬倾向不大，焊接性良好，不需预热。当 CE＝0.4%～0.6% 时，特别是大于 0.5%，钢材易于淬硬，焊接时必须预热才能防止裂纹。随着板厚及碳当量的增加，预热温度也相应增高，一般可在 70～200℃ 之间。

② 斜 Y 形坡口焊接裂纹试验方法　这是一种在工程上广泛应用的试验方法。该试验主要用于评价碳钢和低合金高强度钢焊接热影响区的冷裂纹敏感性。其试验规范应遵循 GB/T 4675.1—1984《焊接性试验　斜 Y 形坡口焊接裂纹试验方法》。

试件的形状和尺寸如图 6-1 所示，由被焊钢材制成。板厚 δ 不作规定，常用 9～38mm，试件坡口采用机械切削加工，每一种试验条件要制备两块以上试件。两侧各在 60mm 范围内施焊拘束焊缝，采用双面焊透。要保持待焊试验焊缝处有 2mm 装配间隙和不产生角变形。

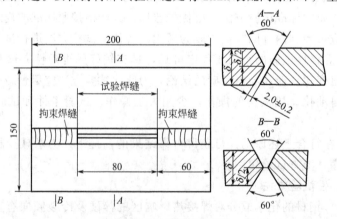

图 6-1　试件的形状和尺寸

试验焊缝所用的焊条原则上与试验钢材相匹配，焊前要严格进行烘干；根据需要可在各种预热温度下焊接。推荐采用下列焊接参数：焊条直径 4mm，焊接电流（170±10）A，电弧电压（24±2)V，焊接速度（150±10)mm/min，在焊接试验焊缝时，如果采用焊条电弧焊时，按图 6-2 所示进行焊接；如果采用焊条自动送进装置焊接时，按图 6-3 所示施焊。均只焊接一道焊缝且不填满坡口，焊后试件经 48h 后，对试件进行检测和解剖。

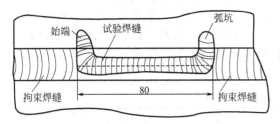

图 6-2　焊条电弧焊的试验焊缝

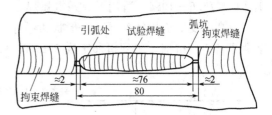

图 6-3　焊条自动送进的试验焊缝

检测裂纹时用肉眼或手持放大镜仔细检查焊接接头表面和断面是否有裂纹，并按下列方法分别计算表面、根部和断面的裂纹率。图 6-4 为试样裂纹长度的计算。

a. 表面裂纹率 C_f 如图 6-4（a）所示，按下式计算

$$C_f = \sum l_f / L \times 100\% \tag{6-3}$$

式中　$\sum l_f$——表面裂纹长度之和，mm；

L——试验焊缝长度，mm。

b. 根部裂纹率 C_r 检测根部裂纹时，应先将试件着色后拉断或弯断，然后按图 6-4（b）进行根部裂纹长度测量。按下式计算 C_r

$$C_r = \sum l_r / L \times 100\% \tag{6-4}$$

式中　$\sum l_r$——根部裂纹长度总和，mm。

c. 断面裂纹率 C_s 在试验焊缝上，用机械加工等分地切取 4～6 块试样，检查五个横断面上的裂纹深度 H_s，如图 6-4（c）所示。按下式计算 C_s

$$C_s = \sum H_s / \sum H \times 100\% \tag{6-5}$$

式中　$\sum H_s$——5 个横断面裂纹深度的总和，mm；

$\sum H$——5 个断面焊缝的最小厚度的总和，mm。

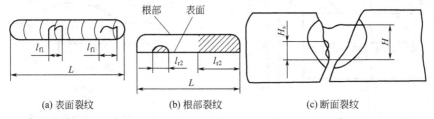

(a) 表面裂纹　　(b) 根部裂纹　　(c) 断面裂纹

图 6-4　试样裂纹长度计算

由于斜 Y 形坡口焊接裂纹试验接头的拘束度远比实际结构大，根部尖角又有应力集中，所以试验条件比较苛刻。一般认为，在这种试验中若裂纹率低于 20%，在实际结构焊接时就不致发生裂纹。

这种试验方法的优点是，试件易于加工，不需特殊装置，操作简单，试验结果可靠；缺点是试验周期较长。

除斜 Y 形坡口试件外，可以仿照此标准做成直 Y 形坡口的试件，用于考核焊条或异种钢焊接的裂纹敏感性，其试验程序以及裂纹率的检测和计算与斜 Y 形坡口试件相同。

③ 焊接热影响区最高硬度试验方法　焊接热影响区最高硬度比碳当量能更好地判断钢种的淬硬倾向和冷裂纹敏感性，因为它不仅反映了钢种化学成分的影响，而且也反映了金属组织的作用。由于该试验方法简单，已被国际焊接学会（IIW）纳为标准。我国已制定了GB/T 4675.5—1984，适用于焊条电弧焊。

最高硬度试板用气割下料，形状和尺寸如图 6-5 和表 6-1 所示。标准厚度为 20mm，当厚度超过 20mm 时，则须机加工成 20mm，只保留一个轧制表面。当厚度小于 20mm 时，则无需加工。

表 6-1　HAZ 最高硬度试件尺寸　　　　　　　　　　　　　　mm

试件号	L	B	l
1 号试件	200	75	125 ± 10
2 号试件	200	150	125 ± 10

焊前应仔细去除试件表面的油污、水分和铁锈等杂质。焊接时试件两端由支承架空，下面留有足够的空间。1 号试件在室温下，2 号试件在预热温度下进行焊接。焊接参数为：焊条直径 4mm；焊接电流 170A；焊接速度 150mm/min，沿轧制方向在试件表面中心线水平布置焊长（125±10）mm 的焊道，如图 6-5 所示，焊后自然冷却 12h 后，采用机加工切割焊道中部，然后在断面上切取硬度测定试样，切取时，必须在切口处冷却，以免焊接热影响而使得硬度因断面升温而下降。

测量硬度时，试样表面经研磨后，进行腐蚀，按图 6-6 所示的位置，在 0 点两侧各取 7 个以上的点作为硬度测定点，每点的间距为 0.5mm，采用载荷为 100N 的维氏硬度在室温下进行测定。试验规程按 GB/T 4340—1984《金属维氏硬度试验法》的有关规定进行。

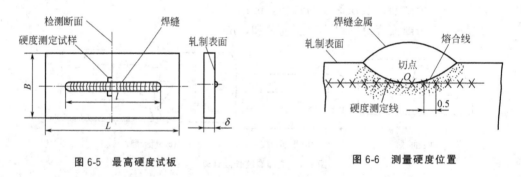

图 6-5　最高硬度试板　　　　　　　　　图 6-6　测量硬度位置

最高硬度试验的评定标准，最早国际焊接学会（IIW）提出当 $HV_{max} \geqslant 350HV$ 时钢材的焊接性恶化，这是以不允许热影响区出现马氏体为依据。近年来大量实践证明，对不同钢种，不同工艺条件下上述的统一标准是不够科学的。因为首先焊接性除了与钢材的成分组织有关外，还受应力状态、含氢量等因素的影响；其次，对低碳低合金钢来说，即使热影响区有一定量的马氏体组织存在，仍然具有较高的韧性及塑性。因此对不同强度等级和不同含碳量的钢种，应该确定出不同的 HV_{max} 许可值来评价钢种的焊接性才客观、准确。

6.2　碳钢的焊接

6.2.1　碳钢的概述

碳钢又称碳素钢，具有较好的力学性能和各种工艺性能，而且冶炼工艺比较简单，价格低廉，因而在焊接结构制造上得到了广泛的应用。

碳钢由于分类角度不同而有多种名称。按碳含量可分为低碳钢、中碳钢、高碳钢；按用途常分为结构钢及工具钢。在焊接结构用碳钢中，常采用按碳含量的高低来分类的方法，因为某一含碳量范围内的碳钢其焊接性比较接近，因而焊接工艺的编制原则也基本相同。

碳钢以铁为基础，以碳为合金元素，碳的质量分数一般不超过 1.0%。其他常存元素因含量较低皆不作为合金元素。因此，碳钢的焊接性主要取决于碳含量的高低。随着碳含量的增加，焊接性逐渐变差，见表 6-2。

表 6-2　碳钢焊接性与碳含量的关系

名称	w_C/%	典型硬度	典型用途	焊接性
低碳钢	≤0.15	60HBS	特殊板材和型材薄板、带材、焊丝	优
	0.15～0.25	90HBS	结构用型材、板材和棒材	良
中碳钢	0.25～0.60	25HRC	机器部件和工具	中（通常需要预热和后热，推荐使用低氢焊接方法）
高碳钢	≥0.60	40HRC	弹簧、模具、钢轨	劣（必需低氢焊接方法、预热和后热）

6.2.2　低碳钢的焊接

(1) 低碳钢的焊接性分析

低碳钢的含碳量较低（$w_C < 0.25\%$），且除 Mn、Si、S、P 等常规元素外，很少有含其他合金元素，因而焊接性良好。焊接时有以下特点：

① 可装配成各种不同位置的施焊，且焊接工艺和技术较简单，容易掌握。

② 焊前一般不需预热。

③ 塑性较好，焊接接头产生裂纹的倾向小，适合制造各类大型结构件和受压容器。

④ 不需要使用特殊和复杂的设备，对焊接电源没有特殊要求，交直流弧焊机都可以焊接。对焊接材料也无特殊要求，酸性碱性都可。

⑤ 低碳钢焊接时，如果焊条直径或工艺参数选择不当，也可能出现热影响区晶粒长大或时效硬化倾向。焊接温度越高，热影响区在高温停留时间越长，晶粒长大越严重。

(2) 低碳钢的焊接工艺

低碳钢几乎可以采用所有的焊接方法进行焊接，并都能保证焊接接头的良好质量，用得最多的是焊条电弧焊、埋弧焊、电渣焊及 CO_2 气体保护焊等。

① 焊条电弧焊　焊条电弧焊时焊前准备、焊材选用、焊接方法选定、焊接参数、操作要求等工艺内容中，关键是选择电焊条，而焊条的选用主要是根据母材的强度等级及焊接结构的工作条件来确定的，见表 6-3。

当焊条牌号、直径确定后，焊接电流、电压以及焊接速度就可依此确定。各焊接工艺参数的选取，主要考虑焊接过程的稳定、焊缝成形良好及在焊缝中不产生缺陷。当母材的厚度较大或周围环境温度较低时，由于焊缝金属及热影响区的冷却速度很快，也有可能出现裂纹,这时需要对焊件进行适当预热。如在寒冷地区室外焊接、温度小于或者等于0℃的情况下均需要预热;直径大于或等于 $\phi 3000mm$,且壁厚大于或等于50mm的情况下,以及壁厚大于或等于90mm的产品的第一层焊道的焊接,焊前都应进行预热。预热温度可视具体情况而定,一般为 $80\sim150℃$。

对于焊接受压件,当壁厚大于或等于20mm时,应考虑采取焊后热处理或相应的消除应力措施;壁厚大于30mm时,必须进行焊后热处理,温度为 $600\sim650℃$;壁厚大于200mm时,待焊至工件厚度的1/2时,应进行一次中间热处理后,再继续焊接。中间热处理温度为 $550\sim600℃$,焊后热处理温度为 $600\sim650℃$。

表6-3 焊接低碳钢所用焊接材料

焊接方法	焊接材料	应用情况
焊条电弧焊	E4303 (J422)、E4315 (J427)	焊接强度等级较低的低碳钢或一般的低碳钢结构
	E5016 (J506)、E5015 (J507)	焊接强度等级较高的低碳钢、重要的低碳钢结构或在低温下工作的结构
埋弧焊	H08、H08A、HJ430、HJ431	焊接一般的结构件
	H08MnA、HJ431	焊接重要的低碳钢结构件
电渣焊	H10Mn2、H08Mn2Si HJ431、HJ360	
CO_2气体保护焊	H08Mn2Si、H08Mn2SiA	

② 埋弧焊 低碳钢的埋弧焊选用的焊丝和焊剂见表6-3。与焊条电弧焊相比,埋弧焊可以采用较大的热输入,生产效率较高,熔池也较大。在生产中,采用埋弧焊焊接较厚工件时,可以用一道或多道焊来完成。多层埋弧焊焊第一道焊缝时,母材的熔入比例大,若母材的含碳量较高时,焊缝金属的含碳量就会升高,同时,第一道的埋弧焊容易形成不利的焊缝断面(如所谓的O形截面),易产生热裂纹。因此在多层埋弧焊焊接厚板时,要求在坡口根部焊第一道焊缝时采用的热输入要小些。如采用焊条电弧焊打底的埋弧焊,上述情况基本可以避免。

③ CO_2气体保护焊 低碳钢采用 CO_2 气体保护焊,为使焊缝金属具有足够的力学性能和良好的抗裂纹及气孔的能力,采用含 Mn 和含 Si 焊丝如 H08Mn2Si、H08MnSiA 等。除选择适当的焊丝外,起保护作用的 CO_2 气体质量也很重要。若在 CO_2 气体中 N 和 H 的含量过高,焊接时即使焊缝被保护得很好,Mn 和 Si 的数量也足够,还是有可能在焊缝中出现气孔。CO_2 气体保护焊时,为使电弧燃烧稳定,要求采用较高的电流密度,但电弧电压不能过高,否则焊缝金属的力学性能会降低,焊接时会出现飞溅及电弧燃烧不稳定等情况。

6.2.3 中碳钢的焊接

(1) 中碳钢焊接性分析

中碳钢的碳含量比低碳钢提高 $\omega_C = 0.2\% \sim 0.3\%$,这点变化却引起了焊接性的严重恶化。同时在物理性能方面,中碳钢比低碳钢线胀系数略高,热导率稍低,这也就增加了中碳钢焊接的热应力和过热倾向。

由于含碳量的提高,中碳钢的强度增加,但保护碳免于烧损的难度加大。C 和 FeO 的还原反应($C+FeO \longrightarrow Fe+CO\uparrow$)所生成的 CO 可能促使气孔产生。

当钢中的 ω_C 大于 0.15% 时,碳本身的偏析以及它促进 S 等其他元素的偏析都明显起来,这样会导致钢的热裂纹倾向增大。为了避免低熔点硫化物形成膜状分布而必须增大 Mn 含量，这样会使中碳钢中的 Mn 含量超过正常值，使从冶金上产生一定困难，故用于焊接的中碳钢需要严格限制 S、P 含量。

碳使钢的焊接性变坏的主要原因是它提高了钢的淬硬性，无论是焊缝区淬火或热影响区淬火，尤其是过热区淬火，中碳钢的马氏体由于有较大的脆性，在焊接应力和扩散氢的作用下就容易发生冷裂纹和脆断。

中碳钢的塑性与原始组织状态有关，除淬火状态外，尚有足够的塑性，故在力学性能方面不会带来焊接困难。但有一点要注意，当钢焊接时已是调质状态，则近缝区里凡超过调质处理中回火加热温度的区域强度都有下降的可能，当对焊接接头强度有严格要求时这是不允许的。这时，只有焊后重新调质才能保证强度不降。

总之，中碳钢的焊接性较差，随钢中碳的质量分数的增加，焊接性会变差。中碳钢焊接时主要的缺陷是热裂纹、冷裂纹、气孔和接头脆性，有时热影响区里的强度还会下降。当钢中的杂质较多，焊件刚性较大时，焊接问题会更加突出。

(2) 中碳钢的焊接工艺

① 焊接方法 中碳钢焊件焊接时，焊条电弧焊是较适宜的焊接方法，采用相应强度级别的碱性低氢型焊条。

② 坡口制备 中碳钢焊接时，为了限制焊缝中的含碳量、减少熔合比，一般开 U 形或 V 形坡口，将坡口两侧油、锈等污物清除干净。

③ 预热 大多数情况下，中碳钢焊接需要预热和层间温度，预热温度取决于碳当量、母材厚度、结构刚度、焊条类型和工艺方法。通常 35 钢、45 钢预热温度可为150～250℃。

④ 焊接电源 一般选用直流弧焊电源，反极性接法，这样可以使熔深减少，起到降低裂纹倾向和气孔的敏感性。

⑤ 焊后热处理 焊后尽量立即进行消除应力热处理，特别对于厚度大或刚性大的工件。消除应力回火温度一般为 600～800℃。如果焊后不能进行消除应力热处理，也要进行后热，即采取保温、缓冷措施，使扩散氢逸出，以减少裂纹的产生。

6.2.4 高碳钢的焊接

(1) 高碳钢焊接性分析

高碳钢由于碳含量很高，因此焊接性很差，多为焊补和堆焊。焊接方法一般采用焊条电弧焊和气焊。对于结构件，尤其是承受动载荷的结构一般不采用高碳钢作为结构材料。

① 高碳钢比中碳钢焊接时产生热裂纹的倾向更大。

② 高碳钢对淬火更加敏感，所以近缝区极易形成马氏体淬硬组织，如工艺措施不当，则在近缝区会产生冷裂纹。

③ 高碳钢焊接时由于受焊接高温的影响，晶粒长大快，碳化物容易在晶界上积聚、长大，焊缝脆弱，使焊接接头强度降低。

④ 高碳钢导热性能比低碳钢差，因此在熔池急剧冷却时会在焊缝中引起很大的内应力，这种内应力很容易导致形成裂纹。

(2) 高碳钢的焊接工艺

① 高碳钢的焊条电弧焊工艺

a. 高碳钢焊接时，一般不要求接头与基本金属等强度，通常选用低氢型焊条。若接头强度要求低时，可选用 E5016（J506）、E5015（J507）焊条；接头强度要求高时，可选用含碳量低于高碳钢的低合金高强度钢焊条，如 E6015（J607）、E7015（J707）等。如不能进行焊前预热和焊后回火时，也可选用 E3019-16（A302）、E3019-15（A307）等不锈钢焊条焊接。

b. 焊前要严格清理待焊处的铁锈和油污，焊件厚度大于 10mm 时，焊前应预热至 200℃，一般直流反接，焊接电流应比焊低碳钢小 10％ 左右。

c. 焊条在焊接前应进行 400～450℃ 烘干 1～2h，以除去药皮中潮气及结晶水，并在 100℃ 下保温，随用随取，以便减小焊缝金属中氧和氢的含量，防止裂纹和气孔的产生。

d. 焊件厚度在 5mm 以下时，可不开坡口从两边焊接，焊条应作直线往返摆动。

e. 为了降低熔合比，以减少焊缝中的含碳量，高碳钢最好开坡口多层焊接。对 U 形和双 Y 形坡口多层焊时，第一层应采用小直径焊条，压低电弧沿坡口根部焊接，焊条仅作直线运动。以后各层焊接应根据焊缝宽度采用环形运条法，每层焊缝应保持 3～4mm 厚度。对双 Y 形坡口应两边交替施焊，焊接时要降低焊接速度以使熔池缓冷，在最后一道焊缝上要加盖"退火"焊道，以防止基本金属表面产生硬化层。

f. 定位焊时应采用小直径焊条焊透。由于高碳钢裂纹倾向大，定位焊缝应比焊接低碳钢时长些，定位焊点的间距也应适当缩短。焊接时不允许在基本金属的表面引弧。收弧时，必须将弧坑填满，熔敷金属可以高出正常焊缝，以减少收弧处的气孔和裂纹。焊件焊后应进行 600～650℃ 的回火处理，以清除应力、固定组织、防止裂纹、改善性能。

② 高碳钢的气焊工艺　高碳钢气焊前应对焊件进行预热，焊后整体退火以消除焊接应力，然后再根据需要进行其他热处理；也可焊后进行高温回火（700～800℃），以消除应力，防止裂纹产生并改善焊缝组织。气焊时采用低碳钢焊丝或与母材成分相近的焊丝，火焰采用碳化焰。焊前彻底清除焊接区表面的污物，焊接时要制备与焊件材质相同、等厚的引出板。

6.3　合金结构钢的焊接

6.3.1　合金结构钢的概述

用于制造工程结构和机器零件的钢统称为结构钢。合金结构钢是在碳钢的基础上加入一种或几种合金元素冶炼而成的。

研究焊接结构用合金结构钢的焊接性和焊接工艺时，在综合考虑化学成分、力学性能及用途等因素的基础上，将合金结构钢分为高强度钢（GB/T 13304—1991 规定，屈服点 $\sigma_s \geq$ 295MPa 抗拉强度 $\sigma_b \geq$ 390MPa 的钢均称为高强度钢）和专业用钢两大类。这种分类方法的优点是，同一类钢使用条件基本相同，主要质量要求一致，为保证焊接质量所依据的原则（如选用焊接材料的原则、确定焊接参数的原则等）有较多的共同之处，因而为编制焊接工艺带来很大方便。

(1) 高强度钢

高强度钢的种类很多，强度差别也很大，在讨论焊接性时，按照钢材供货的热处理状态将其分为热轧及正火钢、低碳调质钢和中碳调质钢三类。采用这样的分类方法，是因为钢的供货热处理状态是由其合金系统、强化方式、显微组织所决定的，而这些因素又直接影响钢的焊接性与力学性能，所以同一类的钢其焊接性是比较接近的。

① 热轧及正火钢　以热轧、控轧、正火、正火加回火状态供货和使用的钢称为热轧及

正火钢。这类钢合金元素含量低 [$\omega(Me)\leqslant 3\%$]，屈服点 σ_s 在 295~460MPa 范围，所以又称为低合金高强度钢。钢中主要合金元素是 Mn，有些辅以 V、Ti、Nb 等。主要包括 GB/T 1591—1994《低合金结构钢》中的 Q295~Q460 钢（见表 6-4），其中屈服点为 295~390MPa 的低合金高强度钢基本上都属于热轧钢，而正火钢是在热轧钢的基础上进一步沉淀强化和细化晶粒而形成的一类钢，其屈服点一般在 345~460MPa 之间。这类钢通过合金元素的固溶强化和沉淀强化而提高强度，属于非热处理强化钢。它的冶炼工艺比较简单，价格低廉、综合力学性能良好，具有优良的焊接性，因而得到了广泛的应用。特别是在焊接结构制造中，是应用最广泛的一类钢种，同时其品种和质量也是发展最快的一类钢。典型热轧及正火钢的力学性能见表 6-5。

表 6-4 新标准（GB/T 1591—1994）与旧标准（GB/T 1591—1988）牌号对照

GB/T 1591—1994 规定牌号	GB/T 1591—1988 规定牌号
Q295	09MnV、09MnNb、09Mn2、12Mn
Q345	12MnV、14MnNb、16Mn、16MnRE、18Nb
Q390	15MnV、15MnTi、16MnNb、
Q420	15MnVN、14MnVTiRE
Q460	—

表 6-5 几种常用热轧及正火钢的力学性能

钢号	热处理状态	力学性能			
		σ_s/MPa	σ_b/MPa	δ/%	a_{KV}/J·cm^{-2}
Q295	热轧	≥295	390~570	≥23	34
Q345	热轧	≥345	470~630	≥21	34
Q390	热轧	≥390	490~650	≥19	34
Q420	正火	≥420	520~680	≥18	34
18MnMoNb	正火+回火	≥490	≥637	16	U 型≥69
13MnNiMoNb	正火+回火	≥392	569~735	≥18	39

② 低碳调质钢 这类钢在调质状态下供货和使用，属于热处理强化钢。它的屈服点 σ_s=441~980MPa。低碳调质钢的含碳量较低，通常在 0.25% 以下，钢中 Mn 和 Mo 为主要合金元素，有些辅以 V、Cr、Ni、B 等。具有较高的强度、优良的塑性和韧性，可直接在调质状态下焊接，焊后不需再进行调质处理。在焊接结构制造中，低碳调质钢越来越受到重视，是具有广阔发展前途的一类钢。

低碳调质钢中合金元素的主要作用是提高钢的淬透性，通过调质处理得到低碳马氏体或贝氏体，不但提高了强度，而且保证了塑性和韧性。对同一强度级别的钢来说，调质钢比正火钢的合金元素含量低，从而具有更好的韧性和焊接性。低碳调质钢的缺点是生产工艺复杂，成本高，进行热加工时对工艺参数限制比较严格。典型低碳调质钢的力学性能见表 6-6。

表 6-6　典型低碳调质钢的力学性能

钢号	δ/mm	σ_s/MPa	σ_b/MPa	δ/%	a_{KU}/J·cm^{-2}	
					纵向	横向
14MnMoVN	36	598	701	20		20℃，77 −40℃，56
14MnMoNbB	≤50	≥686	≥755	≥14		−40℃，≥39

③ 中碳调质钢　这类钢属于热处理强化钢，其碳含量比低碳调质钢高（$w_C>0.3\%$），因此淬硬性比低碳调质钢高很多，屈服点为 880～1170MPa，与低碳调质钢相比，合金系统比较简单。碳含量高可有效地提高调质处理后的强度，但塑性、韧性相应下降，而且焊接性也较差。一般需要在退火状态下进行焊接，焊后要进行调质处理。这类钢主要用于制造大型机器上的零件和强度要求高而自重小的构件。典型中碳调质钢的力学性能见表 6-7。

表 6-7　几种中碳调质钢的力学性能

钢号	热处理规范	σ_s/MPa	σ_b/MPa	δ/%	Ψ/%	a_K/J·cm^{-2}	硬度（HBS）
30CrMnSiA	870～890℃油淬 510～550℃回火	≥833	≥1078	≥10	≥40	≥40	346～363
	870～890℃油淬 200～260℃回火	—	≥1568	≥5	—	≥25	≥444
30CrMnSiNi2A	890～910℃油淬 200～300℃回火	≥1372	≥1568	≥9	≥45	≥59	≥444
40CrMnSiMoVA	890～970℃油淬 250～270℃回火	—	≥1862	≥8	≥35	≥49	≥52HRC
35CrMoA	860～880℃油淬 560～580℃回火	≥490	≥657	≥15	≥35	≥49	197～241
35CrMoVA	880～900℃油淬 640～660℃回火	≥686	≥814	≥13	≥35	≥39	255～302
34CrNi3MoA	850～870℃油淬 580～650℃回火	≥833	≥931	≥12	≥35	≥39	285～341
40CrNiMoA	840～860℃油淬 550～650℃水或空冷	≥833	≥980	12	50	79	—

(2) 专业用钢

把满足某些特殊工作条件的钢种总称为专业用钢。按用途的不同，其分类品种很多，常用于焊接结构制造的有以下几种。

① 珠光体耐热钢　这类钢主要用于制造工作温度在 500～600℃范围内的设备，具有一定的高温强度和抗氧化能力。

② 低温用钢　用于制造在 −196～−20℃低温下工作的设备。主要特点是韧脆性转变温度低，具有好的低温韧性。目前应用最多的是低碳的含镍钢。

③ 低合金耐蚀钢　主要用于制造在大气、海水、石油、化工产品等腐蚀介质中工作的各种设备，除要求钢材具有合格的力学性能外，还应对相应的介质有耐蚀能力。耐蚀钢的合金系统随工作介质不同而异。

6.3.2　热轧及正火钢的焊接

(1) 热轧及正火钢的焊接性分析

在熔焊条件下，热轧及正火钢随着强度级别的提高和合金元素含量的增加，焊接的难度增大。这类钢焊接时的主要问题是热影响区的脆化和产生各种裂纹。

① 热影响区脆化

a. 过热区脆化　过热区是指热影响区中熔合线附近母材被加热到 1100℃ 以上的区域，又叫粗晶区。由于该区温度高，发生奥氏体晶粒显著长大和一些难熔质点溶入而导致了性能变化。这种变化既和钢材的类型、合金系统有关，又和焊接热输入有关，因为热输入直接影响高温停留时间和冷却速度。

热轧钢在合金高强钢中合金元素含量最低，其淬透性也最差，焊接时在过热区一般发生马氏体转变的可能性较小。所以热轧钢焊接时淬硬脆化倾向很小。能导致热轧钢过热区脆化的原因是：焊接热输入偏高，使该区的奥氏体晶粒严重长大，稳定性增加，形成魏氏组织及其他塑性低的混合组织（如铁素体、贝氏体、高碳马氏体）和 M-A 组元等，从而使过热区脆化。因此，对于像 Q345（16Mn）之类固溶强化的热轧钢，焊接时，采用适当低的热输入等工艺措施来抑制过热区奥氏体晶粒长大及魏氏组织的出现，是防止过热区脆化的关键。

正火钢过热区脆化与热轧钢不同，其热过敏感性比热轧钢大，这是因为两者合金化方式不同。对于 Mn-V、Mn-Nb 和 Mn-Ti 系的正火钢，除固溶强化外，还有沉淀强化作用（含 Ti、V、N 等沉淀强化元素），必须通过正火才能细化晶粒及使沉淀相得以充分析出，并弥散均匀分布于基体内，达到既提高强度又提高其塑性和韧性。焊接这类钢时，如果在加热到 1100℃ 以上的热影响区内，停留时间较长就会使原来在正火状态下弥散分布的 TiC、VC 或 NC 溶解到奥氏体中，于是削弱了它们抑制奥氏体晶粒长大及细化作用。在冷却过程中又因 Ti-V 的扩散能力很低，来不及析出而固溶在铁素体内，阻碍交叉滑移进行，导致铁素体硬度升高、韧性降低。这便是造成正火钢过热区脆化的主要原因。所以用小热输入焊接是避免这类正火钢过热区脆化的有效措施。以 15MnTi 钢为例，当含钛量一定时，热输入 E 减小到一定程度后，过热区的冲击韧度随热输入 E 的下降而明显提高，如图 6-7 所示。

如果为了提高正火钢焊接生产率而采用大热输入焊接，在这种情况下，焊后需采用 800～1100℃ 的正火热处理来改善接头韧性。

b. 热应变脆化　指钢在 200℃～Ac_1 温度范围内，受到较大的塑性变形（5%～10%）后，出现断裂韧性明显下降、脆性转变温度明显升高的现象。在焊接情况下，焊接区的热应变脆化是由焊接时的热循环和热应变循环引起的，特别是在焊接接头中预先存在裂纹或类裂纹平面状缺陷时，受后续焊道热及应变循环同时作用后，裂纹顶端的断裂韧性显著降低，脆性转变温度显著提高，可以导致整体结构发生脆性断裂。如果在钢中加入足够量的氮化物形成元素（如 Al、Ti、V 等）其脆化倾向将明显减弱。

② 裂纹

a. 热裂纹　热轧及正火钢一般含碳量都较低，而含锰量都较高，它们的 $w(Mn)/w(S)$ 值比较大，因而具有较好的抗热裂性能，正常情况下焊缝不会出现热裂纹。但是，当材料成分不合格，或有严重偏析，使局部的碳、硫含量偏高，其 $w(Mn)/w(S)$ 值偏低时，则易产生热裂纹。控制母材和焊接材料中的碳、硫含量，减少熔合比，增大焊缝的成形系数等都有利于防止焊缝金属产生热裂纹。碳、硫和锰含量对结晶裂纹的影响如图 6-8 所示。

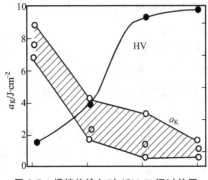

图 6-7　焊接热输入对 15MnTi 钢过热区
（−40℃）冲击韧度和显微硬度的影响

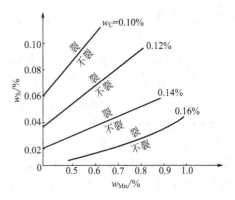

图 6-8　焊缝中 C、Mn、S 含量对角焊缝结晶裂纹的影响

b. 冷裂纹　导致钢材产生焊接冷裂纹的三个主要因素是钢材的淬硬倾向、焊缝的扩散氢含量和接头的拘束应力，其中淬硬倾向是决定性的。要分析比较不同钢材的淬硬倾向，可以用碳当量法、焊接热影响区连续冷却转变（SHCCT）曲线图法、热影响区最高硬度法进行。下面以国际焊接学会（IIW）推荐的计算钢材的碳当量 CE 来分析热轧及正火钢的淬硬倾向。

一般认为 CE<0.4％的钢材焊接时基本上无淬硬倾向，焊接性良好。σ_s=295～390 MPa 的热轧钢，如 09Mn、09MnNb、12Mn 等基本属于这一类。除钢板厚度很大、环境温度很低的情况外，一般不需要焊前预热和严格控制焊接热输入，不会引起冷裂纹。随着 CE 增加，其淬硬倾向也随之增大，Q345（16Mn）、Q390（15MnV）等热轧钢碳当量较上述几种钢稍高，其淬硬倾向相应稍大，当冷却速度快时，有可能产生马氏体淬硬组织。在拘束应力较大和扩散氢含量较高的情况下，就必须采取适当措施，防止冷裂纹的产生。碳当量 CE=0.4％～0.6％内的钢，基本上属于有淬硬倾向的钢，σ_s=440～490MPa 的正火钢就处于这范围之内，当 CE 还不超过 0.5％时，淬硬尚不严重，焊接性尚好。但随着板厚的增加，则须采取一定预热措施才能避免冷裂纹的产生。CE 在 0.5％以上的钢其淬硬倾向显著，容易冷裂，必须严格控制焊接热输入和采取预热、后热处理等工艺措施，以防冷裂纹的产生。

c. 再热裂纹　在 C-Mn 或 Mn-Si 系的热轧钢（如 16Mn 等）中因不含强碳化物形成元素，对再热裂纹不敏感，在焊后消除应力热处理时不会产生再热裂纹。正火钢中一些含有强碳化物形成元素的钢材，如 14MnMoV 和 18MnMoNb 钢则有轻微的再热裂敏感性。试验证明，采取适当提高预热温度或焊后立即后热等措施，就能防止再热裂纹的产生。例如18MnMoNb 钢，焊后立即以 180℃、2h 后热，即可防止消除应力时产生再热裂纹。

d. 层状撕裂　层状撕裂的产生不受钢材的种类和强度级别的限制，它主要决定于钢材的冶炼条件。在一般冶炼条件下生产的热轧钢及正火钢，都具有不同程度的层状撕裂倾向。因此，当须采用一般的热轧正火钢制造较厚的焊接结构时，在设计方面应设计出能避免或减轻 Z 向应力和应变的接头或坡口形式；在工艺方面，在满足产品使用要求的前提下可选用强度级别较低的焊接材料或堆焊低强度焊缝作过渡层，以及采取预热和降氢等工艺措施。

(2) 热轧及正火钢的焊接工艺

① 焊接方法的选择　热轧及正火钢对许多焊接方法都适应，选择时主要考虑产品结构、

板厚、性能要求和生产条件等因素，其中最为常用的是焊条电弧焊、埋弧焊和熔化极气体保护焊。钨极氢弧焊通常用于较薄的板或要求全焊透的薄壁管和厚壁管道等工件的封底焊。大型厚板结构可以用电渣焊，其缺点是电渣焊缝及热影响区严重过热，焊后通常需要正火热处理，导致生产周期长，成本高。

② 焊接材料的选择（见表6-8）　焊接热轧及正火钢时，选择焊接材料的主要依据是保证焊缝金属的强度、塑性和韧性等力学性能与母材相匹配。如：为了达到焊缝与母材的力学性能相等，选择焊接材料时应从母材的力学性能出发，而不是从化学成分出发选择与母材成分完全相同的焊接材料。因为焊缝金属的力学性能不仅决定于化学成分，还决定于金属的组织状态。在焊接条件下，焊缝金属冷却很快，完全脱离平衡状态，如果选用与母材相同成分的焊材，焊后焊缝金属的强度将升高，而塑性和韧性将下降，这对于焊接接头的抗裂性能和使用性能非常不利。因此，往往要求焊缝的合金元素低于母材的含量，其中 $w(C) \leqslant 0.14\%$。

表 6-8　热轧及正火钢常用焊接材料举例

钢　号		焊条电弧焊焊条牌号	埋弧焊		电渣焊		CO₂气体保护焊焊丝
GB/T 1591—1994	旧牌号（GB 1591—1988）		焊丝	焊剂	焊丝	焊剂	CO_2气体保护焊焊丝
Q295	09Mn2 09Mn2Si 09MnV	J422 J423 J426 J427	H08A H08MnA	HJ431			H10MnSi H08Mn2Si
Q345	16Mn 14MnNb	J502 J503 J506 J507	不开坡口对接：H08 中板开坡口对接：H08MnA H10Mn2 H10MnSi	HJ431 HJ350	H08MnMoA	HJ431 HJ360	H08Mn2Si
Q390	15MnV 15MnTi 16MnNb	J502 J503 J506 J507 J556	不开坡口对接：H08MnA 中板开坡口对接：H10Mn2 H08MnSi H08Mn2Si	HJ431 HJ431 HJ350 HJ250	H08Mn2MoA	HJ431 HJ360	H08Mn2Si
Q420	15MnVN 15MnVTi	J556 J557 J606 1607	H08MnMoA H04MnVTiA	HJ431 HJ350	H10Mn2MoA	HJ431 HJ360	
Q460		J606 1607 1706 J707	H08Mn2MoA H08Mn2MoVA	HJ250 HJ350	H10Mn2MoA H10Mn2MoV	HJ431 HJ360 HJ350 HJ250	

③ 焊接工艺参数的选择

a. 焊接热输入　热轧及正火钢焊接热输入的确定主要依据是防止过热区脆化和焊接裂纹两个方面。由于各种热轧及正火钢的脆化倾向和冷裂倾向不相同，对热输入的要求亦不同。对于碳当量 CE（IIW）$<0.4\%$ 的热轧及正火钢，如 Q295（09Mn2，09MnNb）和含碳量偏下限的 Q345（16Mn）钢等，其强度级别在 390MPa 以下，它们的过热敏感性不大，淬

硬倾向亦较小，故焊接热输入一般不予限制。

含碳量偏高的 Q345（16Mn）钢，其淬硬倾向增加，为防止冷裂纹，焊接时，宜用偏大一些的焊接热输入。

对于含钒、铌、钛等强度级别较低的正火钢，如 Q420（15MnVN）、15MnVTi 等，为防止沉淀相溶入和晶粒长大引起的脆化，宜选偏小的焊接热输入。焊条电弧焊推荐用 15～55kJ/cm，埋弧焊用 20～50kJ/cm。

对于含碳和合金元素量较高，屈服点又大于 490MPa 的正火钢，如 18MnMoNb 等，由于其淬硬倾向大，对过热脆化敏感，就出现焊接热输入既不能大，又不能小的情况。为了防止冷裂纹，应采用偏大的焊接热输入，但热输入增大，使冷却速度减慢，就会引起过热加剧；为了防止过热，就应采用偏小的焊接热输入，显然与防止冷裂相矛盾。在这种两者难以兼顾的情况下，通常认为采用偏小的焊接热输入并辅之以预热和后热等措施比较合理。这样既防止了晶粒过热，又因预热和后热而避免了裂纹。

b. 预热　预热主要是为了防止裂纹，同时兼有一定改善接头性能作用。但预热却恶化劳动条件，延长生产周期，增加制造成本。过高预热温度和层间温度反而会使接头韧性下降。因此，焊前是否需要预热和预热多少温度，应慎重从事。

预热温度的确定取决于钢材的化学成分、焊件结构形状、拘束度、环境温度和焊后热处理等。随着钢材碳当量、板厚、结构拘束度增大和环境温度下降，焊前预热温度也需相应提高。焊后进行热处理的可以不预热或降低预热温度。

多层焊时掌握好层间温度、本质上也是一种预热，一般层间温度等于或略大于预热温度。

表 6-9 为常用几种热轧、正火钢焊接的预热温度。

c. 后热及焊后热处理

a）后热　后热又叫消氢处理，是焊后立即对焊件的全部（或局部）进行加热和保温，让其缓冷，使扩散氢逸出的工艺措施。后热的目的是防止延迟裂纹的产生，主要用于强度级别较高的钢种和大厚度的焊接结构。去氢的效果取决于后热的温度和时间。温度一般在 200～300℃ 范围内，保温时间与板厚有关，通常为 2～6h。对同一板厚，后热温度高，保温时间可缩短。

b）焊后热处理　除电渣焊使焊件严重过热而需要进行正火处理外，在其他焊接条件下，均须根据使用要求来确定是否需采取焊后热处理。一般情况下，热轧钢和正火钢焊后不需热处理。但是，对要求抗应力腐蚀的焊接结构、低温下使用的焊接结构及厚壁高压容器等，焊后都需要进行消除应力的高温回火（见表 6-9）。

表 6-9　几种热轧、正火钢的预热温度及焊后热处理规范

牌号	预热温度	焊后热处理规范	
		电弧焊	电渣焊
Q295	不预热（一般供应的板厚 $\delta \leqslant 16mm$）	不热处理	不热处理
Q345	100～150℃ （$\delta \geqslant 30mm$）	600～650℃回火	900～930℃正火 600～650℃回火
Q390	100～150℃ （$\delta \geqslant 28mm$）	550℃或650℃回火	950～980℃正火 550℃或650℃回火
Q420	100～150℃ （$\delta \geqslant 25mm$）	—	950℃正火 650℃回火
Q460	$\geqslant 200℃$	600～650℃回火	950～980正火 600～650℃回火

6.3.3　低碳调质钢的焊接

(1) 低碳调质钢的焊接性分析

低碳调质钢主要用作高强度的焊接结构，在合金成分设计上已考虑到焊接性的要求，其含碳量限制得较低，要求 $w(C) \leqslant 0.22\%$，实际都在 0.18% 以下，所以焊接这类钢发生的问题与正火钢基本类似。不同在于这类钢是通过调质热处理获得强化，焊后在热影响区上除发生脆化外，还有软化问题。

① 冷裂纹　这类钢是在低碳钢的基础上通过加入多种提高淬透性的合金元素来保证获得强度高、韧性好的低碳马氏体和部分下贝氏体的混合组织。这类钢淬透性大，本应有很大的冷裂倾向，但是由于其含碳量很低，焊接时形成的是低碳马氏体，又加上它的转变温度 M_s 较高，如果在此温度下冷却得比较慢，此时生成的马氏体得以"自回火"，冷裂纹即可以避免，如果马氏体转变时的冷却速度很快、得不到"自回火"，其冷裂倾向必然增大。因此，在焊接高拘束度的厚板结构时，须预防冷裂纹产生。

② 热影响区的脆化和软化　这类钢在热影响区中引起脆化的原因除了奥氏体晶粒粗化引起外，主要是由于脆性混合组织（上贝氏体和 M-A 组合）的形成。这些脆性混合组织的形成与合金化程度及 $t_{8/5}$ 时间的控制有关。

热影响区上软化是因为在调质状态下焊接时，热影响区上凡是加热温度高于母材回火温度至 Ac_1 的区域，由于碳化物的聚集长大而使钢材软化。受热温度越接近 Ac_1 的区域，软化越严重。强度级别越高，这一问题越突出。由于软化程度和软化区的宽度与焊接工艺有很大关系，因此在制订这类钢焊接工艺时须加以控制。

(2) 低碳调质钢的焊接工艺

在制订低碳调质钢焊接工艺时，必须注意解决好上述冷裂纹、热影响区的脆化和软化三个问题。为防止冷裂纹的产生，要求在马氏体转变时的冷却速度不能太快，让马氏体获得"自回火"。为防止热影响发生脆化，要求在 $500 \sim 800℃$ 之间的冷却速度大于产生脆化性组织的临界速度。热影响软化的问题可以采用小焊接热输入等工艺措施解决。

① 焊接方法的选择　调质状态下的钢材，只要加热温度超过它的回火温度，其性能就会发生变化。因此，焊接时由于热的作用使热影响区局部强度和韧性下降几乎是不可避免。强度级别越高，这个问题就越突出。除非焊后对焊件重新调质处理，否则就要尽量限制焊接过程中热量对母材的作用。所以，对于焊后不再调质处理的低碳调质钢，应该选择能量密度大的焊接方法，如钨极和熔化极气体保护焊、电子束焊等。特别对于 $\sigma_s >$ 980MPa 的调质钢应采用钨极氩弧焊或电子束焊；对于 $\sigma_s \leqslant 980MPa$ 的调质钢、焊条电弧焊、埋弧焊、钨极或熔化极气体保护焊等均可采用。对于强度级别较低的低碳调质钢都可采用一般焊接方法和常规工艺条件进行焊接。因为焊接接头冷却速度较高，焊接热影响区的力学性能接近钢在淬火状态下的力学性能，因而不需进行焊后热处理。但是，当采用电渣焊时，由于焊接热输入大，母材加热时间长，所以这类钢电渣焊后必须进行调质处理。在采用埋弧焊时，不宜用大焊接电流、粗丝或多丝等焊接工艺。但是，可以用窄间隙双丝埋弧焊，因所用双丝直径小，焊接热输入不大，用直流反接和加大熔敷速度，避免了母材过分受热。

② 焊接材料的选择　由于低碳调质钢焊后一般不再进行热处理，故在选择焊接材料时要求焊缝金属在焊态下具有接近母材的力学性能。在特殊情况下，如结构的刚度或拘束度很

大，冷裂纹难以避免时，必须选择熔敷金属强度比母材稍低的焊接材料作填充金属。

由于低碳调质钢有产生冷裂纹倾向，严格控制焊接材料的氢十分重要。因此，焊条电弧焊时应选用低氢或超低氢焊条，焊前按规定要求进行烘干。自动弧焊用的焊丝表面要干净、无油锈等污物，保护气体或焊剂也应去水分。表 6-10 为常用低碳调质钢焊接材料选用示例。

表 6-10　典型低碳调质钢焊接材料选用示例

钢号	焊条电弧焊	埋弧焊	气体保护焊	电渣焊
14MnMoVN	J707 J857	H08Mn2MoA H08Mn2NiMoVA HJ350 焊剂 H08Mn2NiMoA HJ250 焊剂	H08Mn2Si H08Mn2Mo	H10Mn2NiMoA HJ360 焊剂 H10Mn2NiMoVA HJ431 焊剂
14MnMoNbB	H14（Mn-Mo） J857	H08Mn2MoA H08Mn2Ni2CrMoA HJ350 焊剂		H10Mn2MoA H10Mn2NiMoVA H08Mn2Ni2CrMoA HJ360，HJ431 焊剂

③ 焊接工艺参数的选择　控制焊接时的冷却速度成为防止焊接低碳调质钢产生冷裂纹和热影响区脆化的关键。快速冷却对防止脆化有利，但对防止冷裂纹不利。反之，减缓冷却速度可防止冷裂纹，却易引起热影响区的脆化。因此，必须找到两者都兼顾的最佳冷却速度，而冷却速度主要是由焊接热输入决定，但又受到焊件散热条件和预热等因素影响。

a. 焊接热输入的确定　每种低碳调质钢都有各自的最佳 $t_{8/5}$，在这冷却速度下，使得热影响区具有良好的抗裂性能和韧性。$t_{8/5}$ 可以通过试验或者借助钢材的焊接 CCT 图来确定，然后根据该 $t_{8/5}$ 来确定出焊接热输入。为了防止冷裂纹的产生，通常是在满足热影响区韧性要求的前提下确定出最大允许的焊接热输入。

有些情况下，如厚板的焊接，即使采用了允许的最大热输入其冷却速度也足以引起冷裂纹，这时就得采取预热来使冷却速度降到低于不出现裂纹的极限值。

b. 预热温度的确定　当焊接热输入已提高到最大允许值也不能防止裂纹时，就需进行预热。预热的主要目的是降低马氏体转变时的冷却速度，通过马氏体的"自回火"作用来提高其抗裂性能。一般都采用较低的预热温度（≤200℃），若预热温度过高，又会使 800～500℃的冷却速度过于缓慢，出现脆性混合组织而脆化。也可通过试验，确定出防止冷裂纹的最佳预热温度范围。

c. 焊后热处理的确定　低碳调质钢通常在调质状态下焊接，在正常焊接条件下焊缝及热影响区可以获得高强度和韧性，焊后一般不需进行热处理。只有在下列情况下才进行焊后热处理。

a）焊后（如电渣焊等）使焊缝或热影响区严重脆化或软化区失强过大，这时需要进行重新调质处理。

b）焊后需进行高精度加工，要求保证结构尺寸稳定，或者要求耐应力腐蚀的焊件，这时需要进行消除应力热处理。为了保证材料的强度，消除应力热处理的温度应比母材原来调质处理的回火温度低 30℃左右。

6.3.4 中碳调质钢的焊接

(1) 中碳调质钢的焊接性分析

中碳调质钢的碳和其他合金元素含量较高。增加碳是为了提高强度，通常加入量为 $w(C)=0.25\%\sim0.45\%$。加入合金元素 $[w(Me)<5\%]$ 主要是为了保证淬透性和提高回火抗力。通过调质（淬火＋回火）处理以获得较好的综合性能，其屈服点达 $880\sim1176MPa$，这类钢的特点是：强度和硬度高，淬透性大，因而焊接性较差，焊后必须通过调质处理才能保证接头的性能；热处理方式不同，尤其是回火温度有差异时，其力学性能变化很大；钢的纯度对焊接影响很大，$w(S)$、$w(P)$ 降至 0.02%，焊时也会有裂纹发生。当钢材热处理得到很高强度水平时，S、P 的极限质量分数应低于 0.015%。为了达到这样高的纯度，焊接用的母材和填充金属均需采用真空熔炼等技术冶炼。

中碳调质钢按其合金系统可分成以下几类：Cr 钢（如 40Cr）、Cr-Mo 系（如 35CrMoA 和 35CrMoVA 钢等）、Cr-Mn-Si 系（如 30CrMnSiA，30CrMnSiNi2A 和 40CrMnSiMoVA 钢等）、Cr-Ni-Mo 系（如 40CrNiMoA 和 34CrNi13MoA 钢等）。

① 热裂纹 中碳调质钢含碳量及合金元素量都较高，其结晶温度区间较大，偏析也较严重，因而具有较大的热裂纹倾向。热裂纹常发生在多道焊第一条焊道弧坑和凹形角焊缝中。为了防止热裂纹，在选择焊接材料时，应尽量选用含碳量低的，含 S、P 杂质少的填充材料。一般焊丝 $w(C)$ 限制在 0.15% 以下，最高不超过 0.25%，$w(S)$、$w(P)<0.03\%\sim0.035\%$。焊接时应注意填满弧坑和良好的焊缝成形。

② 冷裂纹 中碳调质钢对冷裂敏感性比低碳调质钢大，因为中碳调质钢含碳较高，加入的合金元素也较多，在 $500℃$ 以下温度区间过冷奥氏体具有更大的稳定性，因而淬硬倾向十分明显。中碳钢的马氏体开始转变温度 M_s 一般都较低，在低温下形成的马氏体，难以产生"自回火"效应，况且含碳量高的马氏体其硬度和脆性更大，所以冷裂纹倾向较为严重，焊接时必须采取防止冷裂的措施。

③ 过热区的脆化 由于中碳调质钢具有相当大的淬硬性，在焊接热影响区的过热区内很容易产生硬脆的高碳马氏体。冷却速度越大，生成高碳马氏体就越多，脆化也就越严重。

要减少中碳调质钢过热区脆化，宜采用小焊接热输入并辅之以预热、缓冷和后热等工艺措施。因为小热输入可减少高温停留时间，避免了奥氏体晶粒过热，增加了奥氏体内部成分的不均匀性，从而降低其稳定性。预热和缓冷是为了降低冷却速度，改善过热区的性能。对这类钢采用大的焊接热输入也难以避免马氏体的形成。反而会增大奥氏体过热和提高它的稳定性，形成粗大的马氏体，使过热区脆化更为严重，应尽量避免。

④ 热影响区软化 中碳调质钢在调质状态下焊接，焊后在热影响区上的软化现象比低碳调质钢更为严重，随着强度级别提高，其软化程度就越显著。该软化区便成为降低接头强度的薄弱环节。软化区的软化程度和宽度与焊接热输入有关，热输入越小，加热和冷却速度越快，受热时间越短，其软化程度和宽度就越小。因此，采用热能集中、热输入较小的焊接方法，对减小软化区有利。

(2) 中碳调质钢的焊接工艺

① 在退火状态下焊接的工艺 正常情况下中碳调质钢都是在退火（或正火）状态下焊接，焊后再进行整体调质。这样，焊接时只需解决焊接裂纹问题，热影响区的性能可以通过焊后的调质处理来保证。

在退火状态下焊接中碳调质钢，对焊接方法的选择几乎没有限制，常用的焊接方法都可采用。

焊接材料的选择，除要求不产生冷、热裂纹外，还要求焊缝金属的调质处理规范与母材一致，以保证调质后的接头性能也与母材相同。因此，焊缝金属的主要合金成分应尽量与母材相似，同时对能引起焊接热裂纹倾向和促使金属脆化的元素，如 C、Si、S、P 等，须严格控制。表 6-11 为焊前退火焊后再调质的几种中碳调质钢焊接材料选用示例。

焊接工艺参数确定的原则是保证在调质处理前不出现裂纹。为此，可采用较高一些的预热温度（200～300℃）和层间温度。如果用局部预热，预热范围距焊缝两侧应不小于100mm。如果焊后不能立即进行调质处理，为了防止在调质处理之前产生延迟裂纹，必须在焊后及时地进行一次中间热处理。中间热处理方式根据产品结构的复杂性和焊缝数量而定。结构简单焊缝量少时，可作后热处理，即焊后在等于或高于预热温度下保持一段时间即可。这样有利于去除扩散氢和改善接头组织状态，以降低冷裂纹的敏感性；或者进行 680℃回火处理，既能消氢和改善接头组织，也可消除应力。如果产品结构复杂，有大量焊缝时，应焊完一定数量焊缝后就及时进行一次后热处理。必要时，每焊完一条焊缝都进行后热处理，目的是避免后面焊缝尚未焊完，先焊部分就已经出现延迟裂纹。

表 6-11　常用中碳调质钢焊接材料选用举例

钢号	电焊条		埋弧焊		气体保护焊	
	型号	牌号	焊丝	焊剂	气体	焊丝
30CrMnSiA	E8515-G E10015-G	J857Cr J107Cr HT-1（H08CrMoA 焊芯） HT-3（H08A 焊芯） HT-3（Hl8CrMoA 焊芯）	H20CrMoA H18CrMoA	HJ431 HJ431 HJ260	CO$_2$	H08Mn2SiMoA H08Mn2SiA
					Ar	H18CrMoA
30CrMnSiNi2A		HT-3（Hl8CrMoA 焊芯）	H18CrMoA	HJ350-1 HJ260	Ar	H18CrMoA
35CrMoA	E10015-G	J107Cr	H20CrMoA	HJ260	Ar	H20CrMoA
35CrMoVA	E8515-G E10015-G	J857Cr J107Cr	—	—	Ar	H20Cr3MoNiA
34CrNi3MoA	E8515-G	J857Cr	—	—	Ar	—
40Cr	E8515-G E9015-G E10015-G	J857Cr J907Cr J107Cr	—	—	—	—

注："HT-X" 为航空用焊条牌号；HJ350-1 为 80%～82%HJ350 和 18%～20%黏结焊剂 1 号混合焊剂。

②　在调质状态下焊接的工艺　必须在调质状态下焊接时，除了要防止焊接裂纹外，还要解决热影响区上高碳马氏体引起的硬化和脆化以及高温回火区软化引起强度降低问题。高碳马氏体引起的硬化和脆化可以通过焊后回火解决，而软化引起强度降低，在焊后不能调质处理的情况下是无法解决的。因此，在调质状态下焊接，应集中防止冷裂纹和避免热影响区软化。

a. 焊接方法　为减轻热影响区软化的程度，应选择热能集中、能量密度大的焊接方法。以气体保护焊为好，尤其是钨极氢弧焊，它的热量较易控制，焊接质量易保证。另外，脉冲钨极氩弧焊、等离子弧焊和电子束焊都是很适合的焊接方法。焊条电弧焊具有经济性和灵活性，仍然是当前应用最多的方法，气焊和电渣焊则不宜使用。

b. 焊接材料　因焊后不再进行调质处理，选择焊接材料时就没有必要考虑成分和热处理工艺须与母材相匹配的问题，主要是防止冷裂纹。焊条电弧焊时经常选用塑性和韧性好的纯奥氏体的铬镍钢焊条或镍基焊条，能使焊接变形集中在焊缝金属上，减小了近缝区所承受的应力；焊缝为纯奥氏体，可溶解更多的氢，避免了焊缝中的氢向熔合区扩散。使用这种焊条时要注意尽量减小母材对焊缝金属的稀释，所拟订的焊接工艺使熔合比尽可能地小。

c. 工艺参数　在调质状态下进行焊接，最理想的焊接热循环应是高温停留时间要短，而冷却速度要慢。前者可避免过热区奥氏体晶粒粗化，减轻了高温回火区的软化；后者使过热区获得的是对冷裂敏感性低的组织。为此，用小的焊接热输入，预热温度取低值，焊后立即后热。

由于焊后不再进行调质处理，所以焊接过程所采取的预热、层间温度、中间热处理或后热以及焊后回火处理的温度，都应控制在比母材淬火后的回火温度低50℃。

6.4　不锈钢的焊接

6.4.1　不锈钢的概述

(1) 不锈钢的类型

不锈钢的分类方法很多，主要按正火状态的组织分类如下。

① 马氏体钢　马氏体钢包括 Cr13 系及以 Cr12 为基的多元合金化的钢。马氏体不锈钢其典型钢号有 1Cr13、2Cr13、3Cr13、4Cr13 等，它们都有足够高的耐蚀性；但因只用 Cr 进行合金化，只在氧化性介质中耐蚀，而在非氧化性介质中不能达到良好的钝化，耐蚀性很低。低碳的 1Cr13、2Cr13 钢耐蚀性较好，且具有优良的力学性能，主要用作耐蚀结构零件。3Cr13、4Cr13 钢因含碳量增加，强度和耐磨性提高，但耐蚀性降低，主要用于防锈的手术器械及刀具。马氏体型的不锈钢是在调质状态下使用。

② 铁素体钢　正火状态下以铁素体组织为主，含 $w(Cr)=11\%\sim30\%$ 的高铬钢属于此类，主要用作抗氧化钢，也可作耐热钢用。如 0Cr13Al 作为不锈钢，可用于汽轮机材料、淬火用部件、复合钢材等。再如 1Cr17 不锈钢，可用于生产硝酸、硝铵的化工设备，如吸收塔、热交换器耐酸槽、输送管道、储槽等。

③ 奥氏体钢　奥氏体钢是不锈钢中最重要的钢类，其生产量和使用量约占该钢总量的70%，钢号也最多，当今我国常用奥氏体钢的牌号就有 40 多个，并已有绝大部分牌号纳入国家标准。如 Cr18Ni8 系列（简称 18-8）中的 0Cr18Ni9、00Cr19Ni10、0Cr18Ni12Mo3Ti等，主要用于耐蚀条件下。

④ 铁素体-奥氏体双相钢　这类钢是在超低碳铁素体基不锈钢的基础上发展起来的双相不锈钢。钢中铁素体占 $60\%\sim40\%$，奥氏体占 $40\%\sim60\%$。它具有特殊的抗点蚀及抗应力腐蚀开裂的能力。典型的 δ-γ 双相钢有 00Cr18Ni5Mo3Si2、00Cr22Ni5Mo3N、00Cr25Ni5Mo3N 等，化学成分与 18-8 钢相比，增加了 Cr，降低了 Ni，并加入一定的 Mo和 Si、N 等元素。这类钢主要用于含氯离子的环境，如石油、化工、化肥、造纸等设备。

(2) 不锈钢的性能特点

① 不锈钢的物理性能　与碳钢相比，不锈钢的导电性能差；奥氏体不锈钢线胀系数比碳钢约大 50%，而马氏体不锈钢和铁素体不锈钢的线胀系数大体上和碳钢相等；奥氏体不锈钢的热导率比碳钢低，仅为其 1/3 左右，马氏体与铁素体不锈钢的热导率均为碳钢的 1/2左右。而且合金元素含量越多，导电、导热性越差，线胀系数越大。

奥氏体不锈钢导电、导热性越差，线胀系数越大。这种物理性能特点是制订焊接工艺时必须考虑的重要因素之一。

② 不锈钢的腐蚀形式　金属受介质的化学及电化学作用而破坏的现象称为腐蚀，不锈钢的主要腐蚀形式有均匀腐蚀、晶间腐蚀、点状腐蚀和应力腐蚀开裂等。

a. 均匀腐蚀　是指接触腐蚀介质的金属整个表面产生腐蚀的现象，如图 6-9 (a) 所示，受腐蚀的金属由于截面不断缩小而最后破坏。

b. 晶间腐蚀　是一种起源于金属表面沿晶界深入金属内部的腐蚀现象，如图 6-9 (b) 所示。它主要是因为晶界的电极电位低于晶粒电极电位而产生的。此类腐蚀在金属外观未有任何变化时就造成突然破坏，因此晶间腐蚀的危险性最大。

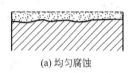 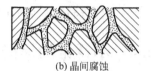 

(a) 均匀腐蚀　　　　　　(b) 晶间腐蚀　　　　　　(c) 点状腐蚀

图 6-9　腐蚀的破坏形式

c. 点状腐蚀　腐蚀集中于金属表面的局部范围，并迅速向内部发展，最后穿透，如图 6-9 (c) 所示。不锈钢表面与氯离子接触时，因氯离子容易吸附在钢的表面个别点上，破坏了该处的氧化膜，就很容易发生点状腐蚀。不锈钢的表面缺陷，也是引起点状腐蚀的重要原因之一。

d. 应力腐蚀开裂　是一种金属在拉应力与电化学介质共同作用下所产生的一种延迟开裂现象。应力腐蚀开裂的一个最重要的特点是腐蚀介质与金属材料的组合有选择性，即一定的金属只有在一定的介质中才会发生此种腐蚀。

对焊接结构来说，晶间腐蚀与应力腐蚀开裂较为常见，危害也较大。

6.4.2　不锈钢的焊接性分析

焊接不锈钢时，如果焊接工艺不当或焊接材料选用不正确，会产生一系列的缺陷。这些缺陷主要有耐蚀性的下降和焊接裂纹的形成，这将直接影响焊接接头的力学性能和焊接接头的质量。

(1) 合金元素对不锈钢接头耐蚀性的影响

不锈钢中常用的合金元素有 C、Cr、Ni、Mo、Ti、Nb、Mn、Si 等，其中 Cr、Ni 是保证不锈钢耐蚀性能的最重要元素。

① 铬 (Cr)　铬是决定不锈钢耐蚀性最重要的元素。钢中有一定铬时，在氧化性介质中可在表面形成致密、稳定的氧化膜，使其具有良好的耐蚀性。此外，铬是形成和稳定铁素体的元素，它与 α-Fe 可以完全互溶，当 $w(Cr) \geqslant 12.7\%$ 时，可以得到从高温到低温不发生相变的单一 δ 固溶体，而且铬以固溶状态存在时，可以提高基体的电极电位，从而使钢的耐蚀性显著增加，一般在不锈钢中 $w(Cr) \geqslant 13\%$。

② 镍 (Ni)　镍也是不锈钢中的主要元素，当 $w(Ni) > 15\%$ 时，对硫酸和盐酸有很高的耐蚀性。镍还能提高钢对碱、盐和大气的抗腐蚀能力。镍是形成和稳定奥氏体的元素，但其作用只有与铬配合时才能充分发挥出来，当 $w(Cr) = 18\%$，$w(Ni)$ 为 8% 时，经固溶处理就可以得到单一的奥氏体组织。因此，在不锈钢中镍总是和铬配合使用。

③ 碳 (C)　碳一方面是稳定奥氏体的元素，作用相当于镍的 30 倍；另一方面，碳与铬的亲和力较大，能与铬形成一系列的碳化物，而使固溶于基体中的铬减少，使钢的耐蚀性

下降。因此，钢中碳越高，耐蚀性就越低，因而一般 $w(C) = 0.1\% \sim 0.2\%$，最多不超过 0.4%。

④ 锰（Mn）和氮（N）　锰和氮都是形成和稳定奥氏体的元素，锰的作用是镍的 1/2，氮的作用是镍的 40 倍，有时用锰和氮部分或全部代替镍，组成 Cr-Mn-N 系不锈钢。

⑤ 钛（Ti）和铌（Nb）　钛和铌都是强碳化物形成元素，一般作稳定剂加入不锈钢中，防止碳与铬形成碳化物，以保证钢的耐蚀性。

⑥ 钼（Mo）　钼可以增强钢的钝化作用，对提高抗点状腐蚀有显著效果。

(2) 不锈钢的焊接性

① 焊接接头的晶间腐蚀倾向　奥氏体不锈钢在 $400 \sim 800℃$ 范围内加热后对晶间腐蚀最为敏感，此温度区间一般称为敏化温度区间。这主要是由于奥氏体钢在固溶状态下，碳以过饱和的形式溶解于 γ 固溶体中。加热时，过饱和的碳以 $Cr_{23}C_6$ 的形式沿晶界析出，当使晶界附近 w_{Cr} 降到低于钝化所需的最低数量（$w_{Cr} \approx 12\%$）时，在晶界形成了贫铬层，从而使晶界的电极电位远低于晶内。当金属与腐蚀介质接触时，电极电位低的晶界就被腐蚀，这种腐蚀就是晶间腐蚀。

对于奥氏体不锈钢的焊接接头，晶间腐蚀可发生在焊缝、熔合线和峰值温度在 $600 \sim 1000℃$ 的热影响区（又称为敏化区）中，如图 6-10 所示。

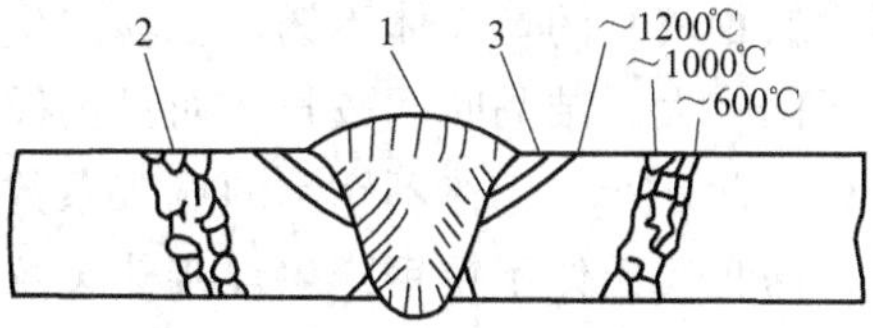

在熔合线上产生的晶间腐蚀又称为刀蚀，因腐蚀形状如刀刃而得名。刀蚀只产生于含有稳定剂的奥氏体钢的焊接接头上，而且一般发生在焊后再次在敏化温度区间加热的情况下，即在高温过热与中温敏化连续作用的条件下产生。

图 6-10　奥氏体不锈钢焊接接头的晶间腐蚀
1—焊缝晶间腐蚀；2—敏化区腐蚀；3—刀蚀

② 提高焊接接头耐晶间腐蚀能力的措施

a. 降低含碳量　减少奥氏体不锈钢中的含碳量，是防止晶间腐蚀最根本的办法。当钢中的碳含量降低到小于或等于室温下在 γ 相中的溶解度（$w_C = 0.02\% \sim 0.03\%$）时，加热时就不会有或很少有 $Cr_{23}C_6$ 析出，则从根本上避免了贫铬层的形成，防止了晶间腐蚀的产生。超低碳的不锈钢（$w_C \leqslant 0.03\%$）就是根据这个原理设计的，所以超低碳的不锈钢具有优良的耐晶间腐蚀性。

b. 加入稳定剂　在钢和焊接材料中加入钛、铌等与碳的亲和力比铬强的合金元素，这些合金元素能够优先与碳结合成稳定的碳化物，从而避免在奥氏体晶界形成碳化铬而产生贫铬层，对提高抗晶间腐蚀能力有良好的作用。为此目的所加入的合金元素，称为稳定剂。

c. 焊后进行固溶处理　将焊件加热到 $1050 \sim 1100℃$，使已经析出的 $Cr_{23}C_6$ 重新溶入奥氏体中，然后快速冷却，形成稳定的奥氏体组织，此过程称为固溶处理。经过固溶处理后，消除了晶界的贫铬层，防止了晶间腐蚀的产生。但此方法用于处理大型复杂结构有一定的困难。

d. 改变焊缝的组织状态　即使焊缝由单一的 γ 相改变为 γ+δ 双相。当焊缝中存在一定数量的铁素体 δ 相时，可以打乱 γ 粗大的柱状晶，使小而直的晶界变得复杂化，破坏腐蚀通道，从而提高耐晶间腐蚀性。但 δ 相数量不宜过多，5% 左右即可获得满意的效果。

e. 减小焊接热输入　尽量选用较小的焊接热输入量，以减小在高温停留的时间，对减小敏化区的形成和刀蚀的形成都具有一定的作用。

③ 焊接接头的应力腐蚀开裂　这是不锈钢在静应力（内应力或外应力）与腐蚀介质同时作用下发生的破坏现象。纯金属一般没有应力腐蚀开裂倾向，而在不锈钢中，奥氏体不锈钢比铁素体或马氏体不锈钢的应力腐蚀倾向大。因为奥氏体不锈钢导热性差，线胀系数大，所以焊后会产生较大的焊接残余应力，因而容易造成应力腐蚀开裂。

防止应力腐蚀开裂的措施如下。

a. 正确选用材料　根据介质特性选用对应力腐蚀开裂敏感性低的材料是防止应力腐蚀开裂最根本的措施。

b. 消除焊件的残余应力　通常可采用锤击焊件表面来松弛残余应力，也可以进行消除应力热处理。

c. 对材料进行防蚀处理　通过电镀、喷镀、衬里等方法，用金属或非金属覆盖层将金属与腐蚀介质隔离开。

d. 接头设计应注意防止"死区"　这是为了避免缝隙的存在。因缝隙处会引起腐蚀介质的停滞、聚集，使局部介质浓缩，再在应力的作用下易产生应力腐蚀开裂现象。

④ 焊接接头的热裂纹　热裂纹是奥氏体不锈钢焊接时比较容易产生的一种缺陷，特别是含镍量较高的奥氏体不锈钢更易产生。其产生的主要原因是由于奥氏体不锈钢的液、固相线区间较大、结晶时间较长，而且奥氏体结晶方向性强，使低熔点杂质偏析严重而集中于晶界处；此外，奥氏体不锈钢的线胀系数大，冷却收缩时应力大，所以易产生热裂纹。

防止奥氏体不锈钢产生焊接热裂纹的措施如下。

a. 严格限制焊缝中的 S、P 等杂质的含量。

b. 产生双相组织。对于 $w(Ni)<15\%$ 的 18-8 型不锈钢，具有 $\gamma+\delta$ 的双相组织焊缝具有较高的抗裂性，δ 铁素体含量应控制在 $3\%\sim8\%$。

当 $w(Ni)>15\%$，单相奥氏体组织的高镍不锈钢不宜采用 $\gamma+\delta$ 双相组织（高温时 δ 相促进生成 σ 相，导致 σ 相脆化）时，可采用 $\gamma+$碳化物或 $\gamma+$硼化物的双相组织，亦有较高的抗裂性。

c. 合理地进行合金化。在不允许采用双相组织的情况下，可以通过调整焊缝金属的合金成分，如加入 $w(Mn)4\%\sim6\%$，对防止单相奥氏体焊缝产生热裂纹相当有效。此外，在焊缝中适当增加碳或氮的含量对防止热裂纹也是有益的。

d. 工艺上的措施。为降低焊缝的热裂倾向，制订焊接工艺时应尽可能减少熔池过热和接头的残余应力。

⑤ 焊接接头的脆化

a. σ 相脆化。奥氏体或铁素体不锈钢在高温（$375\sim875℃$）长时间加热就会形成一种 Fe-Cr 金属间化合物，即 σ 相。σ 相本身系脆性相且分布在晶界处，使不锈钢的脆性大大增加。通过把焊接接头加热到 $1000\sim1050℃$，然后快速冷却，可消除 σ 相。

b. 粗大的原始晶粒。高铬铁素体钢在加热与冷却过程中不发生相变，晶粒很容易长大，而且用热处理也无法消除，只能用压力加工才能使粗大的晶粒破碎。

c. 475℃脆性。$w(Cr)>15\%$ 的铁素体不锈钢，在 $400\sim550℃$ 范围内长期加热后，钢在室温变得很脆，其冲击韧度和塑性接近于零。脆化最敏感的温度接近 475℃，故一般称之为 475℃脆性。475℃脆性具有还原性，通过 900℃淬火后可以消除。

此外，由于铁素体不锈钢焊接接头有明显的脆化倾向，马氏体不锈钢焊接时淬硬倾向大，因此，都会造成接头部位冷裂纹的形成。

6.4.3　奥氏体不锈钢的焊接工艺

不锈钢焊接接头的基本质量要求是确保接头各区的耐蚀性不低于母材。应以保证接头的耐蚀性为原则，采取相应的措施，选择适用的焊接材料和工艺参数。

对奥氏体不锈钢结构，多数情况下都有耐蚀性的要求。因此，为保证焊接接头的质量，需要解决的问题比焊接低碳钢或低合金钢时要复杂得多，在编制工艺规程时，必须考虑备料、装配、焊接各个环节对接头质量可能带来的影响。此外，奥氏体钢本身的物理性能特点，也是编制焊接工艺时必须考虑的重要因素。

奥氏体不锈钢焊接工艺的内容，包括焊接方法与焊接材料的选择、焊前准备、焊接参数的确定及焊后处理等。由于奥氏体不锈钢的塑性、韧性好，一般不需焊前预热。

（1）焊接材料的选择

奥氏体不锈钢焊接材料的选用原则，应使焊缝金属的合金成分与母材成分基本相同，并尽量降低焊缝金属中的碳含量和 S、P 等杂质的含量。奥氏体不锈钢焊接材料的选用见表 6-12。

表 6-12　奥氏体不锈钢焊接材料的选用

钢号	焊条型号（牌号）	氩弧焊焊丝	埋弧焊焊丝	埋弧焊焊剂
1Cr18Ni9	E308-16（A101） E308-15（A107）	H1Cr19Ni9		
1Cr18Ni9Ti	E308-16（A101） E308-15（A107）	H1Cr19Ni9	H1Cr19Ni9 H0Cr20Ni10Ti	HJ260 HJ172
Y1Cr18Ni9Se 1Cr18Ni9Si3	E316-15（A207） E316-16（A202）	H0Cr19Ni12Mo2		
00Cr17Ni14Mo2	E316-16（A202）	H00Cr19Ni12Mo2	H00Cr19Ni12Mo2	HJ260

（2）焊接方法的选择

奥氏体不锈钢具有较好的焊接性，可以采用焊条电弧焊、埋弧焊、惰性气体保护焊和等离子弧焊等熔焊方法，并且焊接接头具有较好的塑性和韧性。因为电渣焊的热过程特点，使奥氏体不锈钢接头的抗晶间腐蚀能力降低，并且在熔合线附近易产生严重的刀蚀，所以，一般不用电渣焊。

（3）焊前准备

① 下料方法的选择　奥氏体不锈钢中有较多的铬，用一般的氧乙炔切割有困难，可用机械切割、等离子弧切割及碳弧气刨等方法进行下料或坡口加工，机械切割最常用的有剪切、刨削等。

② 坡口的制备　在设计奥氏体不锈钢焊件坡口形状和尺寸时，应充分考虑奥氏体不锈钢较大的线胀系数会加剧接头的变形，应适当减小 V 形坡口角度。当板厚大于 10mm 时，应尽量选用焊缝截面较小的 U 形坡口。

③ 焊前清理　为了保证焊接质量，焊前应将坡口及其两侧 20～30mm 范围内的焊件表面清理干净，如有油污，可用丙酮或酒精等有机溶剂擦拭。对表面质量要求特别高的焊件，应在适当范围内涂上用白垩粉调制的糊浆，以防止飞溅金属损伤不锈钢表面。

④ 表面防护　在搬运、坡口制备、装配及定位焊过程中，应注意避免损伤钢材表面，以免使产品的耐蚀性降低。如不允许用利器划伤钢板表面，不允许随意到处引弧等。

（4）焊接工艺参数的选择

焊接奥氏体不锈钢时，应控制焊接热输入和层间温度，以防止热影响区晶粒长大及碳化物的析出。

对于焊条电弧焊，由于奥氏体不锈钢的电阻较大，焊接时产生的电阻热较大，同样直径的焊条，焊接电流值应比低碳钢焊条降低 20% 左右。焊接工艺参数见表 6-13。焊条长度亦应比碳素钢焊条短，以免在焊接时由于药皮的迅速发红而失去保护作用。奥氏体不锈钢焊条即使选用酸性焊条，最好也采用直流反接法施焊。因为此时焊件是负极，温度低，受热少，而且直流电源稳定，也有利于保证焊缝质量。此外，在焊接过程中，应注意提高焊接速度，同时焊条不作横向摆动，这样可有效地防止晶间腐蚀、热裂纹及变形的产生。

表 6-13　不锈钢焊条电弧焊工艺参数

焊件厚度/mm	焊条直径/mm	焊接电流/A		
		平焊	立焊	仰焊
<2	2	40～70	40～60	40～50
2～3	2.5	50～80	50～70	50～70
3～5	3.2	70～120	70～95	70～90
5～8	4.0	130～190	130～145	130～140
8～12	5.0	160～210	—	—

对于钨极氩弧焊一般采用直流正接，这样可以防止因电极过热而造成焊缝中渗钨的现象。钨极氩弧焊工艺参数见表 6-14。

表 6-14　不锈钢钨极氩弧焊工艺参数

板厚/mm	钨极直径/mm	焊接电流/A	焊丝直径/mm	氩气流量/L·min⁻¹
0.3	1	18～20	1.2	5～6
1	2	20～25	1.6	5～6
1.5	2	25～30	1.6	5～6
2	2	35～45	1.6～2	5～6
2.5	3	60～80	1.6～2	6～8
3	3	70～85	1.6～2	6～8
4	3	75～90	2	6～8
6～8	4	100～140	2	6～8
>8	4	100～140	3	6～8

对于熔化极氩弧焊，一般采用直流反极性接法。为了获得稳定的喷射过渡形式，要求电流大于临界电流值。焊接工艺参数见表 6-15。

表 6-15　奥氏体不锈钢熔化极氩弧焊工艺参数

板厚/mm	焊丝直径/mm	焊接电流/A	电弧电压/V	焊接速度/m·h⁻¹	气体流量/L·min⁻¹
2.0	1.0	140～180	18～20	20～40	6～8
3.0	1.6	200～280	20～22	20～40	6～8
4.0	1.6	22～320	22～25	20～40	7～9
6.0	1.6～2.0	280～360	23～27	15～30	9～12
8.0	2.0	300～380	24～28	15～30	11～15
10.0	2.0	320～440	25～30	15～30	12～17

对于埋弧焊，由于热输入大，金属容易过热，对不锈钢的耐蚀性有一定的影响。因此，在奥氏体不锈钢焊接中，埋弧焊的应用不如在低合金钢焊接中应用普遍。18-8 型奥氏体不锈钢埋弧焊工艺参数见表 6-16。

表 6-16　18-8 型奥氏体不锈钢埋弧焊工艺参数

焊件厚度/mm	装配时允许最大间隙/mm	焊接电流/A	电弧电压/V	焊接速度/m·h^{-1}
8	1.5	500～600	32～34	46
10	1.5	600～650	34～36	42
12	1.5	650～700	36～38	36
16	2.0	750～800	36～38	31
18	3.0	800～850	36～38	25

对于等离子弧焊焊接参数调节范围很宽，可用大电流（200A 以上），利用小孔效应，一次焊接厚度可达 12mm，并实现单面焊双面成形。用很小的电流，也可焊很薄的材料，如在微束等离子弧焊时，用 100～150A 的电流可焊厚度为 0.01～0.02mm.

(5) 奥氏体不锈钢的焊后处理

为增加奥氏体不锈钢的耐蚀性，焊后对其表面进行处理，处理的方法有表面抛光、酸洗和钝化处理。

① 表面抛光　不锈钢的表面如有刻痕、凹痕、粗糙点和污点等，会加快腐蚀。将不锈钢表面抛光，就能提高其抗腐蚀能力；表面粗糙度值越小，抗腐蚀性能就越好。因为粗糙度值小的表面能产生一层致密而均匀的氧化膜，这层氧化膜能保护内部金属不再受到氧化和腐蚀。

② 酸洗　经热加工的不锈钢和不锈钢焊接热影响区都会产生一层氧化皮，这层氧化皮会影响耐蚀性，所以焊后必须将其除去。

酸洗时，常用酸液酸洗和酸膏酸洗两种方法。酸液酸洗又有浸洗和刷洗两种。

a. 浸洗酸液配方（体积分数）：硝酸（密度 1.42g/cm^3）为 20%，氢氟酸为 5%，其余为水。浸洗法适用于较小的部件，将部件在酸洗槽中浸泡 25～45min，取出后用清水冲净。

b. 刷洗酸液配方（体积分数）：盐酸 50%，水 50%。刷洗法适用于大型部件，用刷子或拖布反复刷洗，到呈白色为止，再用清水冲净。

c. 酸膏酸洗。适用于大型结构，将配制好的酸膏赋予结构表面，停留几分钟，用清水冲净。酸膏配方：盐酸（密度 1.19g/cm^3）20mL、水 100mL、硝酸（密度 1.42g/cm^3）30mL、膨润土 150g。

③ 钝化处理　钝化处理是在不锈钢的表面用人工方法形成一层氧化膜，以增加其耐蚀性。钝化是在酸洗后进行的，经钝化处理后的不锈钢，外表全部呈银白色，具有较高的耐蚀性。

钝化液配方（质量分数）：硝酸（密度 1.42g/cm^3）5%，重铬酸钾 2%，其余为水。

(6) 焊后检验

奥氏体不锈钢一般都具有耐蚀性的要求，所以焊后除了要进行一般焊接缺陷的检验外，还要进行耐蚀性试验。耐蚀性试验的目的是：在给定的条件（介质、浓度、湿度、腐蚀方法、应力状态等）下测定金属抵抗腐蚀的能力，估计其使用寿命，分析腐蚀原因，找出防止或延缓腐蚀的方法。

腐蚀试验方法应根据产品对耐蚀性能的要求而定。常用的方法有不锈钢晶间腐蚀试验、应力腐蚀试验、大气腐蚀试验、高温腐蚀试验、腐蚀疲劳试验等。不锈耐酸钢晶间腐蚀倾向试验方法已纳入国家标准，可用于检验不锈钢的晶间腐蚀倾向。

6.5 铸铁的焊接

6.5.1 铸铁的概述

铸铁作为工程和结构材料应用十分广泛，几乎遍及国民经济各个部门，尤其在机械制造、交通运输、农业机械中占有举足轻重的地位。但铸铁是比较难焊的材料，直至20世纪60年代，铸铁焊补仍是困扰我国机械工业的"老大难"问题。在机械制造、农业机械中铸铁使用量各占60%～90%，50%～70%，当时有缺陷的铸铁件达30%～50%，重新熔化浪费大量能源和工时。

铸铁的焊接主要用于铸件缺陷的补焊、损坏铸件的修复、生产铸焊复合件等。在铸铁焊接中，应用最多的是灰铸铁的焊接，球墨铸铁次之，可锻铸铁最少。

铸铁按碳在铸铁中的存在形式分为灰铸铁（全部是G）、白口铸铁（全部是Fe_3C）和麻口铸铁（$G+Fe_3C$）；按石墨的形态分为普通灰铸铁、球墨铸铁、蠕墨铸铁及可锻铸铁；按化学成分分为普通铸铁和合金铸铁。

普通灰铸铁中碳是以片状石墨的形式存在，断口呈黑灰色。它具有一定的力学性能和良好的耐磨性、减振性和切削加工性，因此是工业中应用最广泛的一种铸铁。

球墨铸铁由于石墨以球状分布而得名。它是在铁液中加入稀土金属、镁合金及硅铁等球化剂处理后使石墨球化而成。球墨铸铁的强度接近于碳钢，具有良好的耐磨性和一定的塑性，并能通过热处理改善性能，因此也被广泛应用于机械制造业中。目前铸铁的焊接主要就是针对上述两种铸铁的焊接。

白口铸铁中碳完全是以渗碳体的形式存在，断口呈亮白色。它的性质硬而脆，切削加工很困难，工业上极少应用，主要用作炼钢原料。

可锻铸铁中石墨呈团絮状，它是由一定成分的白口铸铁经长时间的石墨化退火而得到的。与灰铸铁相比，它有较好的强度和塑性，特别是低温冲击韧性较好，耐磨性和减振性优于碳素钢，主要用于管类零件及农机具等。

蠕墨铸铁是近十几年发展起来的新型铸铁，生产方式与球墨铸铁相似，石墨呈蠕虫状。它的力学性能介于灰铸铁与球墨铸铁之间，主要用来制造大功率柴油机气缸盖、电动机外壳等。

6.5.2 灰铸铁的焊接性分析

(1) 铸铁的成分和性能

灰铸铁中碳以片状石墨分布于不同基体中，以其断口颜色命名。由于有许多优良性能，应用非常广泛。但片状石墨的尖端效应使灰铸铁伸长率接近于零，按国标 GB 9439—1988 规定，灰铸铁牌号是按抗拉强度（MPa）最低值分，从 HT100 至 HT350、级差50 MPa 共6个牌号。灰铸铁化学成分（质量分数）一般在下述范围内：C 2.6%～3.8%，Si 1.2%～3.0%，Mn 0.4%～1.5%，P≤0.5%，S≤0.12%。

铸铁是含碳量大于2%的铁碳合金，通常含有硅，是三元合金。有时加入铬、钼、镍、铜、铝，成为有特殊性能的合金铸铁，而高铬铸铁、高镍奥氏体铸铁则属于高合金铸铁。球墨铸铁及蠕墨铸铁含有微量球化元素、蠕化元素稀土、镁等。由于铸铁中碳的存在形式、石墨形状、基体组织及合金元素不同，其性能有很大差别。

　　铸铁的性能主要取决于石墨的形状、大小、数量及分布特点。由于石墨的强度极低，在铸铁中相当于裂缝和空洞，这样就破坏了基本金属的连续性，使基体的有效承载面积减小。铸铁中的碳能以石墨或渗碳体两独立相的形式存在，渗碳体相是不稳定相，石墨相是相对稳定的相，因此，在熔融状态下的铁液中的碳有形成石墨的趋势。铸铁中的碳以石墨形式析出的过程称为铸铁的石墨化。铸铁石墨化主要与铁液的冷却速度和其化学成分（主要是碳硅含量）有关，当具有相同成分的铁液冷却时，冷却速度越慢，析出石墨的可能性越大，而碳硅的存在有利于铁液的石墨化进程，所以对于铸铁来说，要求碳硅含量较高。

(2) 铸铁的焊接性

　　灰铸铁的应用最为广泛，这里主要以灰铸铁的焊接性来进行分析。其特点是碳高及硫、磷杂质高，这就增大了焊接接头对冷却速度变化的敏感性及对冷热裂纹的敏感性。并且铸铁强度低，基本无塑性。其焊接时的主要问题是焊接接头易出现白口组织和裂纹。

　　① 焊接接头的白口组织　铸铁焊接接头由焊缝、熔合区、热影响区及母材组成，其中熔合区由半熔化区和未混合区组成，见图6-11。

　　在铸铁焊接时，由于熔池体积小，存在时间短，加之铸铁内部的热传导作用，使得焊缝及近缝区的冷却速度远远大于铸件在砂型中的冷却速度。因此，在焊接接头中的焊缝及半熔化区将会产生大量的渗碳体，形成白口铸铁组织。

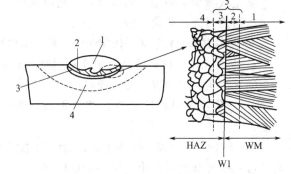

图6-11　焊接接头分区
1—焊缝；2—未混合区；3—半熔化区；4—热影响区；5—熔合区

　　a. 焊缝区　铸铁焊接时，由于所用焊接材料不同，焊缝材质有两种类型：一种是铸铁成分；另一种是非铸铁（钢、镍、镍铁、镍铜或铜铁等）成分。对于焊缝为非铸铁成分时，不存在白口组织。当焊缝为铸铁成分时，熔池冷却速度太快，或碳、硅含量较低，Fe_3C 来不及分解析出石墨，仍以 Fe_3C（渗碳体）形态存在，即产生白口组织。

　　b. 半熔化区　该区域很窄，是固相奥氏体与部分液相并存的区域，温度为 1150～1250℃，石墨全部溶解于奥氏体。当灰铸铁母材升温到 1150～1250℃进入共晶温度区间以上时，成为液体与奥氏体的共晶，共晶温度区间内还有原来的石墨存在。焊接时半熔化区在冷却速度较快时来不及析出石墨，溶解的碳与铁形成了共晶渗碳体，即半熔化区成为白口。冷却速度越快，越易形成白口组织。

　　当焊缝为铸铁成分时，如果冷却速度太快，半熔化区与焊缝区一样，会产生白口组织。当焊缝为非铸铁成分时，由于一般都是冷焊，半熔化区的冷却速度必然很快，该区的白口组织也必然出现，只不过随所用焊条的不同（钢、纯镍、镍铁、镍铜或铜铁焊条等）或焊接工艺不同，白口组织带的宽度有差别。目前铸铁冷焊用的"Z308"纯镍焊条，引起的白口组织带很窄，且为间断出现。

　　铸铁焊接接头中白口组织的存在，不仅造成加工困难，还会引起裂纹等缺陷的产生，因为白口组织既硬又脆，其硬度在 500～800HBS 之间。故铸铁焊接应尽量避免产生白口组织。

　　防止铸铁焊接接头产生白口组织的主要途径如下。

a）改变焊缝化学成分，主要是增加焊缝的石墨化元素含量或使焊缝成为非铸铁组织。如在焊芯或药皮中加入一些石墨化元素（碳、硅等），使其含量高于母材，以促进焊缝石墨化；或使用异质材料，如镍基合金、高钒、铜钢等焊条，让焊缝分别形成奥氏体、铁素体、有色金属等非铸铁组织。这样可改变焊缝中碳的存在形式，以使其不出现冷硬组织，并具有一定的塑性。

b）减缓冷却速度，可延长半熔化区处于红热状态的时间，有利于石墨的充分析出，故可实现半熔化区的石墨化过程。通常采用的措施是焊前预热和焊后保温缓冷。对焊缝为铸铁时，一般预温度为 400～700℃；焊缝为非铸铁时，一般采用不预热的冷焊方法，有时可略加预热，预热温度为 100～200℃或稍高一些。

② 淬硬组织　当采用低碳钢或某些合金钢焊条冷焊铸铁时，焊缝为非铸铁焊缝，由于母材的熔入，使焊缝金属中碳含量增加，在快速冷却下焊缝金属就会产生高碳马氏体组织，其硬度很高（500HBS 左右），也和白口组织一样，易引发裂纹和使切削加工带来困难。

防止或减少淬硬组织的途径，一是降低冷却速度；二是在采用钢质焊接材料时，尽量避免母材熔化过多而恶化焊缝。

③ 焊接接头裂纹　铸铁焊接时很容易产生裂纹，其类型主要是冷裂纹，其次是热裂纹。

a. 冷裂纹　焊接铸铁时产生这种裂纹的温度一般在 400℃以下，多发生在焊缝和热影响区上。其产生原因有以下几方面：

a）灰铸铁本身强度较低，塑性更差，承受塑性变形的能力几乎为零，因此容易引起开裂。

b）由于焊接过程对焊件来说，属于局部加热和冷却，焊件必然产生焊接应力，焊接应力的存在是导致裂纹产生的又一重要原因。

c）焊接接头的白口组织又硬又脆，不能产生塑性变形，容易引起开裂，严重时会使焊缝及热影响区交界整个界面开裂而分离。

焊缝上的冷裂纹主要取决于焊缝金属的性质，铸铁型（同质）焊缝是否产生冷裂纹决定于焊缝组织，例如白口及石墨形态及其分布等；非铸铁型（异质）焊缝是否产生冷裂纹决定于焊缝金属的塑性和焊接工艺的合理配合。

b. 热裂纹　铸铁的焊接热裂纹主要出现在焊缝上。铸铁型焊缝有效结晶温度区间小，铁液流动性好，几乎不产生热裂纹；结构钢焊条焊接铸铁时，因碳的熔入使焊缝成为高碳成分，加之硫、磷的熔入，焊缝热裂纹难以避免；铁粉型低碳钢芯、纯铁芯焊条及细丝二氧化碳气体保护焊使熔合比减小，热裂纹倾向明显降低；钒强烈结合碳生成 V_4C_3，高钒钢焊条抗热裂纹能力很强；镍基焊条因硫、磷与镍形成低熔点共晶分布于晶界易产生热裂纹，近年来研究表明，适当提高含碳量，适量加入钴及钇或稀土氧化物并限制锰、硅、硫、磷，可提高镍基焊条抗热裂纹能力。

6.5.3　灰铸铁的焊接工艺

灰铸铁系指前述的普通灰铸铁，其焊接方法有焊条电弧焊、气焊、钎焊和手工电渣焊，其中最常用的是焊条电弧焊、气焊及钎焊。下面以同质焊缝的焊条电弧焊为例介绍灰铸铁的焊接工艺。

同质焊缝指焊后形成铸铁型焊缝。它的焊条电弧焊工艺分为热焊（包括半热焊）和冷焊两种。

(1) 热焊及半热焊

针对灰铸铁焊接时白口组织和冷裂纹的问题，人们最先采用了热焊及半热焊工艺，以达到减小铸件温度，降低接头冷却速度的目的。热焊一般预热温度为 600～700℃，半热焊预热温度为 300～400℃。

① 热焊及半热焊焊条　热焊及半热焊的焊条有两种类型：一种是铸铁芯石墨化铸铁焊条（Z408），主要用于焊补厚大铸件的缺陷；另一种是钢芯石墨化铸铁焊条（Z208），外涂强石墨化药皮。

② 热焊工艺　电弧热焊时，一般将铸件整体或焊补区局部预热到 600～700℃，然后再进行焊接，焊后保温缓冷。热焊具体工艺如下。

a. 预热　对结构复杂的铸件（如柴油机缸盖），由于焊补区刚性大，焊缝无自由膨胀收缩的余地，故宜采用整体预热；对结构简单的铸件，焊补处刚性小，焊缝有一定膨胀收缩的余地，如铸件边缘的缺陷及小块断裂，可采用局部预热。

b. 焊前清理　用砂轮、扁铲、风铲等工具将缺陷中的型砂、氧化皮、铁锈等清除干净，直至露出金属光泽，离缺陷 10～20mm 处也应磨干净。对有油污的，用气焊火焰烧掉，以免焊条熔滴焊不上或产生气孔。

c. 造型　对边角部位及穿透缺陷，焊前为防止熔化金属流失，保证一定的焊缝成形，应在待焊部位造型，其形状尺寸如图 6-12 所示。

造型材料可用型砂加水玻璃或黄泥，内壁最好放置耐高温的石墨片，并在焊前进行烘干。

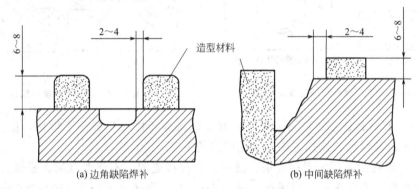

(a) 边角缺陷焊补　　　　(b) 中间缺陷焊补

图 6-12　热焊焊补区造型示意图

d. 焊接　焊接时，为了保持预热温度，缩短高温工作时间，要求在最短时间内焊完，故宜采用大电流、长弧、连续焊。焊接电流一般取焊条直径 d 的 40～60 倍，即 $I=(40{\sim}60)d$。

e. 焊后缓冷　要求焊后采取缓冷措施，一般用保温材料(如石棉灰等)覆盖，最好随炉冷却。

电弧热焊焊缝力学性能可以达到与母材基本相同，且具有良好的切削加工性，焊后残余应力小，接头质量高。但热焊法铸件预热温度高，焊工操作条件差，因此其应用和发展受到一定的限制。

③ 半热焊工艺　半热焊采用 300～400℃整体或局部预热。与热焊相比，可改善焊工的劳动条件。半热焊由于预温度比较低，在加热时铸件的塑性变形不明显，因而在焊补区刚性较大时，不易产生变形；但焊接应力增大，可能导致接头产生裂纹等缺陷。因此，半热焊只适用于焊补区刚度较小或形状较简单的铸件。

半热焊由于预热温度低，铸件焊接时的温差比热焊条件下大，故焊接区的冷却速度加快，易产生白口组织。为了防止白口组织及裂纹的产生，焊缝中石墨化元素含量应高于热焊时的含量，一般情况下可采用"Z208"或"Z248"焊条。半热焊工艺过程基本与热焊时相同，即大电流、长弧、连续焊，焊后保温缓冷。

(2) 电弧冷焊

电弧冷焊即不预热焊法。它是在提高焊缝石墨化能力的基础上，采用大直径焊条、大焊接线能量的连续焊工艺，以增加熔池存在时间，达到降低接头冷却速度、防止白口组织产生的目的。这种方法用于中厚度以上铸件的一般大缺陷焊补，基本上可以避免白口组织产生，获得了较好的效果。

① 电弧冷焊焊条　电弧冷焊时由于焊缝冷却速度较快，为了防止出现白口组织，同质焊缝冷焊焊条的石墨化元素碳、硅的含量应比热焊焊条高。

② 冷焊工艺要点

a. 焊前清理及坡口制备　焊接前应对焊补区进行清理并制备好坡口。为防止冷焊时因熔池体积过小而冷速增大，焊补区的面积须大于 $8cm^2$，深度应大于 7mm，铲挖出的型槽形状应光滑，并为上大下小呈一定的角度。其形状、尺寸示意如图 6-13 所示。

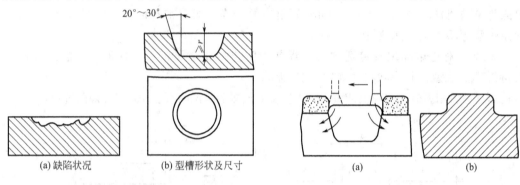

图 6-13　铸铁型焊条冷焊焊前准备示意

图 6-14　铸铁型焊条冷焊示意

b. 造型　坡口制备好后，为防止焊缝液态铁流失和保证焊缝高于母材，应在等焊部位造型。造型方法和材料与热焊方法基本相同（图 6-12）。

c. 焊接　焊接时采用大直径焊条，使用直流反接电源，进行大电流、长弧、连续施焊。焊接电流根据焊条直径选择，当焊条直径为 5mm 时，焊接电流应为 250～350A；焊条直径为 8mm 时，焊接电流为 380～600A。电弧长度约为 8～10mm，由中心向边缘连续焊接。坡口焊满后不要断弧，应将电弧沿熔池边缘靠近砂型移动［图 6-14（a）］，使焊缝堆高。一般焊缝的高度要超出母材表面 5～8mm，焊后焊缝截面形状如图 6-14（b）所示。焊后应立即覆盖熔池，以保温缓冷。

6.6　铝及铝合金的焊接

6.6.1　铝及铝合金概述

铝具有密度小、耐腐蚀性好、导电性及导热性高等良好性能。铝的资源丰富，特别是在纯铝中加入各种合金元素而成的铝合金，强度显著提高，使用非常广泛。常用的铝及铝合金主要有以下几类。

(1) 工业纯铝

工业纯铝的含铝量高，其纯度 $w_{Al}=99\%～99.7\%$，还含有少量的 Fe 和 Si 等其他杂质。

(2) 铝合金

纯铝的强度比较低，不能用来制造载荷很大的结构，所以使用受到限制。纯铝中加入少量合金元素，能大大改善铝的各项性能，如 Cu、Mg 和 Mn 能提高强度，Ti 能细化晶粒，Mg 能防止海水腐蚀，Ni 能提高耐热性，所以在工业上大量使用铝合金。铝合金的分类如下。

① 非热处理强化变形铝合金（铝镁、铝锰合金），通过加工硬化和固溶强化来提高力学性能。其特点是强度中等、塑性及抗蚀性好、焊接性良好，是目前铝合金焊接结构中应用最广的两种铝合金。

② 热处理强化变形铝合金（硬铝合金、锻铝合金、超硬铝合金）可通过淬火＋时效等热处理工艺提高力学性能，其特点是强度高、焊接性差。熔焊时焊接裂纹倾向较大，焊接接头耐蚀性和力学性能下降严重。

③ 铸造铝合金中，铝硅合金应用较广。其特点是有足够的强度、抗腐蚀和耐热性良好、焊接性尚好，主要进行铸造铝合金零件的补焊修复。

铝合金种类繁多，其中 5A02 （LF2）、5A03 （LF3）、5A05 （LF5）、5A06 （LF6）、3A21 （LF21）等铝合金，由于强度中等、塑性和耐腐蚀性好，特别是焊接性好，而广泛用来作为焊接结构的材料。其他铝合金因焊接性较差，在焊接结构中应用较少。

6.6.2　铝及铝合金的焊接性分析

铝及铝合金有易氧化、导热性高、热容量和线胀系数大、熔点低以及高温强度小等特点，因而给焊接工艺带来了一定困难。

① 易氧化　铝与氧的亲和力很强，铝及铝合金在任何温度下都会氧化。在空气中容易与氧结合生成致密的 Al_2O_3 薄膜（厚度约 $0.1\mu m$），高温焊接时氧化更为激烈。这种 Al_2O_3 薄膜的熔点高达 2050℃，密度约为铝的 1.4 倍。Al_2O_3 薄膜对水分的吸附能力很强，在焊接过程中若存在于熔池表面时还会影响电弧的稳定燃烧，阻碍焊接过程的正常进行。因此，焊接时易形成未熔合、气孔、夹渣等缺陷，从而降低了焊接接头的力学性能。为了保证焊接质量，焊前采用机械或化学法清除焊件坡口和焊丝表面的氧化物；同时，为了防止焊接过程中的再氧化，应对熔池及高温区金属进行有效的保护气体保护。

② 耗能大　铝及铝合金的热导率约为钢的 4 倍，要达到与钢同样的焊速，焊接线能量应为钢的 2～4 倍，因此，铝及铝合金焊接时应采用能量集中、功率大的热源，并采取预热等措施；铝及铝合金的导电性好，在电阻焊时比焊钢需要更大容量的电源。

③ 容易形成热裂纹　铝的高温强度低，塑性较差（纯铝在 640～656℃ 之间的伸长率小于0.69%），膨胀系数约为 $23.5\times10^{-6}/℃$，比钢大两倍左右，凝固时的体积收缩约为6.6%，在接头中容易形成较大的拘束应力，导致焊件产生较大的内应力，加大了形成变形和裂纹倾向。铝及铝合金焊接时，主要在焊缝金属中形成结晶裂纹和在热影响区形成液化裂纹。防止这些热裂纹产生的措施主要是改进接头设计、合理选择焊接工艺参数和适应母材特点的焊接填充材料，如高强铝合金（硬铝、超硬铝）焊接时，常采用含硅量 $w_{Si}=5\%$ 的 Al-Si 焊丝。

④ 容易产生气孔　氢是铝在熔焊时产生气孔的主要原因。由于液态铝能溶解大量的氢，而固态铝则几乎不溶解氢，在焊后的冷却凝固过程中，气体来不及逸出而聚集在焊缝中便形成气孔。此外，焊丝或工件表面氧化膜的存在，增加了对水分的吸附能力，也是形成气孔的重要原因。

⑤ 降低焊接接头的力学性能　热处理强化铝合金焊接接头的组织如图 6-15 所示。其中性能变化较大的是焊缝、半熔化区和过时效软化区。焊缝区为铸造组织，组织疏松且晶粒粗大，性能一般比母材低；半熔化区除晶粒严重粗化外，局部熔化会使晶粒出现过烧和被氧

化，导致塑性严重下降，有时还会出现显微裂纹，这个区是整个接头的最薄弱环节；在过时效软化区中，由于加热温度超过了时效温度而产生的退火作用，使合金时效强化作用完全或部分消失，强度、硬度大大降低，而成为热影响区中强度最低的部位。此外，某些铝合金中含有低沸点的合金元素如镁、锌等，这些元素在焊接过程中极易蒸发和烧损，

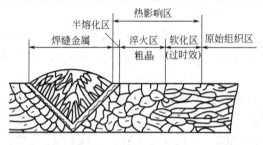

图6-15　热处理强化铝合金焊接接头的组织示意图

从而改变了焊缝金属的合金成分，降低了焊接接头的性能。

⑥ 降低焊接接头耐蚀性　铝及铝合金焊接接头耐蚀性一般都低于母材。造成接头耐蚀性降低的主要原因是接头的组织不均匀以及在接头中总是或多或少地存在有焊接缺陷，破坏了氧化膜的完整性和致密性，使腐蚀过程加速；另外，焊接应力的存在，是导致接头产生应力腐蚀的主要原因。在实际生产中，可采用细化焊缝晶粒、减少焊缝金属中的杂质含量、锤击焊缝消除焊接应力、选用能量集中的焊接方法以及焊后热处理等措施来提高焊接接头的抗蚀能力。

⑦ 无色泽变化　铝及铝合金从固态变为液态时，无明显的颜色变化，所以不易判断母材金属的温度，因此，焊接时常因无法察觉而导致烧穿。

6.6.3　铝及铝合金的焊接工艺

(1) 焊接材料的选择

铝及铝合金的焊接材料包括铝焊丝、铝气焊熔剂以及铝焊条等。铝焊丝通常分为以下几种。

① 专用焊丝　是专用于焊接与其成分相同或相近的母材，可根据母材成分选用。若无现成焊丝，也可从母材上切下窄条作为填充金属。

② 通用焊丝　是含硅量$w(Si)=5\%$的 Al-Si 焊丝，通常用于除 Al-Mg 合金以外的各种铝合金。焊缝金属的流动性好且具有较高的抗裂纹能力。

③ 特种焊丝　是为焊接各种硬铝、超硬铝而专门冶炼的焊丝，这类焊丝的成分与母材相近。与通用焊丝相比，焊缝金属既有良好的抗裂性，又有较高的强度和塑性。常用铝及铝合金焊丝型号及牌号见表6-17。

表6-17　铝及铝合金焊丝

名　称	型　号	主要化学成分（质量分数）/%	牌号	用途及特性
纯铝焊丝	SAl-1	Al≥99.0，Fe≤0.25，Si≤0.20		焊接纯铝及对接头性能要求不高的铝合金，塑性好，耐蚀，强度较低
	SAl-2	Al≥99.7，Fe≤0.30，Si≤0.30	HS301	
	SAl-3	Al≥99.5，Fe≤0.30，Si≤0.35		
铝镁合金焊丝	SAlMg-1	Mg2.4～2.8，Mn0.50～1.0，Fe≤0.4，Si≤0.4，Al余量		焊接铝镁合金和铝锌镁合金，焊补铝镁合金铸件，耐蚀，抗裂，强度高
	SAlMg-2	Mg3.1～3.9，Mn0.01，Fe≤0.5，Si≤0.5，Al余量		
	SAlMg-3	Mg4.3～5.2，Mn0.5～1.0，Fe≤0.4，Si≤0.5，Al余量		
	SAlMg-5	Mg4.7～5.7，Mn0.2～0.6，Fe≤0.4，Si≤0.5，Ti0.2～0.6，Al余量	HS331	

续表

名　称	型　号	主要化学成分（质量分数）/%	牌号	用途及特性
铝硅合金焊丝	SAlSi-1	Si4.5～6.0，Al余量	HS311	焊接除铝镁合金以外的铝合金，特别对易产生热裂纹的热处理强化铝合金更合适，抗裂
铝锰合金焊丝	SAlMn	Mn1.0～1.6，Al余量	HS321	焊接铝锰及其他铝合金，耐蚀，强度较高
铝铜合金焊丝	SAlCu	Cu5.8～6.8，Al余量		焊接铝铜合金

（2）焊接方法的选择

表 6-18 列出了铝及铝合金常用焊接方法的特点及适用范围，在生产中应根据具体情况选择其中最合适的一种方法。

表 6-18　铝及铝合金常用焊接方法的特点及适用范围

焊接方法	焊 接 特 点	适 用 范 围
气焊	氧乙炔火焰功率低，热量分散，热影响区及工件变形大，生产率低	用于厚度 0.5～10mm 的不重要结构，铸铝件焊补
焊条电弧焊	电弧稳定性较大，飞溅大，接头质量较差	用于铸铝件焊补和一般焊件修复
钨极氩弧焊	电弧热量集中，燃烧稳定，焊缝成形美观，接头质量较好	广泛用于厚度 0.5～2.5mm 的重要结构焊接
熔化极氩弧焊	电弧功率大，热量集中，焊件变形及热影响区小，生产效率高	用于≥3mm 中厚板材焊接
电子束焊	功率密度大，焊缝深宽比大，热影响区及焊件变形极小，生产效率高，接头质量好	用于厚度 3～75mm 的板材焊接
电阻焊	利用工件内部电阻产生热量，焊缝在外压下凝固结晶，不需要焊接材料，生产率高	用于焊接 4mm 以下的铝薄板
钎焊	靠液态钎料与固态焊件之间相互扩散而形成金属间牢固连接，应力变形小，接头强度低	用于厚度≥0.15mm 薄板的搭接、套接

（3）焊前准备及焊后清理

① 焊前准备　铝及铝合金焊前准备包括焊前清理、设置垫板和预热。

a. 焊前清理　去除坡口表面的油污和氧化膜等污物。在清除氧化膜之前，应先将坡口及其两侧（各约 30mm 内）的油污、脏物清洗干净，生产上一般采用汽油、丙酮、醋酸乙酯、松香水等清洗剂；对只有轻微油污的，可用温度为 60～70℃ 的碱性混合液（w_{NaOH} 1%＋$w_{Na_3PO_4}$ 5%＋$w_{Na_2SO_3}$ 3%水溶液）或温度为 60～70℃ 的 w_{NaOH}（3～5）% 的溶液清洗；当焊件表面比较干净时，可用热水或蒸汽吹洗。

氧化膜的清理有机械清理和化学清理两种方法。

机械清理是采用机械切削、喷砂处理、细钢丝刷或锉刀等将焊口两侧 30～40mm 范围内的氧化膜去除。当使用砂轮、砂纸或喷砂等方法清理时，容易使残留砂粒进入焊缝，故在焊前还应清除残留在焊口上的砂粒。选用钢丝刷时，其钢丝直径约为 0.1～0.15mm，否则会使划痕过深。

化学清理是用酸或碱溶液来溶解金属表面的方法去除氧化膜，最常用的方法是，用（5～10）%体积的 NaOH 溶液（约 70℃），浸泡坡口两侧各 100mm 范围，30～60s 后先用清水冲洗，然后在约 15% 的 HNO_3 水溶液（常温）中浸泡 2min，用温水冲洗后再用清水洗干净，最后进行干燥处理。

氧化膜清除后，通常应在 2h 之内焊接，否则会有新的氧化膜生成。氩弧焊时可在 24h

之内焊接，因为新生成的氧化膜极薄，可利用氩弧焊的"阴极清理"作用将其清除。

b. 设置垫板　垫板由铜或不锈钢板制成，用以控制焊缝根部形状和余高量。垫板表面开有圆弧形或方形槽。

c. 预热　由于铝的导热性好，为了防止焊缝区热量的大量流失，焊前应对焊件进行预热。薄、小铝件可不预热；厚度超过 5～8mm 的铝件焊前应预热至 150～300℃；多层焊时，注意控制层间温度不低于预热温度。

② 焊后清理　焊后残留在焊缝及附近表面的熔剂及焊渣，在空气、水分的参与下会激烈地腐蚀铝件，因此必须及时予以清理。一般的清理的方法可将焊件在 10% 的硝酸溶液中清洗。处理温度 15～20℃，时间为 10～20min；若 60～65℃，时间为 5～15min。浸洗后用冷水再冲洗一次，然后用热空气吹干或在 100℃ 干燥箱内烘干。

(4) 焊接工艺要点

① 钨极氩弧焊　采用钨极氩弧焊焊接时，电弧稳定，所得焊缝致密，焊接接头的强度、塑性、韧性较好，且不存在焊后残留熔剂腐蚀问题，适用于 0.5～20mm 厚铝板、管焊接。

a. 接头形式　铝及铝合金手工钨极氩弧焊的接头形式见表 6-19。

b. 焊接电源及焊接工艺参数　采用直流反接法具有阴极清理作用，但易使钨极端部过热熔化，污染焊缝金属；直流正接法虽没有钨极过热，但也无阴极清理作用。因此，铝及铝合金焊接一般采用交流电源，以利用"阴极清理"作用来减小氧化膜的危害。

手工钨极氩弧焊的工艺参数，包括钨极直径、焊接电流、电弧电压、氩气流量、喷嘴孔径、钨极伸出喷嘴的长度、喷嘴与焊件间的距离、接头形式、预热温度等。常用交流手工钨极氩弧焊工艺参数见表 6-20。

表 6-19　铝及铝合金手工钨极氩弧焊的接头形式

接头形式	接头尺寸/mm	接头形式	接头尺寸/mm
	$\delta \leqslant 1.5 \sim 2.0$ $l = (2.0 \sim 2.5)\delta$ $R \leqslant \delta$ 不加填充焊丝		$\delta = 1 \sim 3$ $a = 0 \sim 0.5$ 若 $\delta = 3 \sim 5$ $a = 1 \sim 2$
			$\delta = 6 \sim 10$ $\alpha = 60°$ $a = 0 \sim 3$ $h = 1 \sim 2$

表 6-20　铝及铝合金交流手工钨极氩弧焊工艺参数

板厚/mm	坡口尺寸			焊丝直径/mm	钨极直径/mm	喷嘴直径/mm	焊接电流/A	氩气流量/L·min⁻¹	焊接层数（正/反）
	形式	间隙/mm	钝边/mm						
～1	I	0.5～2.0	—	1.5～2.0	1.5	5.0～7.0	50～80	4～6	1
1.5	I	0.5～2.0	—	2.0	1.5	5.0～7.0	70～100	4～6	1
2	I	0.5～2.0	—	2.0～3.0	2.0	6.0～7.0	90～120	4～6	1
3	I	0.5～2.0	—	3.0	3.0	7.0～12	120～150	6～10	1

续表

板厚 /mm	坡口尺寸			焊丝直径 /mm	钨极直径 /mm	喷嘴直径 /mm	焊接电流 /A	氩气流量 /L·min⁻¹	焊接层数 （正/反）
	形式	间隙/mm	钝边/mm						
4	I	0.5～2.0	—	3.0～4.0	3.0	7.0～12	120～150	6～10	1/1
5	V	1.0～3.0	2	4.0	3.0～4.0	12～14	120～150	9～12	1～2/1
6	V	1.0～3.0	2	4.0	4.0	12～14	180～240	9～12	2/1
8	V	2.0～4.0	2	4.0～5.0	4.0～5.0	12～14	220～300	9～12	2～3/1
10	V	2.0～4.0	2	4.0～5.0	4.0～5.0	12～14	260～320	12～15	3～4/1～2
12	V	2.0～4.0	2	4.0～5.0	5.0～6.0	14～16	280～340	12～15	3～4/1～2
16	V	2.0～4.0	2	5.0	6.0	16～20	340～380	16～20	4～5/1～2
20	V	2.0～4.0	2	5.0	6.0	16～20	340～380	16～20	5～6/1～2

②　熔化极氩弧焊　熔化极氩弧焊采用射流过渡时，电弧挺度好，便于全位置焊接且熔深大，可焊的厚度范围广，一般用于板厚大于6mm焊件。保护气体采用氩气或氩氦混合气体。采用直流反接喷射过渡的方法时，焊接电流必须大于临界电流，焊接工艺参数见表6-21。

采用喷射过渡熔化极氩弧焊，电弧热量集中，焊接熔深大，故焊中厚铝板时可不进行预热。但当板厚大于25mm或环境温度低于−10℃时，应预热100℃，以保证开始焊接时能熔透。

表6-21　纯铝、铝镁合金的熔化极自动氩弧焊工艺参数

板材 牌号	焊丝 牌号	板材 厚度 /mm	坡口 形式	坡口尺寸			焊丝 直径 /mm	喷嘴 孔径 /mm	氩气 流量 /L·min⁻¹	焊接 电流 /A	电弧 电压 /V	焊接 速度 /m·h⁻¹	备注
				钝边 /mm	坡口角 度/(°)	间隙 /mm							
1060 (L2) 1050A (L3)	1060	6	—	—	—	0-0.5	2.5	22	30～35	230～260	26～27	25	正反面均焊一层
		8	V	4	100	0-0.5	2.5	22	30～35	300～320	26～27	24～28	
		10	V	6	100	0～1	3.0	28	30～35	310～330	27～28	18	
		12	V	8	100	0～1	3.0	28	30～35	320～340	28～29	15	
		14	V	10	100	0～1	4.0	28	40～45	380～400	29～31	18	
		16	V	12	100	0～1	4.0	28	40～45	380～420	29～31	17～20	
		20	V	16	100	0～1	4.0	28	50～60	450～500	29～31	17～19	
		25	V	21	100	0～1	4.0	28	50～60	490～550	29～31	—	
		28～30	双V	16	100	0～1	4.0	28	50～60	560～570	29～31	13～15	
5A02 (LF2) 5A03 (LF2)	5A03 5A05	12	V	8	120	0～1	3.0	22	30～35	320～350	28～30	24	
		18		14			4.0	28	50～60	450～470	29～30	18.7	
		20		16			4.0	28	50～60	450～500	28～30	18	
		25		16			4.0	28	50～60	490～520	29～31	16～19	

【综合练习】

一、填空题

1. 金属的焊接性是指金属材料在限定的_____条件下，焊接成规定_____要求的构件，并满足_____要求的能力。

2. 影响焊接性的因素有_____、_____、_____和_____。

3. 所谓"碳当量"就是把钢中包括碳在内的合金元素对＿＿＿＿＿＿、＿＿＿＿＿＿及＿＿＿＿＿＿等的影响折合成碳的相当含量，碳当量法是一种粗略评价＿＿＿＿＿＿＿＿＿的方法。

4. 选择焊接性试验方法时一般应遵循下列原则：＿＿＿＿＿＿＿＿＿、＿＿＿＿＿＿＿＿＿、＿＿＿＿＿＿＿＿＿和＿＿＿＿＿＿＿＿＿。

5. 低碳钢的含＿＿＿＿量较低，且除＿＿＿＿、＿＿＿＿、S、P等常规元素外，很少有含其他合金元素，因而焊接性良好。

6. 中碳钢的焊接性较差，随钢中＿＿＿＿＿＿的质量分数的增加，焊接性会变差。

7. 中碳钢焊接时主要的缺陷是＿＿＿＿＿＿、＿＿＿＿＿＿、＿＿＿＿＿＿和接头脆性，有时热影响区里的强度还会下降。

8. 高碳钢焊接时，一般不要求接头与基本金属等＿＿＿＿＿＿＿＿＿，通常选用＿＿＿＿＿＿＿＿＿焊条。

9. 热轧及正火钢焊接时的主要问题是热影响区的＿＿＿＿＿＿＿＿＿和产生各种＿＿＿＿＿＿＿＿＿。

10. 奥氏体不锈钢产生晶间腐蚀危险温度是＿＿＿＿＿＿＿℃。

11. 灰铸铁焊接时的主要问题是焊接接头易出现＿＿＿＿＿＿＿＿＿和＿＿＿＿＿＿。

12. 铸铁的焊条电弧焊工艺通常分为＿＿＿＿＿＿＿＿＿和＿＿＿＿＿＿＿＿＿两种。

13. 灰铸铁同质（铸铁型）焊缝电弧热焊的预热温度为＿＿＿＿＿＿＿；焊接时宜采用＿＿＿＿＿＿＿、＿＿＿＿＿＿＿、＿＿＿＿＿＿＿。

14. 铝及铝合金焊接时常用的焊接方法是＿＿＿＿＿＿＿＿＿、＿＿＿＿＿＿＿＿＿和＿＿＿＿＿＿＿＿＿。

二、选择题

1. ＿＿＿＿＿＿＿不是影响焊接性的因素。
   a. 金属材料的种类及其化学成分　　　　　　b. 焊接方法
   c. 构件类型　　　　　　　　　　　　　　　d. 焊接操作技术

2. 碳当量＿＿＿＿＿＿＿时，钢的淬硬冷裂倾向不大，焊接性优良。
   a. $<0.40\%$　　　　　　　　　　　　　　b. $<0.50\%$
   c. $<0.60\%$　　　　　　　　　　　　　　d. $<0.80\%$

3. 国际焊接学会的碳当量计算公式只考虑了＿＿＿＿＿＿＿对焊接性的影响，而没有考虑其他因素对焊接性的影响。
   a. 焊缝扩散氢含量　　　　　　　　　　　　b. 焊接方法
   c. 构件类型　　　　　　　　　　　　　　　d. 化学成分

4. 国际焊接学会推荐的碳当量计算公式适用于＿＿＿＿＿＿＿。
   a. 高合金钢　　　　　　　　　　　　　　　b. 奥氏体不锈钢
   c. 耐磨钢　　　　　　　　　　　　　　　　d. 碳钢和低合金结构钢

5. ＿＿＿＿＿＿＿中除含有铁、碳元素外，还有少量的硅、锰、硫、磷等杂质。
   a. 钼钢　　　　　　　　　　　　　　　　　b. 铬钢
   c. 镍钢　　　　　　　　　　　　　　　　　d. 碳钢

6. 低碳钢 Q235 钢板对接时，焊条应选用＿＿＿＿＿＿＿。
   a. E7015　　　　　　　　　　　　　　　　b. E6015
   c. E5515　　　　　　　　　　　　　　　　d. E4303

7. Q235 钢 CO_2 气体保护焊时，焊丝应选用＿＿＿＿＿＿＿。
   a. H10Mn2MoA　　　　　　　　　　　　　b. H08MnMoA
   c. H08Mn2SiA　　　　　　　　　　　　　d. H08CrMoVA

8. 低合金结构钢焊接时的主要问题是＿＿＿＿＿＿＿。
   a. 应力腐蚀和接头软化　　　　　　　　　　b. 冷裂纹和接头软化
   c. 应力腐蚀和粗晶区脆化　　　　　　　　　d. 冷裂纹和粗晶区脆化

9. ＿＿＿＿＿＿＿不属于有淬硬冷裂倾向的低合金结构钢焊接工艺特点。

a. 预热   b. 降低含氢量

c. 采用酸性焊条   d. 控制热输入

10. _____不是奥氏体不锈钢合适的焊接方法。

a. 焊条电弧焊   b. 钨极氩弧焊

c. 埋弧自动焊   d. 电渣焊

11. 铸铁焊接时很容易产生裂纹，其类型主要是_____。

a. 冷裂纹   b. 热裂纹

c. 再热裂纹   d. 层状撕裂

12. _____是铝在熔焊时产生气孔的主要原因。

a. 氮   b. 氢

c. 氧   d. 碳

三、判断题（正确的打"√"，错误的打"×"）

（　　）1. 碳钢的焊接性主要取决于锰含量的高低。

（　　）2. 随着碳钢的碳含量增加，焊接性逐渐变差。

（　　）3. 高碳钢由于碳含量很高，因此焊接性很差，多为焊补和堆焊。

（　　）4. 以热轧、控轧、正火、正火加回火状态供货和使用的钢称为热轧及正火钢。

（　　）5. 低碳调质钢中合金元素的主要作用是提高钢的力学性能。

（　　）6. 在熔焊条件下，热轧及正火钢随着强度级别的提高和合金元素含量的增加，焊接的难度增大。

（　　）7. 焊接热轧及正火钢时，选择焊接材料的主要依据是保证焊缝金属的强度、塑性和韧性等力学性能与母材相匹配。

（　　）8. 奥氏体不锈钢线胀系数比碳钢约小50%。

（　　）9. 不锈钢的主要腐蚀形式有均匀腐蚀、晶间腐蚀、点状腐蚀和应力腐蚀开裂等。

（　　）10. 加热温度400～800℃是不锈钢晶间腐蚀的危险温度区，或称敏化温度区。

（　　）11. 对于焊条电弧焊，由于奥氏体不锈钢的电阻较大，焊接时产生的电阻热较大，同样直径的焊条，焊接电流值应比低碳钢焊条提高20%左右。

（　　）12. 铸铁同质焊缝热焊宜采用大电流、长弧、连续焊。

（　　）13. 铝及铝合金的焊接材料包括铝焊丝、铝气焊熔剂以及铝焊条等。

四、问答题

1. 什么是金属材料的焊接性？工艺焊接性与使用焊接性有什么不同？

2. 什么是碳当量？如何利用碳当量法评定金属的焊接性？它的使用范围如何？

3. 碳钢是如何进行分类的？

4. 低碳钢在低温条件下焊接时的工艺要点是什么？

5. 中碳钢焊接时可能会出现哪些问题？应如何解决？

6. 低碳调质钢焊接时可能出现什么问题？

7. 低碳调质钢在什么情况下需要预热？为什么有最低预热温度的要求？

8. 低合金钢强度钢焊接时，选择焊接材料的原则是什么？

9. 奥氏体不锈钢焊接时为什么容易产生热裂纹？应如何防止热裂纹的产生？

10. 1Cr18Ni9等不锈钢焊接接头产生晶间腐蚀的原因是什么？怎样防止接头的晶间腐蚀？

11. 哪些焊接方法适用于焊接奥氏体不锈钢？

12. 焊接奥氏体不锈钢时，焊接材料的选用原则是什么？

13. 灰铸铁焊接时存在哪些问题？

14. 灰铸铁电弧冷焊时为何会形成白口组织和淬硬组织？应如何解决？

15. 铝及铝合金的焊接性有何特点？

第7章 焊接质量检测

7.1 外观检测、致密性检测及水压试验

7.1.1 外观检测

焊接接头的外观检测是一种手续简便而又应用广泛的检测方法,是成品检测的一个重要内容。这种方法有时也使用在焊接过程中,如厚壁焊件作多层焊时,每焊完一层焊道时便采用这种方法进行检查,防止前道焊层的缺陷被带到下一层焊道中。

外观检查主要是发现焊缝表面的缺陷和尺寸上的偏差。这种检查一般是通过肉眼观察,并借助标准样板、量规和放大镜等工具来进行检测的。

(1) 焊缝外形尺寸要求

JB/T 7949—1999《钢结构焊缝外形尺寸》对钢结构熔化焊对接和角接接头的外形尺寸作了如下规定:

焊缝外形应均匀,焊道与焊道、焊道与基本金属之间应平滑过渡。I形坡口对接焊缝(包括I形带垫板对接焊缝),见图7-1。它的焊缝宽度 $c=b+2a$,余高 h 值应符合表7-1的规定。非I形坡口对接焊缝(GB/T985—2008 中除I形坡口外的各种坡口形式的对接焊缝)见图7-2。其焊缝宽度 $c=g+2a$,余高 h 也应符合表7-1的规定。g 值(见图7-3)按下式计算:

V形 $g=2\tan\beta(\delta-p)+b$

U形 $g=2\tan\beta(\delta-R-p)+2R+b$

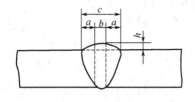

图 7-1 I形坡口

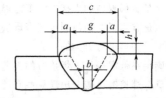

图 7-2 非I形坡口

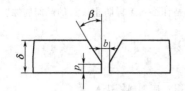

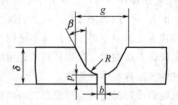

图 7-3 V形、U形坡口 g 值计算

表 7-1　焊缝宽度 c 与余高 h 值

焊接方法	焊缝形式	焊缝宽度 c/mm		焊缝余高 h/mm
		c_{min}	c_{max}	
埋弧焊	I 形焊缝	$b+8$	$b+28$	0～3
	非 I 形焊缝	$g+4$	$g+14$	
焊条电弧焊及气体保护焊	I 形焊缝	$b+4$	$b+8$	平焊：0～3
	非 I 形焊缝	$g+4$	$g+8$	其余：0～4

注：1. 表中 b 值应符合 GB/T 985、GB/T 986 标准要求的实际装配值。

2. g 值计算结果若带小数时，可利用数字修约法计算到整数位。

焊缝最大宽度 c_{max} 和最小宽度 c_{min} 的差值，在任意 50mm 焊缝长度范围内不得大于 4mm，整个焊缝长度范围内不得大于 5mm。

在任意 300mm 连续焊缝长度内，焊缝边缘沿焊缝轴向的直线度 f 如图 7-4 所示，其值应符合表 7-2 的规定。

焊缝表面凹凸，在焊缝任意 25mm 长度范围内焊缝余高 $h_{max} - h_{min}$ 的差值不得大于 2mm 见图 7-5。

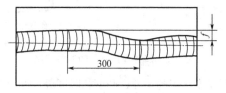

图 7-4　焊缝边缘直线度

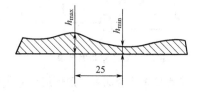

图 7-5　焊缝余高差

角焊缝的焊脚尺寸 K 值由设计或有关技术文件注明，其焊脚尺寸偏差应符合表 7-3 的规定。

表 7-2　焊缝边缘直线度 f 值

焊 接 方 法	焊缝边缘直线度 f/mm
埋 弧 焊	≤4
焊条电弧焊及气体保护焊	≤3

表 7-3　焊脚尺寸 K 值偏差

焊 接 方 法	焊缝边缘直线度 f/mm
埋 弧 焊	≤4
焊条电弧焊及气体保护焊	≤3

（2）焊缝尺寸的测量

焊缝尺寸的测量是按图样标注尺寸或技术标准规定的尺寸对实物进行测量检查。通常，在目视检测的基础上，选择焊缝尺寸正常部位、尺寸变化的过渡部位和尺寸异常变化的部位进行测量检查，然后互相比较，找出焊缝尺寸变化的规律，与标准规定的尺寸对比，从而判断焊缝的几何尺寸是否符合要求。

① 对接焊缝尺寸的测量　检查对接焊缝尺寸的方法是用焊接检测尺测余高 h 和宽度 c，

见图 7-6。其中测余高的方法有两种。

当组装工件存在错边时，测量焊缝的余高应以表面较高一侧为基准进行计算，见图 7-7。当组装工件厚度不同时，测量焊缝余高也应以表面较高一侧母材为基准计算，或保证两母材之间焊缝呈圆滑过渡等，见图 7-8。

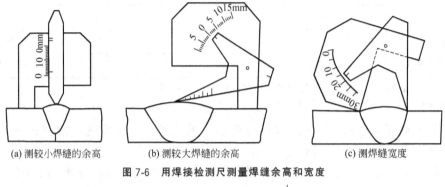

(a) 测较小焊缝的余高　　　(b) 测较大焊缝的余高　　　(c) 测焊缝宽度

图 7-6　用焊接检测尺测量焊缝余高和宽度

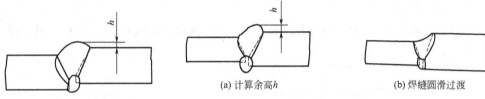

(a) 计算余高 h　　　　　(b) 焊缝圆滑过渡

图 7-7　对接错边时计算余高　　　　图 7-8　工件厚度不同的对接焊缝

② 角焊缝尺寸的测量　角焊缝尺寸包括焊缝的计算厚度、焊脚尺寸、凸度和凹度等，见图 7-9。

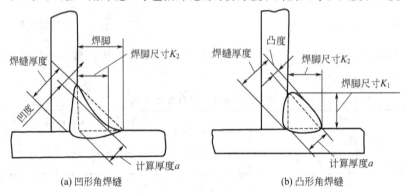

(a) 凹形角焊缝　　　　　(b) 凸形角焊缝

图 7-9　角焊缝尺寸

a. 测量焊脚尺寸 K_1、K_2，见图 7-10 和图 7-11。

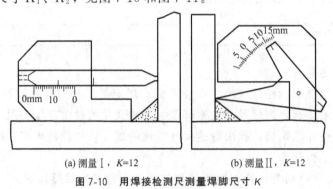

(a) 测量Ⅰ，$K=12$　　　　(b) 测量Ⅱ，$K=12$

图 7-10　用焊接检测尺测量焊脚尺寸 K

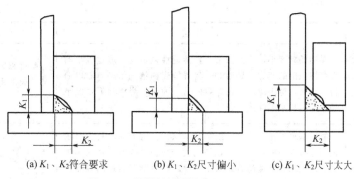

(a) K_1、K_2符合要求　　(b) K_1、K_2尺寸偏小　　(c) K_1、K_2尺寸太大

图 7-11　用样板测量焊脚尺寸 K_1、K_2

b. 测量角焊缝厚度 a，只有在 $K_1 = K_2$ 时，才能用焊接检测尺测量出角焊缝厚度 a，见图 7-12。

c. 测量管接头的角焊缝尺寸，管接头角焊缝的尺寸和形状沿焊缝圆周方向是变化的，如图 7-13 所示，故主要测量最小尺寸部位 A 和最大尺寸部位 B。而对 A 处的测量和上述方法是相同的，见图 7-10，图 7-11，图 7-12，对 B 处的测量则采用自制专用的随形板，如图 7-13 所示，R 为筒形工件半径。

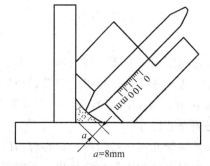

图 7-12　用焊接检测尺测量角焊缝厚度 a

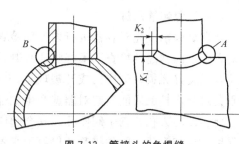

图 7-13　管接头的角焊缝

7.1.2　致密性试验

储存液体或气体的焊接容器都有致密性要求。常用致密性试验来发现贯穿性裂纹、气孔、夹渣、未焊透等缺陷。常见的致密性试验方法及适用范围见表 7-4。

表 7-4　致密性试验方法及适用范围

序号	名称	试验方法	适合容器
1	气密性试验	将焊接容器密封，按图纸规定的压力通入压缩空气，在焊缝外面涂以肥皂水检查，不产生肥皂泡为合格	密封容器
2	吹气试验	用压缩空气对着焊缝的一面猛吹，焊缝的另一面涂以肥皂水，不产生气泡为合格。试验时，要求压缩空气的压力＞405.3kPa，喷嘴到焊缝表面距离不超过 30mm	敞口容器
3	载水试验	将容器充满水，观察焊缝外表面，无渗水为合格	敞口容器，如船体、水箱等
4	水冲试验	对着焊缝的一面用高压水流喷射，在焊缝的另一面观察，无渗水为合格。水流的喷射方向与试验焊缝的夹角不小于 70°。水管喷嘴直径为 15mm 以上，水压应使垂直面上的反射水环直径大于 400mm；检查竖直焊缝应从下往上移动喷嘴	大型敞口容器，如船体甲板的密封性
5	沉水试验	先将容器浸入水中，再向容器内充入压缩空气，使检测焊缝处在水面下约 20~40mm 的深处，观察无气泡浮出为合格	小型容器，汽车汽油箱的密封性检查

续表

序号	名称	试验方法	适合容器
6	煤油试验	煤油的黏度小，表面张力小，渗透性强，具有透过极小的贯穿性缺陷的能力。试验时，将焊缝表面清理干净，涂以白粉水溶液，待干燥后，在焊缝的另一面涂上煤油浸润，经半小时后白粉水无油浸为合格	敞口容器，如贮存石油，汽油的固定式储器和同类型的其他产品
7	氨渗透试验	氨渗漏属于比色检漏，以氨为示踪剂，试纸或涂料为显示色剂进行渗漏检查和贯穿性缺陷的定位。试验时，在检测焊缝上贴上比焊缝宽的石蕊试纸或涂料显色剂，然后向容器内通入规定压力的含氨气的压缩空气，保压 5～30min，检查试纸或涂料，未发现色变为合格	密封容器，如尿素设备的焊缝检测
8	氨检漏试验	氨气质量轻，能穿过微小的空隙。利用氨气检漏仪可以发现千万分之一的氨气存在，相当于标准状态下漏氨气率为 $1cm^3/$年，是灵敏度很高的致密性试验方法	用于致密性要求很高的压力容器

根据有关规定，气密性试验之前，必须先经水压检测，合格后才能进行气密性试验。而已经作了气压试验且合格的产品，可以免做气密性试验。

7.1.3　水压试验

(1) 试验装置及过程

水压试验前应先对容器进行内外部检查。外部有保温层或其它覆盖层的容器，为了不影响对器壁渗漏情况的检查，最好将这些遮盖层拆除。有金属或非金属衬里的容器，经检查后确认衬里良好无损，无腐蚀或开裂现象，可以不拆除衬里。容器内部的残留物应清除干净，特别是对与水接触后能引起对器壁产生腐蚀的物质必须彻底除净。

将容器的人孔、安全阀座孔（安全阀应拆下）及其它管孔用盖板封严，只在容器的最上部保留一个装有截止阀的接管，以便于容器装试验用水时器内的空气由此排出，在容器的下部选择一管孔作为进水孔。

准备合适的试压泵。试压泵可以用手压泵或电泵，但用电泵时必须是试压专用泵，不能用一般的给水泵。

为了准确测定容器的试验压力，需用两个量程相同并经校正的压力表，压力表的量程在试验压力的 2 倍左右为宜，但不应低于 1.5 倍和高于 4 倍的试验压力。

试验介质为清水，水的温度不低于 5℃（试验容器为碳钢材质）。

试验装置装设妥善，然后将水注满容器，再用泵逐步增压到试验压力，检测容器的强度和致密性。图 7-14 所示为水压试验示意图。

试验时将装设在容器最高处的排气阀打开，灌水将气排尽后关闭。开动试压泵使水压缓慢上升，达到规定的试验压力后，关闭直通阀保持压力 30min，在此期间容器上的压力表读数应该保持不变。然后降至工作压力并保持足够长的时间，对所有焊缝和连接部位进行检查。在试验过程中，应保持容器观察表面的干燥，如发现焊缝有水滴出现，表明焊缝有泄漏（压力表读数下降），应作标记，卸压后修补，修好后重新试验，直至合格为止。

容器经检查完毕后，即可打开容器下部的放水阀，放水降压。放水时，容器顶部的放气阀应打开。试压的水应全部排放干净，不应把装满水的容器长时间的密闭放置，特别是在气温变化悬殊的情况下，以免器内的水因温度变化而膨胀，产生较大的压力。

容器放完水后，应打开各孔盖，让容器自然通风干燥，如果容器的工作介质遇水后会对器壁产生腐蚀，或有其他特殊要求的容器，放水后应将内壁彻底烘干。

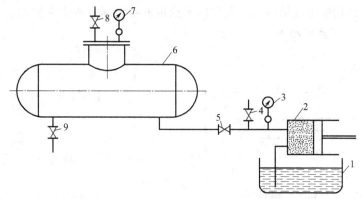

图7-14 水压试验示意图

1—水槽；2—试压泵；3—压力表；4—安全阀；5—直通阀；

6—容器；7—压力表；8—排气阀；9—排水阀

（2）试验介质及要求

供试验用的液体一般为洁净的水，需要时也可采用不会导致发生危险的其它液体。试验时液体的温度应低于其闪点或沸点。奥氏体不锈钢制容器用水进行液压试验后，应将水渍清除干净，当无法达到这一要求时，应控制水的氯离子含量不超过25mg/L。

碳素钢、16MnR和正火15MnVR钢容器液压试验时，液体温度不得低于5℃；其他低合金钢容器，试验时液体温度不得低于15℃。如果由于板厚等因素造成材料脆性转变温度升高，则需相应提高试验液体温度；其他钢种容器液压试验温度按图样规定。

（3）试验压力

试验压力是进行水压试验时规定容器应达到的压力，其值反映在容器顶部的压力表上。容器的试验压力按以下规定选用。

水压试验时试验压力为

$$p_T = 1.25p \frac{[\sigma]}{[\sigma]^t} \tag{7-1}$$

式中　p_T——容器的试验压力，MPa；

　　　p——容器的设计压力，MPa；

　　$[\sigma]$——容器元件材料在试验温度下的许用应力，MPa；

　　$[\sigma]^t$——容器元件材料在设计温度下的许用应力，MPa。

7.2　射线检测

7.2.1　射线的产生、性质及其衰减

射线检测是利用X射线或γ射线具有的可穿透物质和在物质中有衰减的特性来发现缺陷的一种无损检测方法。射线检测中应用的射线主要是X射线和γ射线，它们都是波长很短的电磁波。X射线的波长为0.001~0.1nm，γ射线的波长为0.0003~0.1nm。

（1）X射线的产生及其性质

X射线是由X射线管产生。X射线管由阴极、阳极和真空玻璃（或金属陶瓷）外壳组

成，其简单结构和工作原理如图 7-15 所示。阴极通以电流加热灯丝至白炽状态时，释放出大量电子。由于阴极和阳极之间加以很高的电压，这些电子在高压电场中被加速，从阴极飞向阳极，最终以高速撞击在阳极上。此时电子能量的绝大部分转化为热能，其余极少部分的能量以 X 射线的形式辐射出来。

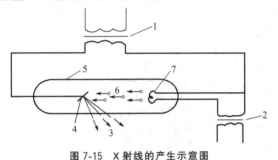

图 7-15　X 射线的产生示意图

1—高压变压器；2—灯丝变压器；3—X 射线；
4—阳极；5—X 射管；6—电子；7—阴极

X 射线的性质：

① 不可见，在真空中以光速直线传播。

② 本身不带电，不受电场和磁场的影响。

③ 具有穿透可见光不能穿透的物质（骨骼、金属等）和在物质中有衰减的特性。

④ 可使物质电离，使某些物质产生荧光。

⑤ 能使胶片感光。

⑥ 具有辐射生物效应，伤害和杀死生物细胞。

(2) 射线的衰减

当射线穿透物质时，由于物质对射线有吸收和散射作用，从而引起射线能量的衰减。

射线在物质中的衰减是按照指数规律变化的。当强度为 I_0 的一束平行射线束照射厚度为 δ 的物质时，透过物质后的射线强度为

$$I = I_0 e^{-\mu\delta} \tag{7-2}$$

式中　I——透射射线强度；

I_0——入射射线强度；

e——自然对数的底；

δ——物质的厚度，mm；

μ——衰减系数，cm^{-1}。

式（7-2）表明，射线强度的衰减是呈负指数规律的，并且随着透过物质厚度的增加，射线强度的衰减增大。随着衰减系数的增大，射线强度的衰减也增大。衰减系数 μ 值与射线本身的能量（波长 λ）及物质本身的性质（原子序数 z、密度 ρ）有关。即对同样的物质，其射线的波长越长，μ 值也越大；对同样能量的射线，物质的原子序数越大，密度越大，则 μ 值也越大。

7.2.2　射线照相法

(1) 射线照相法的原理

射线照相法是根据被检工件与其内部缺陷对射线能量衰减程度不同，而引起射线透过工件后的强度不同，使缺陷在射线底片上显示出来。如图 7-16（a）所示，从 X 射线机发射出的 X 射线透过工件时，由于缺陷内部介质（如空气、非金属夹渣等）对射线的吸收能力比基本金属对射线的吸收能力要低得多，因而透过缺陷部位的射线强度高于周围完好部位。把胶片放在工件的适当位置，使透过工件的射线将胶片感光。在感光胶片上，有缺陷部位将接受较强的射线曝光，而其他完好部位接受较弱的射线曝光。经暗室处理后，得到底片。把底片放在观片灯上可以观察到缺陷处黑度比无缺陷处大，如图 7-16（b）所示。评片人员据此就可以判断缺陷的情况。

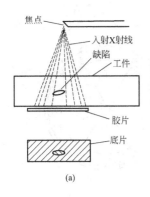
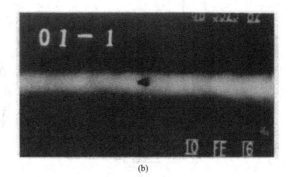

图 7-16 射线照相法原理

（2）焊缝透照方法

按射线源、工件和胶片之间的相互位置关系，焊缝的透照方法分为纵缝单壁透照法、单壁外透法、射线源中心法、射线源偏心法、椭圆透照法、垂直透照法、双壁单影法、不等厚透照法八种。

① 纵缝单壁透照法　射线源位于工件前侧，胶片位于另一侧，如图 7-17 所示。

② 单壁外透法　射线源位于被检工件外侧，胶片位于内侧，如图 7-18 所示。

③ 射线源中心法　射线源位于工件内侧中心处，胶片位于外侧，如图 7-19 所示。

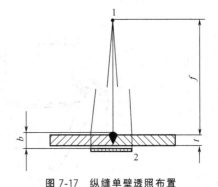

图 7-17 纵缝单壁透照布置

1—射线源；2—胶片；f—射线源至工件的距离；t—母材公称厚度；b—工件至胶片的距离

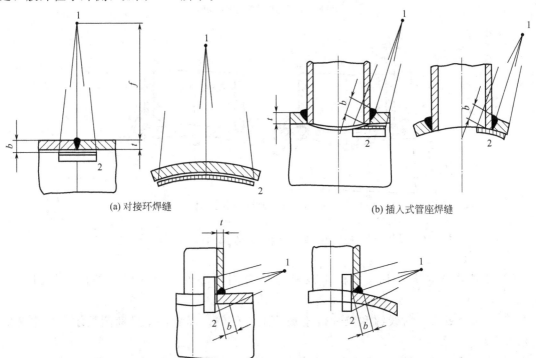

(a) 对接环焊缝

(b) 插入式管座焊缝

(c) 骑座式管座焊缝

图 7-18 单壁外透法的透照布置

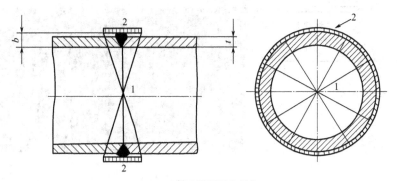

(a) 对接环焊缝周向曝光

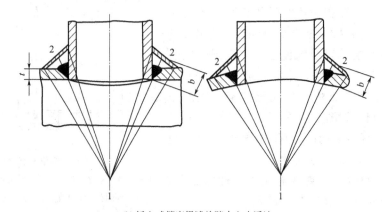

(b) 插入式管座焊缝单壁中心内透法

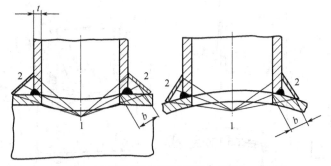

(c) 骑座式管座焊缝单壁中心内透法

图 7-19　射线源中心法的透照布置

　　④ 射线源偏心法　射线源位于被检工件内侧偏心处，胶片位于外侧，如图 7-20 所示。

　　⑤ 椭圆透照法　射线源和胶片位于被检工件外侧，焊缝投影呈椭圆显示，如图 7-21 所示。

　　⑥ 垂直透照法　射线源和胶片位于被检工件外侧，射线垂直入射，如图 7-22 所示。

　　⑦ 双壁单影法　射线源位于被检工件外侧，胶片位于另一侧，如图 7-23 所示。

　　⑧ 不等厚透照法　材料厚度差异较大，采用多张胶片透照，如图 7-24 所示。

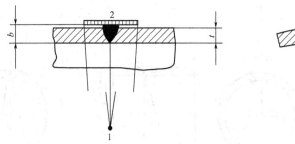
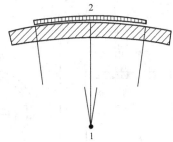

(a) 对接环焊缝单壁偏心内透法

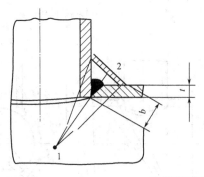
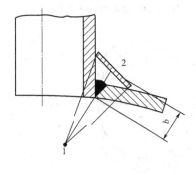

(b) 对接环焊缝单壁偏心内透法

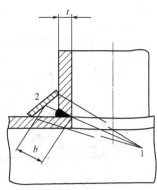
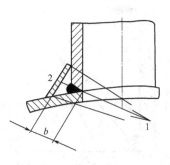

(c) 骑座式管座焊缝单壁偏心内透法

图 7-20　射线源偏心法的透照布置

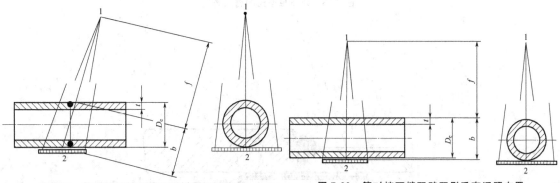

图 7-21　管对接环缝双壁双影椭圆透照布置　　　　图 7-22　管对接环缝双壁双影垂直透照布置

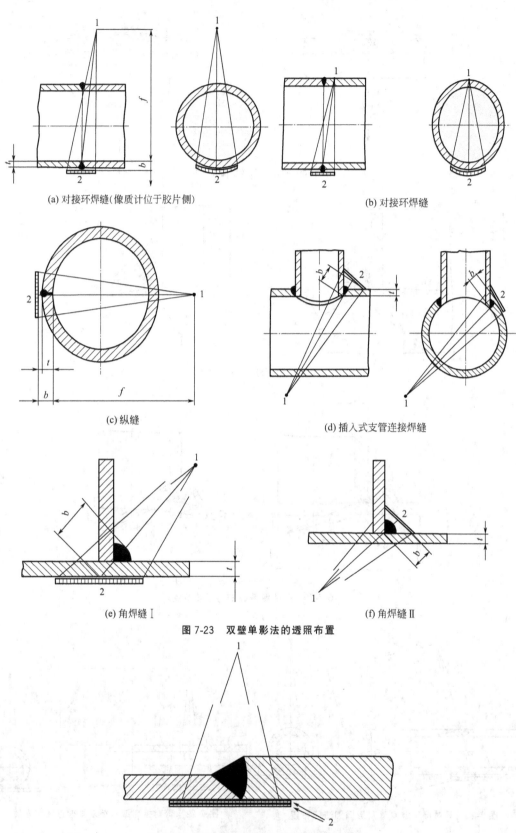

(a) 对接环焊缝(像质计位于胶片侧)

(b) 对接环焊缝

(c) 纵缝

(d) 插入式支管连接焊缝

(e) 角焊缝Ⅰ

(f) 角焊缝Ⅱ

图 7-23　双壁单影法的透照布置

图 7-24　不等厚对接焊缝的多胶片透照布置

（3）射线检测的基本操作

① 工件检查及清理　检查工件上有无妨碍射线穿透或妨碍贴片的物体，如果有，应尽可能去除。检查工件表面质量，经外观检测合格才能进行射线检测。

② 划线　按照规定的检查部位、比例、一次透照长度，在工件上划线，采用单壁透照时，需要在工件射线侧和工件侧同时划线，并要求两侧所划的线段应尽可能对准。采用双壁单影透照时，只需在胶片侧划线。

③ 像质计和标记摆放　按照标准摆放像质计和各种铅标记。

④ 贴片　采用可靠的方法如磁铁、绳带等将胶片固定在被检位置上，胶片应与工件表面紧密贴合。

⑤ 对焦　将射线源安放在适当位置，使射线束中心对准被检区中心，并使焦距符合要求。

⑥ 散射线防护　按照有关规定进行散射线的防护。

⑦ 曝光　在以上各步骤完成后，并确定现场人员放射防护安全符合要求，方可按照所选择的曝光参数操作仪器进行曝光。

曝光完成即为整个透照过程结束，曝光后的胶片应及时进行暗室处理。

7.2.3　底片质量评定

（1）焊接缺陷在底片上的影像

① 裂纹　底片上裂纹的典型影像是轮廓分明的黑线。其细节特征包括：线有微小的锯齿，有分叉，粗细和黑度有时有变化，线的端部尖细，端头前方有时有丝状阴影延伸，如图 7-25 所示。

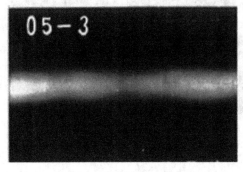
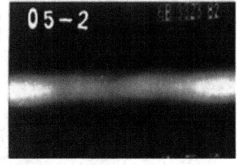

(a) 纵向裂纹　　　　　　　　　　　　　　　　(b) 横向裂纹

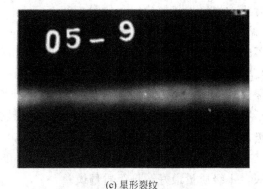

(c) 星形裂纹

图 7-25　底片上裂纹的影像

② 未焊透　未焊透的典型影像是细直黑线，两侧轮廓都很整齐。在底片上处于焊缝根部的投影位置，一般在焊缝中部，呈断续或连续分布，有时贯穿整张底片，如图 7-26 所示。

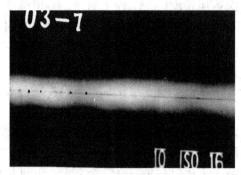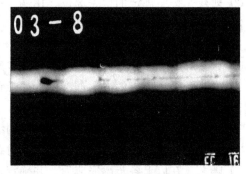

(a) 自动焊产生的未焊透　　　　　　　　　　(b) 手工焊产生的未焊透

图 7-26　底片上未焊透的影像

③ 夹渣　非金属夹渣在底片上的影像是黑点，黑条或黑块，形状不规则，黑度变化无规律，轮廓不圆滑。非金属夹渣可能发生在焊缝中的任何位置，条形缺陷的延伸方向多与焊缝平行，如图 7-27 所示。

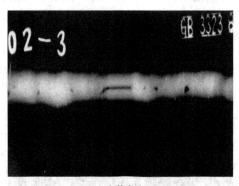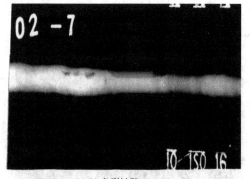

(a) 点状夹渣　　　　　　　　　　　(b) 条形缺陷

图 7-27　底片上夹渣的影像

④ 气孔　气孔在底片上的影像是黑色圆点，气孔的轮廓比较圆滑，其黑度中心较大，至边缘减小。气孔可以发生在焊缝中任何位置，如图 7-28 所示。

⑤ 未熔合　根部未熔合的典型影像是一条细直黑线，线的一侧轮廓整齐且黑度较大，另一侧可能规则也可能不规则。在底片上的位置是焊缝中间。坡口的典型影像是连续或断续的黑线，宽度不一，黑度不均匀，一侧轮廓较齐，黑度较大，另一侧轮廓不规则，黑度较小，在底片上的位置一般在焊缝中心至边缘的 1/2 处，沿焊缝纵向延伸。层间的典型影像是黑度不大的块状阴影，形状不规则，如伴有夹渣时，夹渣部位的黑度较大。

(2) 焊缝质量的分级规定

① 级别划分　GB/T 3323—2005 标准，根据缺陷性质、数量和大小将焊缝质量分为Ⅰ、Ⅱ、Ⅲ、Ⅳ四个等级，Ⅰ级质量最好，Ⅳ级质量最差。

② 缺陷性质　GB/T 3323—2005 标准，将焊缝中的缺陷分为五种：裂纹、未熔合、未焊透、夹渣、气孔。对夹渣和气孔按长宽比重新进行分类：长宽比大于 3 的为条形缺陷，长

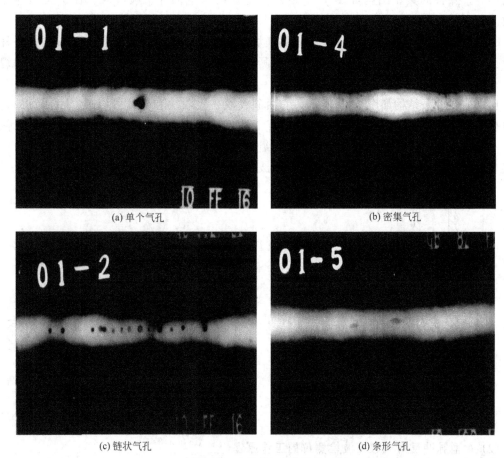

(a) 单个气孔　　　　　　　　　　　　　(b) 密集气孔

(c) 链状气孔　　　　　　　　　　　　　(d) 条形气孔

图7-28　底片上气孔的影像

宽比小于或等于3的为圆形缺陷，它们可以是圆形、椭圆性、锥形或带有尾巴等不规则的形状，包括气孔、点状夹渣和夹钨。

③ 缺陷性质的评级规定

Ⅰ级焊接接头：应无裂纹、未熔合、未焊透和条形缺陷。

Ⅱ级焊接接头：应无裂纹、未熔合和未焊透。

Ⅲ级焊接接头：应无裂纹、未熔合以及双面焊和加垫板的单面焊中的未焊透。

Ⅳ级焊接接头：焊接接头中缺陷超过Ⅲ级者。

7.3　超声波检测

7.3.1　超声波检测设备

(1) 超声波探头的种类

超声波检测用探头的种类很多，在焊缝检测中常用的探头主要是纵波探头、横波探头和双晶探头。

① 直探头（纵波探头）　声束垂直于被探工件表面入射的探头称为直探头。它可发射和接收纵波，故又称为纵波探头。直探头主要用于探测与探测面平行的缺陷，如板材、锻件

检测等。直探头的典型结构如图 7-29 所示，主要由压电晶片、吸收块、保护膜和外壳等组成。

② 斜探头（横波探头）　利用透声斜楔块使声束倾斜于工件表面射入工件的探头称为斜探头。它可发射和接收横波。主要用于探测与探测面垂直或成一定角度的缺陷，如焊缝检测、钢管检测。

典型的斜探头结构如图 7-30 所示，它由斜楔块、吸收块和壳体等组成。由图可知，横波斜探头实际上是直探头加斜楔块组成。由于晶片不直接与工件接触，因此这里没有保护膜。一般斜楔块用有机玻璃制作，它与工件组成固定倾斜的异质界面，使压电晶片发射的纵波实现波型转换，在被探工件中只以折射横波传播。

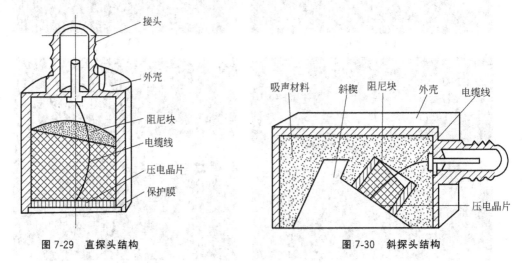

图 7-29　直探头结构　　　　　　　　图 7-30　斜探头结构

(2) A 型脉冲反射式超声波检测仪的工作原理

A 型脉冲反射式检测仪电路框图，如图 7-31 所示。

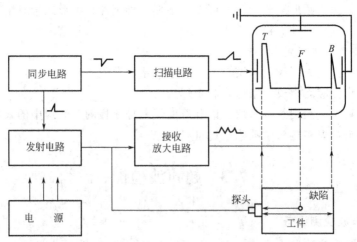

图 7-31　A 型脉冲反射式超声波检测仪原理

接通电源后，同步电路产生的触发脉冲同时加至扫描电路和发射电路。扫描电路受触发后开始工作，产生的锯齿波电压加至示波管水平偏转板上使电子束发生水平偏转，从而在示波屏上产生一条水平扫描线（又称时间基线）。与此同时，发射电路受触发产生高频窄脉冲加至探头，激励压电晶片振动而产生超声波，超声波通过探测表面的耦合剂进入工件。超声波在工件中传播遇到缺陷或底面时会发生反射，回波被探头所接收并被转变为电信号，经接收电路放大和检波后加到示波管垂直（y轴）偏转板上，使电子束发生垂直偏转，在水平扫描线的相应位置上产生缺陷波 F、底波 B。检测仪示波屏上横坐标反映了超声波的传播时间，纵坐标反映了反射波的波幅。因此通过始波 T 和缺陷 F 之间的距离，便可决定缺陷离工件表面位置，同时通过缺陷波 F 的高度可决定缺陷的大小。

（3）耦合剂

在探头与工件表面之间施加的一层透声介质称为耦合剂。耦合剂的作用之一是排除探头与工件之间的空气，使超声波能有效地进入工件，之二是减少探头的摩擦，达到检测的目的。

超声波检测中常用的耦合剂有机油、甘油、水，化学浆糊等。甘油的耦合效果好，常用于重要工件的精确检测，但价格昂贵，对工件有腐蚀作用。水的来源广，价格低，常用于水浸检测，但使工件生锈。机油和化学浆糊黏度、流动性、附着力适当，对工件无腐蚀，价格也不贵，因此是目前应用最广的耦合剂。

7.3.2 超声波检测方法

（1）直探头检测法

直探头检测法是采用直探头将声束垂直入射工件检测面进行检测。由于该法是利用纵波进行检测，故又称纵波法，如图 7-32 所示。当直探头在工件检测面上移动时，经过无缺陷处检测仪示波屏上只有始波 T 和底波 B，如图 7-32（a）所示。若探头移到有缺陷处，且缺陷的反射面比声束小时，则示波屏上出现始波 T、缺陷波 F 和底波 B，如图 7-32（b）所示。若探头移至大缺陷（缺陷比声束大）处时，则示波屏上只出现始波 T 和缺陷波 F，如图 7-32（c）所示。

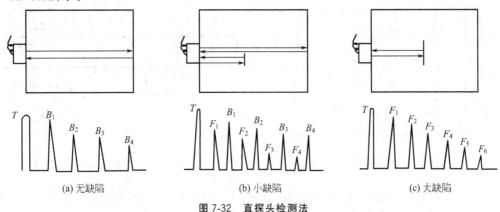

图 7-32 直探头检测法

直探头检测法能发现与检测面平行或近于平行的缺陷，适用于铸造、锻压、轧材及其制品的检测。由于盲区和分辨力的限制，只能发现工件内离探测面一定距离以外的缺陷。但缺陷定位比较方便。

（2）斜探头检测法

斜探头检测法是采用斜探头将声束倾斜入射工件检测面进行检测。由于它是利用横波进行检测，故又称横波法，如图 7-33 所示。当斜探头在工件检测面上移动时，若工件内没有缺陷，则声束在工件内径多次反射将以"w"形路径传播，此时在示波屏上只

有始波 T，如图 7-33（a）所示。当工件存在缺陷，且该缺陷与声束垂直或倾斜角很小时，声束会被缺陷反射回来，此时示波屏上将显示出始波 T、缺陷波 F，如图 7-33（b）所示。当斜探头接近板端时，声束将被端角反射回来，此时在示波屏上将出现始波 T 和端角波 B'，如图 7-33（c）所示。

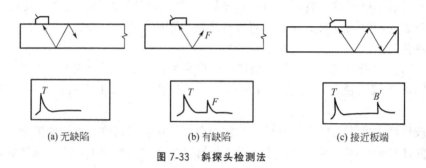

(a) 无缺陷　　　　　　(b) 有缺陷　　　　　　(c) 接近板端

图 7-33　斜探头检测法

斜探头检测法能发现与探侧表面成角度的缺陷，常用于焊缝、管材的检测。

（3）扫查方法

为了发现缺陷及对缺陷进行准确定位，必须正确移动探头。常用的扫查方式有以下几种。

① 锯齿形扫查　探头以锯齿形轨迹作往复移动扫查，同时探头还应在垂直于焊缝中心线位置上作 $\pm10°\sim15°$ 的左右转动，以便使声束尽可能垂直于缺陷，如图 7-34 所示。该扫查方法常用于发现焊缝的纵向缺陷。

② 平行扫查　探头在焊缝边缘或焊缝上（C 级检测，焊缝余高已磨平）作平行于焊缝的移动扫查，如图 7-35 所示。此法可探测焊缝及热影响区的横向缺陷。

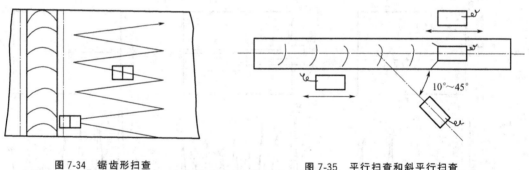

图 7-34　锯齿形扫查　　　　　　图 7-35　平行扫查和斜平行扫查

③ 斜平行扫查　探头与焊缝方向成一定夹角（$10°\sim45°$）的平行扫查，如图 7-35 所示。该法有助于发现焊缝及热影响区的横向裂纹和与焊缝方向成倾角度的缺陷。

④ 基本扫查方法　当用锯齿形扫查、平行扫查或斜平行扫查发现缺陷时，为进一步确定缺陷的位置、方向、形状、观察缺陷动态波形或区分缺陷信号的真伪，可采用四种基本扫查方式，如图 7-36 所示。其中，前后扫查的方法是探头垂直于焊缝前后移动，用来确定缺陷的水平距离或深度；左右扫查的方法是探头平行于焊缝或缺陷方向作左右移动，用来确定缺陷沿焊缝方向的长度；环绕扫查的方法是以缺陷为中心，变换探头位置，用来估判缺陷形状，尤其是对点状缺陷的判断；转角扫查的方法是探头作定点转动，用于确定缺陷方向并区分点、条状缺陷。

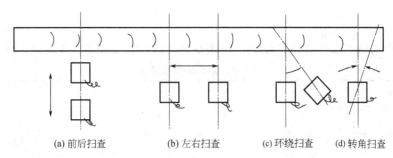

(a) 前后扫查   (b) 左右扫查   (c) 环绕扫查   (d) 转角扫查

图 7-36 斜探头基本扫查方式

7.3.3 焊缝质量评定

(1) 缺陷性质的判别

判定工件或焊接接头中缺陷的性质称之为缺陷定性。在超声波检测中,不同性质的缺陷其反射回波的波形区别不大,往往难于区分。因此,缺陷定性一般采取综合分析方法,即根据缺陷波的大小、位置及探头运动时波幅的变化特点,并结合焊接工艺情况对缺陷性质进行综合判断。这在很大程度上要依靠检测人员的实际经验和操作技能,因而存在着较大误差。到目前为止,超声波检测在缺陷定性方面还没有一个成熟的方法,这里仅是简单介绍焊缝中常见缺陷的波形特征。

① 气孔 气孔分为单个气孔和密集气孔。单个气孔回波高度低,波形为单峰,较稳定,当探头绕缺陷转动时,缺陷波高大致不变,但探头定点转动时,反射波立即消失。密集气孔会出现一簇反射波,其波高随气孔大小而不同,当探头作定点转动时,会出现此起彼伏现象。

② 裂纹 缺陷回波高度大,波幅宽,常出现多峰。探头平移时,反射波连续出现,波幅有变动;探头转动时,波峰有上、下错动现象。

③ 夹渣 夹渣分为点状夹渣和条形缺陷。点状夹渣的回波信号类似于点状气孔。条形缺陷回波信号呈锯齿状,由于其反射率低,波幅不高且形状多呈树枝状,主峰边上有小峰。探头平移时,波幅有变动。探头绕缺陷移动时,波幅不相同。

④ 未焊透 未焊透一般位于焊缝中心线上,有一定的长度。由于未焊透反射率高,波幅均较高。探头平移时,波形较稳定。在焊缝两侧检测时,均能得到大致相同的反射波幅。

⑤ 未熔合 当声波垂直入射该缺陷表面时,回波高度大。探头平移时,波形稳定。焊缝两侧检测时,反射波幅不同,有时只能从一侧探测到。

⑥ 咬边 一般情况下咬边反射波的位置出现在直射波和一次波的前边。当探头在焊缝两侧检测时,一般都能发现。

咬边的判别方法有两种:测量信号的部位是否在焊缝边缘处,如能用肉眼直接观察到咬边存在,即可判断;另外,探头移动出现最高波处固定探头,适当降低仪器灵敏度,用手指沾油轻轻敲打焊缝边缘咬边处,观察反射信号是否有明显的跳动现象。若信号跳动,则证明是咬边反射信号。

(2) 焊缝质量的评定

缺陷的大小测定以后,要根据缺陷的当量和指示长度结合标准的规定评定焊缝的质量级别。

GB/T 11345—89 标准将焊缝质量分为Ⅰ、Ⅱ、Ⅲ、Ⅳ等四级,其中Ⅰ级质量最高,Ⅳ

级质量最低。

具体的等级分类如下。

① 最大反射波幅位于Ⅱ区的缺陷，根据缺陷的指示长度按表7-5的规定予以评级。

表 7-5　缺陷的等级分类

检测等级与板厚/mm 评定等级	A 8～50	B 8～300	C 8～300
Ⅰ	$\frac{2}{3}\delta$；最小 12	$\frac{\delta}{3}$；最小 10，最大 30	$\frac{\delta}{3}$；最小 10，最大 20
Ⅱ	$\frac{3}{4}\delta$；最小 12	$\frac{2}{3}\delta$；最小 12，最大 50	$\frac{\delta}{2}$；最小 10，最大 30
Ⅲ	$<\delta$；最小 20	$\frac{3}{4}\delta$；最小 16，最大 75	$\frac{2}{3}\delta$；最小 12，最大 50
Ⅳ	超过Ⅲ级者		

② 最大反射波幅不超过评定线的缺陷，均评为Ⅰ级。

③ 最大反射波幅超过评定线的缺陷，检测者判定为裂纹等危害性缺陷时，无论其波幅和尺寸如何，均评为Ⅳ级。

④ 反射波幅位于Ⅰ区的非裂纹性缺陷，均评为Ⅰ级。

⑤ 反射波幅超过判废线进入Ⅲ区的缺陷，无论其指示长度如何，均评定为Ⅳ级。

根据评定结果，对照产品验收标准，对产品作出合格与否的结论。不合格缺陷应予返修，返修区域修补后，应按原检测条件进行复验。复验部位的缺陷亦应按上述方法及等级标准评定。

7.4　磁粉检测

7.4.1　磁粉检测原理及其特点

铁磁性材料制成的工件被磁化，工件就有磁力线通过。如果工件本身没有缺陷，磁力线在其内部是均匀连续分布的。但是，当工件内部存在缺陷时，如裂纹、夹杂、气孔等非铁磁性物质，其磁阻非常大，磁导率低，必将引起磁力线的分布发生变化。缺陷处的磁力线不能通过，将产生一定程度的弯曲。当缺陷位于或接近工件表面时，则磁力线不但在工件内部产生弯曲，而且还会穿过工件表面漏到空气中形成一个微小的局部磁场，如图7-37所示。这种由于介质磁导率的变化而使磁通泄漏到缺陷附近空气中所形成的磁场，称作漏磁场。这时如果把磁粉喷洒在工件表面上，磁粉将在缺陷处被吸附，形成与缺陷形状相应的磁粉聚集线，称为磁粉痕迹，简称磁痕。通过磁痕就可将漏磁场检测出来，并能确定缺陷的位置（有时包括缺陷的大小、形状和性质等）。磁痕的大小是实际缺陷的几倍或几十倍，如图7-38所示，从而容易被肉眼察觉。

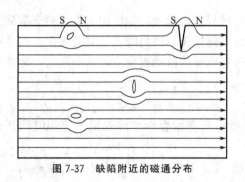

图 7-37　缺陷附近的磁通分布

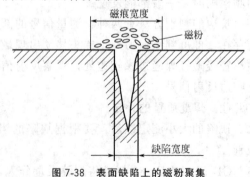

图 7-38　表面缺陷上的磁粉聚集

当工件在相同的磁化条件下，表面磁粉聚集越明显，则反映此处的缺陷离表面越近和越严重。但是，缺陷距表面一定深度或者在工件内部时，在工件表面处难以形成漏磁场而被漏检。因此这种方法只适合于检查工件表面和近表面缺陷。

磁粉检测的优点：

① 能直观显示缺陷的形状、位置、大小，并可大致确定其性质；

② 具有高的灵敏度，可检出缺陷最小宽度可为 $1\mu m$；

③ 几乎不受试件大小和形状限制；

④ 检测速度快，工艺简单，费用低廉。

磁粉检测的局限性：

① 只能用于铁磁性材料；

② 只能发现表面和近表面缺陷，可探测的深度一般在 $1\sim2mm$；

③ 不能确定缺陷的埋深和自身高度；

④ 宽而浅的缺陷难以检出；

⑤ 检测后常需退磁和清洗；

⑥ 试件表面不得有油脂或其他能粘附磁粉的物质。

7.4.2 磁化方法

(1) 直接通电磁化法

直接通电磁化法是将工件直接通以电流，使工件周围和内部产生周向磁场，适合于检测长条形如棒材或管材等工件，如图 7-39 所示。直接通电磁化法的设备比较简单，方法也简便。但由于对工件直接通以大电流，所以容易在电极处产生大量的热量使工件局部过热，导致工件材料的内部组织发生变化，影响材料性能或在过热的部位把工件表面烧伤。

直接通电磁化法也是一种周向磁化法，常用来检测与工件（或纵焊缝）轴线平行的缺陷。

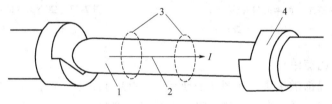

图 7-39 直接通电磁化法
1—工件；2—电流；3—磁力线；4—电极

(2) 交流线圈法

用交流线圈法对工件进行磁化后，所产生的磁力线与工件的轴线平行，常用来检测与工件或焊缝轴线垂直的缺陷。磁化方法如图 7-40 所示，把工件放在通电的螺线管线圈里，这种工件就是线圈的铁芯，磁力线沿工件轴线分布，故可检测工件横向缺陷。

(3) 复合磁化法

对于长棒或长管不同角度的缺陷，最理想的磁化方法为复合磁化法。复合磁化法是纵向和周向磁化同时作用在工件上，使工件得到由两个互相垂直的磁力线作用而产生的合成磁场，以检查各种不同角度的缺陷。如图 7-41 所示。这是一种采用直流电使磁轭产生纵向磁场，用交流电直接向工件通电产生周向磁场。

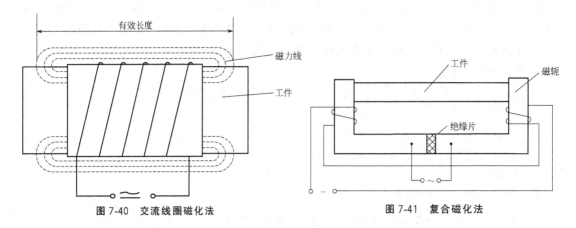

图 7-40　交流线圈磁化法　　　　　图 7-41　复合磁化法

（4）中心导体法

它是用非铁磁性的导电材料（如铜棒）作芯棒，穿过环形工件，电流从芯棒上通过，并在其周围产生周向磁场，用来检测工件的纵向缺陷，如图 7-42 所示。它具有效率高、速度快、不损伤工件等优点。

中心导体法是利用芯棒使工件产生磁场的，即使用间接通电的方法完成工件的磁化过程，这样可以避免直接通电磁化法产生的弊端。

另外，中心导体法还可以用于空心工件的磁化，如图 7-43 所示。

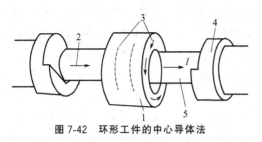
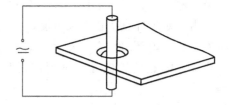

图 7-42　环形工件的中心导体法　　　　图 7-43　空心工件的中心导体法

1—工件；2—电流；3—磁力线；4—电极；5—心杆

（5）触头法和磁轭法

触头法是一种局部磁化法，如图 7-44 所示，它使用一对圆锥形的铜棒作为两个通电电极，铜棒的一端通过电缆与电源连接，另一端与工件接触。通电后，电流通过两个触头施加在工件表面，形成以触头为中心的周向磁场（对触头而言）。触头法常用于检测压力容器等焊缝的纵向缺陷。

磁轭磁化法的磁轭就是绕有线圈的 π 形铁芯，如图 7-45 所示。当线圈通电后，处在磁轭两极之间工件的局部区域产生磁场，检测焊缝中的纵向缺陷。磁轭磁化使用安全电压，操作比较安全。并且由于磁化电流不直接通过工件，不会产生局部过热现象。同时还具有设备简单、磁化方向可自由变动等优点。适合于检查板状或其他工件上位于不同方向的表面缺陷。

触头法又叫磁锥法、枝干法、尖锥法、刺棒法和手持电极法等。触头材料宜用钢或铝，一般情况下不用铜作触头电极，因为铜渗入工件表面上，会影响材料的性能。触头法适用于焊接件及各种大中型工件的局部检测。

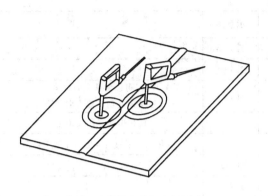

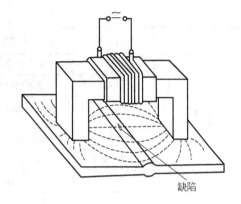

图 7-44　磁锥磁化法

图 7-45　磁轭磁化法

（6）旋转磁化法

旋转磁场磁化法是采用相位不同的交流电对工件进行周向和纵向磁化，那么在工件中就可以产生交流周向磁场和交流纵向磁场。这两个磁场在工件中，产生磁场的叠加复合成复合磁场。由于所形成的复合磁场的方向是以一个圆形或椭圆形的轨迹随时间变化而改变，且磁场强度保持不变，所以称为旋转磁场，如图 7-46 所示。

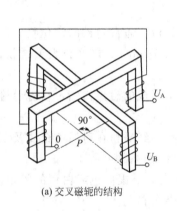

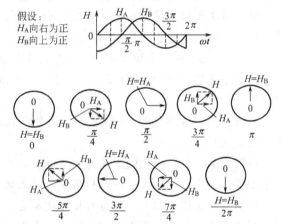

(a) 交叉磁轭的结构

(b) 旋转磁场的方向变化

图 7-46　旋转磁化法

常见工件磁粉检测磁化方法的选择见表 7-6。

表 7-6　常见工件磁粉检测磁化方法的选择

工件形状	缺陷方向	磁化方法	示意图	备　　注
长棒或长管 （包括长条方钢）	纵向	直接通电磁化	图 7-39	
	横向	交流线圈通过法或 分段磁化法		通过法适合于自动检测，分段磁化分段 检测适合于手工检测
	多方向	复合磁场磁化法	图 7-41	优点：可以一次磁化完成检测，易实现 自动检测
环形	纵向	中心导体磁化法	图 7-42	
	周向	线圈磁化法		
	多方向	旋转磁场磁化法	图 7-46	最理想的磁化方法

续表

工件形状	缺陷方向	磁化方法	示意图	备　　注
焊缝	纵向	磁锥磁化法	图 7-44	
	纵向	磁轭磁化法	图 7-45	
	横向	旋转磁场磁化法	图 7-46	不但可以发现横向缺陷，还可以发现其他方向缺陷
	表面缺陷	交流电磁化		磁化电源采用交流电
	近表面缺陷	直流电磁化		磁化电源采用直流电（干法更好）
轴类	纵向	直接通电磁化法	图 7-39	
	横向	通电线圈磁化法	图 7-40	
	多方向	复合磁化法	图 7-41	纵向、横向缺陷同时检测

7.4.3　磁粉检测介质

(1) 磁粉

磁粉是显示缺陷的重要手段，磁粉质量的优劣和选择是否恰当，将直接影响磁粉检测的结果。因此，对磁粉应进行全面了解和正确使用。

磁粉种类很多，按磁粉是否有荧光性，分为荧光磁粉和非荧光磁粉；按其磁粉使用方法，磁粉检测可分为干粉法和湿粉法。

① 非荧光磁粉　非荧光磁粉是在白光下能观察到磁痕的磁粉。通常是铁的氧化物，研磨后成为细小的颗粒经筛选而成，粒度 150～200 目（0.1～0.07mm）。它可分为黑磁粉、红磁粉和白磁粉等。

黑磁粉是一种黑色的 Fe_3O_4 粉末。黑磁粉在浅色工件表面上形成的磁痕清晰，在磁粉检测中的应用最广。

红磁粉是一种铁红色的 Fe_2O_3 晶体粉末，具有较高的磁导率。红磁粉在对黑色金属及工件表面颜色呈褐色的状况下进行检测时，具有较高的反差，但不如白磁粉。

白磁粉是由黑磁粉 Fe_3O_4 与铝或氧化镁合成而制成的一种表面呈银白色或白色的粉末。白磁粉适用于黑色表面工件的磁粉检测，具有反差大、显示效果好的特点。

② 荧光磁粉　荧光磁粉是以磁性氧化铁粉、工业纯铁粉或羰基铁粉等为核心，外面包覆一层荧光染料所制成，可明显提高磁痕的可见度和对比度。这种磁粉在暗室中用紫外线照射能产生较亮的荧光，所以适合于检测各种工件的表面检测，尤其适合深色表面的工件，具有较高的灵敏度。

(2) 磁悬液

将磁粉混合在液体介质中形成磁粉的悬浮液称为磁悬液。用来悬浮磁粉的液体称为载液。在磁悬液中，磁粉和载液是按一定比例混合而成的。根据采用的磁粉和载液的不同，可将磁悬液分为油基磁悬液、水基磁悬液和荧光磁悬液。

7.4.4　磁粉检测过程

所谓磁粉检测工艺，是指从磁粉检测的预处理、磁化工件、施加磁粉、磁痕分析（包括磁痕评定和工件验收）、退磁和到检测完毕进行后处理的全过程。即主要工艺过程包括预处理及工作安排、工件磁化、施加磁粉、检测、退磁、磁痕观察和后处理七个步骤。

(1) 预处理及工作安排

① 预处理　因为磁粉检测是用于检测工件表面缺陷的，工件的表面状态对于磁粉检测的操作和灵敏度都有很大的影响，所以磁粉检测前，工件的预处理应做以下工作。

a. 清除　清除工件表面的油污、铁锈、毛刺、氧化皮、金属屑和砂粒等；使用水基磁悬液，工件表面要认真除油；使用油基磁悬液时，工件表面不应有水分；干粉法检测时，工件表面应干净和干燥。

b. 打磨　有非导电覆盖层的工件必须通电磁化时，必须将与电极接触部位的非导电覆盖层打磨掉。

c. 分解　装配件一般应分解后检测。

d. 封堵　若工件有盲孔和内腔，磁悬液流进后难以清洗，检测前应将孔洞用非研磨性材料封堵上。

e. 涂敷　如果磁痕和工件表面颜色对比度小，可在检测前先给工件表面涂敷一层反差增强剂。

② 工序安排

a. 磁粉检测的工序应安排在容易产生缺陷的各道工序（如焊接、热处理、机加工、磨削、矫正和加载试验）之后进行。

b. 对于有产生延迟裂纹倾向的材料，磁粉检测应安排在焊接后24h进行。

c. 磁粉检测工序应安排在涂漆、发蓝、磷化和电镀等表面处理之前进行。

(2) 工件磁化

按综合知识模块二所述内容选择适当的磁化方法及磁化规范，利用磁粉检测设备使工件带有磁性，产生漏磁场进行磁粉检测。

(3) 施加磁粉

① 连续法　在外加磁场磁化的同时，将磁粉或磁悬液施加到工件上进行磁粉检测的方法。

a. 操作程序

a）在外加磁场作用下进行检测（用于光亮工件）

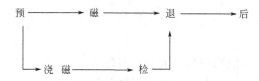

b）在外加磁场中断后进行检测（用于表面粗糙的工件）

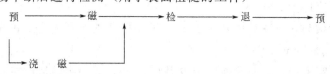

b. 操作要点

a）湿连续法：先用磁悬液润湿工件表面，在通电磁化的同时浇磁悬液，停止浇磁悬液后再通电数次，待磁痕形成并滞留下来时停止通电，进行检测。

b）干连续法：对工件通电磁化后撒磁粉，并在通电的同时吹去多余的磁粉，待磁痕形成和检测完毕再停止通电。

② 剩磁法　剩磁法是停止磁化后，再将磁悬液施加到工件上进行磁粉检测的方法。

a. 操作程序　预处理→磁化→施加磁悬液→检测→退磁→后处理。

b. 操作要点

a）通电时间：1/4～1s。

b）浇磁悬液 2～3 遍，保证各个部位充分润湿。

c）浸入搅拌均匀的磁悬液中 10～20s，取出检测。

d）磁化后的工件在检测完毕前，不要与任何铁磁性材料接触，以免产生磁写。

（4）检测

对磁痕进行观察和分析，非荧光磁粉在明亮的光线下观察，荧光磁粉在紫外线灯照射下观察。

① 缺陷的磁痕

a. 裂纹　裂纹的磁痕轮廓较分明，对于脆性开裂多表现为粗而平直，对于塑性开裂多呈现为一条曲折的线条，或者在主裂纹上产生一定的分叉，它可连续分布。也可以断续分布，中间宽而两端较尖细。

b. 发纹　发纹的磁痕呈直线或曲线状短线条。

c. 条状夹杂物　条状夹杂物的分布没有一定的规律。其磁痕不分明，具有一定的宽度，磁粉堆积比较低而平坦。

d. 气孔和点状夹杂物　气孔和点状夹杂物的分布没有一定的规律，可以单独存在，也可密集成链状或群状存在。磁痕的形状和缺陷的形状有关，具有磁粉聚积比较低而平坦的特征。

② 非缺陷的磁痕　工件由于局部磁化，截面尺寸突变，磁化电流过大以及工件表面机械划伤等会造成磁粉的局部聚积而造成误判。可结合检测时的情况予以区别。

（5）退磁

工件经磁粉检测后所留下的剩磁，会影响安装在其周围的仪表、罗盘等计量装置的精度，或者吸引铁屑增加磨损。有时工件中的强剩磁场会干扰焊接过程，引起电弧的偏吹，或者影响以后进行的磁粉检测。

常用的退磁方法有交流退磁法和直流退磁法。

（6）磁痕观察

磁痕的观察和评定一般应在磁痕形成后立即进行。

使用非荧光磁粉检测，必须在能够充分识别磁痕的日光或白光照明下进行，在被检工件表面的白光照度不应低于 1000lx。

使用荧光磁粉检测，应在环境光小于 20lx 的暗区紫外光下进行。在 380mm 处，紫外辐照度应不低于 $1000\mu m/cm^2$。

检测人员进入暗室后，在检测前应至少等候 5min，以使眼睛适应在暗光下工作。

检测人员连续工作时，工间要适当休息，防止眼睛疲劳，影响磁痕观察。

（7）后处理

工件磁粉检测完的后处理应包括以下内容：①清洗工件表面包括孔中、裂缝和通路中的磁粉；②使用水磁悬液检测，为防止工件生锈，可用脱水防锈油处理；③如果使用过封堵，应去除；④如果涂覆了反差增强剂，应清洗掉；⑤不合格工件应隔离。

7.4.5 焊缝质量评定

在对缺陷的磁痕进行检测和分析后，当不能判定是否真正的缺陷时，应该复验。待确定为缺陷的磁痕后，应进行质量评定，决定产品是否合格。以 JB4730.4—2005《承压设备无损检测第 4 部分：磁粉检测》标准为例：

（1）不允许存在的缺陷

① 不允许存在任何裂纹和白点；

② 紧固件和轴类零件不允许任何横向缺陷显示。

（2）焊接接头的磁粉检测质量分级

焊接接头的磁粉检测质量分级见表 7-7。

表 7-7　焊接接头的磁粉检测质量分级

等　级	线性缺陷痕迹	圆形缺陷痕迹（评定框尺寸为 35mm×100mm）
Ⅰ	不允许	$d \leqslant 1.5$，且在评定框内不大于 1 个
Ⅱ	不允许	$d \leqslant 3.0$，且在评定框内不大于 2 个
Ⅲ	$l \leqslant 3$	$d \leqslant 4.5$，且在评定框内不大于 4 个
Ⅳ	大于Ⅲ级	

注：l 表示线性缺陷磁痕长度，mm；d 表示圆形缺陷磁痕长径，mm。

7.5　渗透检测

7.5.1　渗透检测原理

（1）渗透检测原理

可将零件表面的开口缺陷看作是毛细管或毛细缝隙。将溶有荧光染料或着色染料的渗透液施加于试件表面，由于毛细现象的作用，渗透液渗入到各类开口于表面的细小缺陷中，清除附着于试件表面上多余的渗透液，经干燥后再施加显像剂，缺陷中的渗透液在毛细现象的作用下重新被吸附到零件表面上，形成放大了的缺陷显示，在黑光下（荧光检测法）或白光下（着色检测法）观察，缺陷处可分别相应地发出黄绿色的荧光或呈现红色显示，作出缺陷的评定。

渗透检测的原理简明易懂，设备简单，方法灵活，缺陷显示直观，检测灵敏度高，检测费用低，并可以同时显示各个不同方向的各类缺陷。但是，渗透检测受被检物体表面粗糙度的影响较大，只能检测表面开口缺陷的分布，难以确定缺陷的实际深度，而且检测结果受操作者技术水平的影响较大。

（2）渗透液

渗透液是一种含有着色染料或荧光染料且具有很强的渗透能力的溶液。它能渗入表面开口的缺陷并被显像剂吸附出来，从而显示缺陷的痕迹。渗透液的组成成分是：染料（或荧光物质）和溶解染料（或荧光物质）的溶剂，以及渗透剂。此外还有用于改善渗透液性能的附加成分，如为降低渗透液表面张力、增大润湿作用的表面活性剂，促进染料（或荧光物质）溶解的助溶剂，改进渗透液黏度和增强色力的增光剂，使渗透液便于水洗的乳化剂，以及减小渗透液挥发的抑制剂等。

（3）去除剂

渗透检测中，用来除去被检工件表面多余渗透液的溶剂称为去除剂。

水洗型渗透液，直接用水去除，水就是一种去除剂。

后乳化型渗透液是在乳化以后再用水去除，它的去除剂就是乳化剂和水。

溶剂去除型渗透液采用有机溶剂去除，这些有机溶剂也是去除剂。常采用的去除剂有煤油、酒精、丙酮、三氯乙烯等。

（4）乳化剂

乳化剂是去除剂中的重要材料，渗透检测中的乳化剂用于乳化不溶于水的渗透液，使其便于用水清洗。自乳化型渗透液自身含有乳化剂，可直接用水清洗，后乳化型渗透液自身不含乳化剂，需要经过专门的乳化工序以后，才能用水清洗。

乳化剂是由表面活性剂和添加溶剂组成的，主体是表面活性剂，而添加溶剂的作用是调节黏度，调整与渗透液的配比，降低材料费用等。

（5）显像剂

显像剂的作用是把渗入到工件缺陷内部的渗透液利用其毛细作用，使残留在缺陷内部的渗透液吸附到表面成为肉眼可以分辨的缺陷图像（可借助于放大镜）。

7.5.2　渗透检测工艺

（1）前处理的方法

渗透检测开始前先除去试件表面异物，这种操作称为前处理，或称预处理。前处理常用的方法有机械清理、化学清洗、溶剂清洗等。

（2）渗透方法及渗透时间要求

渗透是把渗透液覆盖在被检工件的检测表面上，让渗透液能充分地渗入到表面开口的缺陷中去。

① 渗透方法　施加渗透液的常用方法有浸涂法、喷涂法、刷涂法和浇涂法等。可根据工件的大小、形状、数量和检查的部位来选择。

a. 浸涂法：把整个工件全部浸入渗透液中进行渗透，这种方法渗透充分，渗透速度快、效率高，它适于大批量工件的全面检查。

b. 喷涂法：可采用喷罐喷涂、静电喷涂、低压循环泵喷涂等方法，将渗透液喷涂在被检部位的表面上。喷涂法操作简单、喷洒均匀、机动灵活，它适于大工件的局部检测或全面检测。

c. 刷涂法：采用软毛刷或棉纱布、抹布等将渗透液刷涂在工件表面上。刷涂法机动灵活，适应于各种工件，但效率低，常用于大型工件的局部检测和焊缝检测，也适用于中小型工件小批量检测。

d. 浇涂法：也称为流涂，是将渗透液直接浇在工件的表面上，适于大工件的局部检测。

② 渗透时间要求　渗透时间是指渗透液施加到零件上与零件接触的全部时间（或到开始去除渗透剂之间的时间）。

渗透时间的长短应根据工件和渗透液的温度、渗透液的种类、工件种类、工件的表面状态、预期检出的缺陷大小和缺陷的种类等来确定。渗透时间不能过短或过长。时间过短，渗透液渗入不充分，缺陷不易检出；时间过长，渗透液易干涸，清洗困难，检测灵敏度和工作效率低。推荐的渗透时间见表7-8。

表 7-8 渗透液推荐的渗透时间

材质	状态	缺陷类型	渗透时间/min	
			水洗型	后乳化及溶剂去除型
铝	铸件	气孔	5～15	5
		冷隔	5～15	5
	轧材、锻件	皱褶	30	10
	焊接件	裂纹/未熔合	30	10/5
		气孔	30	5
镁	铸件	气孔	15	5
		冷隔	15	5
	轧材、锻件	皱褶	30	10
	焊接件	裂纹/未熔合	30	10
		气孔	30	10
钢铁	铸件	气孔	30	10
		冷隔	30	10
	轧材、锻件	皱褶	60	10
	焊接件	裂纹/未熔合	30/60	20
		气孔	60	20
硬质合金		熔化不足	30	5
		裂纹	10	20

（3）乳化处理方法

对于后乳化型渗透剂，在渗透处理后水清洗之前，应使用合适的乳化剂使试件表面残余渗透液达到符合清洗的要求，这种乳化剂的操作称乳化处理。

在乳化前，先用水预清洗。预清洗后再进行乳化，施加乳化剂时要力求均匀，只能用浸涂、浇涂和喷涂。不能用刷涂，因为刷涂不均匀，乳化时间也不易控制，还有可能将乳化剂带进缺陷而引起过乳化。

乳化剂在工件表面上停留的时间，即乳化时间。乳化时间的长短对乳化处理效果有很大的影响，必须严格控制，尤其在检查浅的细微缺陷的时候，乳化时间过短，将使受检面上的渗透液清洗不干净，影响缺陷的显示和判断。乳化时间过长，将把缺陷内的渗透液也部分乳化，发生"过洗"现象。将使得细小缺陷内返回到显像剂的渗透液下降，缺陷显示减弱。

（4）清洗处理方法

经渗透处理，乳化处理后，去除工件表面剩余的渗透液处理称为清洗处理。清洗处理是洗去工件表面的剩余渗透液，并不是洗去缺陷内部的渗透液，即进行必要的最低限度的清洗。

① 水清洗 水洗型或后乳化型渗透液都可用水清洗，使用流水或喷嘴在适当的水压下均匀清洗工件表面。对于水洗型渗透液的水压一般为 $14.7～19.6N/cm^2$，对后乳化型渗透

液水压为 $19.6 \sim 29.4 \mathrm{N/cm^2}$。

如果使用温水，可缩短清洗时间，进行高效清洗。因此，如果工件表面状态恶劣不易清洗时可以用温水清洗。温水易清洗掉大缺陷或浅层缺陷中的渗透液，使用时必须注意。此外，切忌使用 $40℃$ 以上的热水清洗。

清洗时应抓紧时间，要求在短时间内尽快将整个试件表面清洗，中途不得停顿。将试件浸入水中进行清洗很容易洗掉缺陷中的渗透液，必须避免。

② 溶剂清洗 对溶剂型渗透液，要使用溶剂进行清洗。因为溶剂的渗透能力强，使用不当，则溶剂会渗入到缺陷内部，有可能洗掉缺陷内部的渗透液，造成过清洗。

清洗的方法是：通常先用干布抹去吸附在试件表面上的大部分剩余渗透液，随后用含有清洗液的布全部抹去剩余渗透液。对于粗糙表面可在抹布上蘸些渗透液，反复擦 $2 \sim 3$ 次即可，在无布情况下也可用软纸。

如果表面形状和状态不宜擦抹，也可用喷洗的办法。但是喷射压力应低，然后立即用布抹尽，在工件表面上不允许积水或流淌。

清洗完毕后，可用干的或仅含有清洗液的干净布擦抹干净。对于着色渗透液，此种操作有利于确定其清洗程度。溶剂清洗易造成过清洗，故决不能使用浸渍法来清洗。

溶剂清洗所用的溶剂是挥发性很强的有机溶剂，清洗后表面会立即干燥，不再需要干燥处理。

(5) 干燥处理方法

干燥处理的目的是除去工件表面的水分，使渗透液能充分渗入到缺陷中去或被显像剂所吸附。

常用的干燥方法有用干净布擦干、压缩空气吹干、热风吹干、热空气循环烘干等。实际应用中常将多种方法结合起来使用。

(6) 显像处理方法

显像处理是指在工件表面施加显像剂，利用毛细作用原理将缺陷中的渗透液吸附至工件表面上，从而形成清晰可见的缺陷显示图像的过程。

常用的显像方法有干式显像、速干式显像、湿式显像和自显像等几种。

(7) 缺陷观察方法

在经过了规定的显像时间后，应立即观察工件上有无缺陷痕迹显示。

严格按照规定的时间进行观察这很重要。在显像时间参差不齐的情况下观察缺陷显示痕迹时，随时间的推移缺陷显示痕迹就变大，致使缺陷显示痕迹的大小与缺陷的实际大小不一致，这就不可能对缺陷作出真实评价。如果显像时间短，缺陷虽然大，但缺陷痕迹却很小。相反，显像时间长，缺陷虽然小，但缺陷显示痕迹却很大。

另外，要了解缺陷的实际形态，必须在显像过程中进行多次观察。这是因为缺陷显示痕迹随时间的推移而扩大。例如相邻位置上有多个缺陷，过了段时间后观察，在许多情况下所看到的将是一个缺陷，不能掌握其确切形态。

着色检测应在白光下进行，显示为红色图像，在被检工件表面上的白光照度应符合有关规定要求。

荧光检测应在暗室内的紫外灯下进行观察，显示为明亮的黄绿色图像。为确保足够的对比度，要求暗室应足够暗。被检工件表面的黑光辐照度应不低于 $1000 \mu \mathrm{W/cm^2}$。如采用自显像工艺，则应不低于 $3000 \mu \mathrm{W/cm^2}$。检测台上应避免放置荧光物质，因在黑光灯下，荧光物质发光会增加白光的强度，影响检测灵敏度。

(8) 后处理方法

经上述工艺之后的试件，应根据需要除去表面显像剂，进行适当的表面处理。一般说来，渗透检测过程完成之后，应立即清洗试件，清洗愈早，清洗或去除愈容易。

7.5.3 缺陷的判别分级

(1) 缺陷显示

在实际操作情况下，必须训练检测人员能正确地判断相关显示、非相关显示或虚假显示（见表7-9）。

表 7-9 典型渗透剂显示的特征

缺陷显示类型	缺陷名称	显示特征
连续线状显示	铸造冷裂纹	多呈较规则的微弯曲的直线状，起始部位较宽，随延伸方向逐渐变细，有时贯穿整个铸件，边界通常较整齐
	铸造热裂纹	多呈连续、半连续的曲折线状，起始部位较宽，尾端纤细；有时呈连续条状或树枝状，粗细较均匀或是参差不齐；荧光亮度或色泽取决于裂纹中渗透液容量
	锻造裂纹	一般呈现没有规律的线状，抹去显示，肉眼可见
	熔焊裂纹	呈纵向、横向线状或树枝状，多出现在焊缝及其热影响区
	淬火裂纹	呈线状、树枝状或网状，起始部位较宽，随延伸方向逐渐变细，显示形状清晰
	磨削裂纹	呈网状或辐射状和相互平行的短曲线条，其方向与磨削方向垂直
	冷作裂纹	呈直线状或微弯曲的线状；多发生在变形量大或张力大的部位，一般单个出现
	疲劳裂纹	呈线状，曲线状，随延伸方向逐渐变细。显示形状较清晰，多发生在应力集中区
	线状疏松	呈各种形状的短线条，散乱分布，多成群出现在铸件的孔壁或均匀板壁上
连续线状显示	冷隔	呈较粗大的线状，两端圆秃，较光滑线状，时而出现紧密、断续或连续的线状。擦掉显示，目视可见，常出现在铸件厚薄转角处
	未焊透	呈线状，多出现在焊道的中间，显示一般较清晰
断续线状显示	折叠	呈与表面成一定夹角的线状，一般肉眼可见，显示的亮度和色泽随其深浅和夹角大小而异，多发生在锻件的转接部位。显示有时呈断续线状
	非金属夹杂	沿金属纤维方向，呈连续或断续的线条，有时成群分布，显示形状较清晰，分布无规律，位置不固定
圆形显示	气孔	显示呈球形或圆形，擦掉显示目视可见
	圆形疏松	多数呈长度等于或小于三倍宽度的线条，也呈圆形显示，散乱分布
	缩孔	呈不规则的窝坑，常出现在铸件表面上
	火口裂纹	由于截留大量的渗透液，也经常呈圆形显示
	大面积缺陷	由于实际缺陷轮廓不规则，截留渗透液量大也有时呈圆形显示
小点状显示	针孔	呈小点状显示
	收缩空穴	形状呈显著的羊齿植物状或枝蔓状轮廓
弥散状显示	显微疏松	可弥散成一较大区域的微弱显示，应给予注意
	表面疏松	对相关部位重新检测，以排除虚假显示，不可简单仓促地作出评价

(2) 缺陷的分级

对确认为缺陷的显示，应进行定位、定量及定性的评定，然后再根据引用的标准或技术文件，评定其质量级别，判断其合格与否。

评定缺陷时，要严格按照标准或有关技术文件的要求进行。定量评定时，要特别注意缺陷的显示尺寸和实际尺寸的区别，因为前者往往比后者大得多。

标准 GJB2367A　按缺陷显示的形状的不同，将缺陷显示分为线状显示（裂纹、冷隔、锻造折叠及在一条直线或曲线上存在距离较近的缺陷组成的显示等）、圆形显示（除线状显示之外长宽比小于 3 的其他显示）和分散形显示（在一定的面积范围内，同时存在的几个缺陷显示）。

线状显示和圆形显示的等级以及在 2500mm² 的矩形面积（最长边长为 150mm）内长度超过 1mm 的分散形显示的等级评定见表 7-10。

表 7-10　缺陷显示的等级评定

等级	线状和圆形显示的等级	分散形显示的等级
	显示长度/mm	显示总长度/mm（2500mm²矩形面积内）
1	1～2	2～4
2	2～4	4～8
3	4～8	8～16
4	8～16	16～32
5	16～32	32～64
6	32～64	64～128
7	≥64	≥128

【综合练习】

一、填空题

1. 外观检查主要是发现焊缝表面的_____和尺寸上的_____。

2. 角焊缝尺寸包括焊缝的_____、_____、_____和_____等。

3. 致密性试验来发现贯穿性_____、_____、_____、_____等缺陷。

4. 射线检测是利用 X 射线或 γ 射线具有的_____和_____的特性来发现缺陷的一种无损检测方法。

5. GB/T 3323—2005 标准，根据缺陷性质、数量和大小将焊缝质量分为四个等级，_____级质量最好，_____级质量最差。

6. 超声波检测中常用的耦合剂有机油、_____、_____、_____等。

7. 直探头检测法能发现与检测面_____或近于_____的缺陷。

8. 斜探头检测法能发现与探测表面成_____的缺陷，常用于焊缝、管材的检测。

9. 磁粉检测只适合于检查工件_____和_____的缺陷。

10. 常用的退磁方法有_____和_____。

11. 施加渗透液的常用方法有_____、_____和_____等。

二、选择题

1. （　　）目的是为了检测容器密封结构的可靠性、焊缝的致密性及容器的宏观强度。

　　a. 渗透检测　　　　　　　　　　b. 耐压试验

　　c. 超声波检测　　　　　　　　　d. 射线检测

2. 水压试验时，压力表的量程在试验压力的（　　）倍左右为宜。

　　a. 1　　　　　　　　　　　　　　b. 2

　　c. 5　　　　　　　　　　　　　　d. 6

3. 碳素钢、16MnR 和正火 15MnVR 钢容器液压试验时，液体温度不得低于（　　）。

　　a. 20℃　　　　　　　　　　　　b. 15℃

　　c. 10℃　　　　　　　　　　　　d. 5℃

4. 水压试验时液体的温度应（　　）其闪点或沸点。

　　a. 低于　　　　　　　　　　　　b. 等于

　　c. 高于　　　　　　　　　　　　d. 不一定

5. 耐压试验是在（　　）工作压力的情况下进行的。

　　a. 低于　　　　　　　　　　　　b. 等于

　　c. 高于　　　　　　　　　　　　d. 不一定

6. 射线通过物质时的衰减取决于（　　）。

　　a. 物质的原子序数、密度和厚度　　b. 物质的杨氏模量

　　c. 物质的泊松比　　　　　　　　d. 物质的晶粒度

7. X 射线的穿透能力取决于（　　）。

　　a. 管电流　　　　　　　　　　　b. 管电压

　　c. 曝光时间　　　　　　　　　　d. 焦点尺寸

8. 射线照相难以检出的缺陷是（　　）。

　　a. 未焊透和裂纹　　　　　　　　b. 气孔和未熔合

　　c. 夹渣和咬边　　　　　　　　　d. 分层和折叠

9. 以下关于射线照相特点的叙述，哪些是错误的（　　）。

　　a. 判定缺陷性质、数量、尺寸比较准确　　b. 检测灵敏度受材料粒度的影响较大

　　c. 成本较高，检测速度不快　　　　　　d. 射线对人体有伤害

10. X 射线管对真空度要求较高，其原因是（　　）。

　　a. 防止电极材料氧化　　　　　　b. 使阴极与阳极之间绝缘

　　c. 使电子束不电离气体而容易通过　　d. 以上三者均是

11. X 射线管中轰击靶的电子运动的速度取决于（　　）。

　　a. 靶材的原子序数　　　　　　　b. 管电压

　　c. 管电流　　　　　　　　　　　d. 灯丝电压

12. 超声波传播过程中，遇到尺寸与波长相当的障碍物时，将发生（　　）。

　　a. 只绕射无反射　　　　　　　　b. 既反射又绕射

　　c. 只反射无绕射　　　　　　　　d. 以上都可能

13. A 型显示检测仪，从荧光屏上可得的信息是（　　）。

　　a. 缺陷取向　　　　　　　　　　b. 缺陷指示长度

　　c. 缺陷波幅和传播时间　　　　　d. 以上都是

14. 焊缝检测时，荧光屏上的反射波来自（　　）

　　a. 焊道　　　　　　　　　　　　b. 缺陷

　　c. 结构　　　　　　　　　　　　d. 以上全部

15. 磁粉检测方法适合于检查工件（　　）。

　　a. 内部缺陷　　　　　　　　　　b. 内部缺陷或表面缺陷

　　c. 表面缺陷　　　　　　　　　　d. 表面缺陷或近表面缺陷

16. 对铁磁性材料进行磁化时，由于工件内部的（　　）发生变化而使磁通泄漏到缺陷附近空气中所形成磁场，称为漏磁场。

　　a. 应力　　　　　　　　　　　　b. 磁导率

　　c. 电阻率　　　　　　　　　　　d. 密度

17. 裂纹的开裂面与工件表面（　　）时，则漏磁场最强也最有利于检出。

a. 平行   b. 垂直

c. 45℃   d. 60℃

18. 在外加磁场磁化的同时，将磁粉或磁悬液施加到工件上进行磁粉检测的方法，称为_____。

a. 连续法   b. 剩磁法

c. 干粉法   d. 湿粉法

19. 使用荧光磁粉检测，应在_____下进行。

a. 日光   b. 白光

c. 紫外光   d. 红外光

20. 渗透检测法适用于检测的缺陷是（　　）。

a. 表面开口缺陷   b. 近表面缺陷

c. 内部缺陷   d. 以上都对

21. 下面哪一条不是渗透试验方法的优点？（　　）

a. 可以发现各种缺陷   b. 原理简单，容易理解

c. 应用比较简单   d. 被检零件的尺寸和形状几乎没有限制

22. 下面哪一条不是渗透检测的特点？（　　）

a. 能精确地测量裂纹或不连续性的深度   b. 能在现场检测大型零件

c. 能发现浅的表面缺陷   d. 使用不同类型的渗透材料可获得较低或较高的灵敏度

23. 渗透检测的缺点是（　　）。

a. 不能检测内部缺陷

b. 检测时受温度限制，温度太高或太低均会影响检测结果

c. 与其他无损检测方法相比，需要更仔细的表面清理

d. 以上都是

24. 渗透检测能指示工件表面缺陷的（　　）。

a. 深度   b. 性质

c. 宽度   d. 长度、位置及形状

25. 着色检测法在（　　）下观察缺陷。

a. 白光   b. 黑光

c. 红光   d. 以上都可以

26. 渗透检测材料主要包括（　　）。

a. 渗透液   b. 去除剂

c. 显像剂   d. 以上都是

三、判断题（正确的打"√"，错误的打"×"）

（　　）1. 容器在耐压试验时破裂要比使用时破裂的可能性小。

（　　）2. 容器内部的残留物应清除干净，特别是对与水接触后能引起对器壁产生腐蚀的物质必须彻底除净。

（　　）3. 水压试验介质为清水，水的温度不低于20℃。

（　　）4. 水压试验时，要求容器在试验压力下产生的最大应力，不超过圆筒材料在试验温度下屈服点的80%。

（　　）5. 射线的能量同时影响照相的对比度、清晰度和颗粒度。

（　　）6. 在常规射线照相检测中，散射线是无法避免的。

（　　）7. 只要严格遵守辐射防护标准关于剂量当量限值的规定，就可以保证不发生辐射损害。

（　　）8. 超声波在介质中的传播速度与频率成正比。

（　　）9. 超声波倾斜入射至缺陷表面时，缺陷反射波高随入射角的增大而增高。

（　　）10. 焊缝斜角检测中，裂纹等危害性缺陷的反射波幅总是很高的。

（　　）11. 磁粉检测适合检查铁磁性材料的缺陷。

（　　）12. 当缺陷形状为圆形（如气孔）时，容易形成较大的漏磁场。

（　　）13. 磁粉检测中的磁痕大小是实际缺陷的几倍或几十倍。

（　　）14. 磁粉检测的主要工艺过程包括预处理、磁化工件、施加磁粉、磁痕分析、退磁和后处理六个步骤。

（　　）15. 常用的退磁方法有交流退磁法、直流退磁法和脉冲电流退磁法。

（　　）16. 渗透检测法包括着色渗透检测和荧光渗透检测。

（　　）17. 适用于所有渗透检测方法的一条基本原则是在黑光灯照射下显示才发光。

（　　）18. 渗透检测法适用于探查各种表面缺陷。

（　　）19. 显像剂的作用是将缺陷内的渗透液吸附到试样表面，并提供与渗透液形成强烈对比的衬托背景。

（　　）20. 渗透液是一种含有着色染料或荧光染料且具有很强的渗透能力的溶液。

（　　）21. 渗透检测中，用来除去被检工件表面多余渗透液的溶剂称为去除剂。

（　　）22. 渗透检测不会对环境造成污染。

四、问答题

1. 常用的致密性检测方法有哪些？

2. 简述水压试验的过程。

3. 水压试验时试验压力应怎样选定？

4. 焊缝透照方式分为几种？

5. 各类焊接缺陷在底片上反映的主要特征是什么？

6. GB/T3323—2005 是按什么原则来分的？哪一级要求最高？

7. 什么是耦合剂？耦合剂的作用是什么？

8. 焊缝超声波检测中，为什么常采用横波检测？

9. 磁粉检测有哪些优缺点？

10. 影响漏磁场的因素有哪些？如何影响？

11. 什么是湿粉法和干粉法？请说一说其各自的优点和局限性。

12. 为什么要退磁？

13. 渗透检测的基本原理是什么？

14. 简述渗透检测的适用范围。

15. 简述常用的渗透检测方法的分类。

16. 渗透检测的主要步骤是什么？

部分《综合练习》答案

第一章

一、选择题

1. c　2. b　3. b　4. d　5. d

二、判断题

1. √　2. ×　3. ×　4. √　5. √　6. ×　7. √　8. √　9. √　10. ×

第二章

二、选择题（多项）

1. a，b，c　2. a，b，d　3. a，c，d　4. a，c，d　5. a，b，c，d　6. b，d

7. a，b，c，d　8. a，b，c，d，e

三、判断题

1. √　2. ×　3. √　4. √　5. √　6. √　7. √　8. √　9. ×　10. ×

第三章

二、选择题

1. c　2. a.　3. c　4. d　5. d　6. c　7. c　8. c　9. c　10. b

三、判断题

1. ×　2. √　3. √　4. ×　5. √　6. √　7. √　8. ×　9. ×　10. √

第四章

一、选择题

1. a　2. b　3. d　4. d　5. a　6. c　7. b　8. c　9. d　10. a

二、判断题

1. √　2. √　3. ×　4. √　5. √　6. ×　7. √

第五章

一、选择题

1. c　2. a　3. a　4. b　5. a　6. d　7. a　8. c　9. b　10. c

二、判断题

1. × 　2. √ 　3. × 　4. √ 　5. × 　6. × 　7. √ 　8. √

第六章

一、选择题

1. d 　2. a 　3. d 　4. d 　5. d 　6. d 　7. c 　8. d 　9. c 　10. d 　11. a 　12. b

二、判断题

1. × 　2. √ 　3. √ 　4. √ 　5. × 　6. √ 　7. √ 　8. × 　9. √ 　10. √ 　11. ×

12. √ 　13. √

第七章

一、选择题

1. b 　2. b 　3. d 　4. a 　5. c 　6. a 　7. b 　8. d 　9. b 　10. d 　11. b 　12. d 　13. b

14. d 　15. d 　16. b 　17. b 　18. a 　19. c 　20. a 　21. a 　22. a 　23. d 　24. d 　25. a

26. d

二、判断题

1. × 　2. √ 　3. × 　4. × 　5. √ 　6. √ 　7. × 　8. × 　9. × 　10. × 　11. √ 　12. ×

13. √ 　14. √ 　15. × 　16. √ 　17. × 　18. × 　19. √ 　20. √ 　21. √ 　22. ×

参 考 文 献

[1] 英若采. 熔焊原理及金属材料焊接. 北京：机械工业出版社，2006.

[2] 宋金虎. 焊接方法与设备. 大连：大连理工大学出版社，2010.

[3] 陈祝年. 焊接工程师手册. 北京：机械工业出版社，2002.

[4] 雷世明. 焊接方法与设备. 北京：机械工业出版社，2007.

[5] 邓洪军. 金属材料焊接. 北京：机械工业出版社，2009.

[6] 李凤银. 金属熔焊基础与材料焊接课 [EB]. http://baike.baidu.com/view/4642753.htm，2009，10，20/2013，06，20.

[7] 马世辉. 焊接结构生产 [M]. 北京：北京理工大学出版社，2012.

[8] 王云鹏，戴建树. 焊接结构生产 [M]. 北京：机械工业出版社，1999.

[9] 朱小兵，张祥生. 焊接结构制造工艺及实施 [M]. 北京：机械工业出版社，2010.

[10] 叶琦，焊接技术 [M]. 北京：化学工业出版社，2012.

[11] 机械工业部统编. 初级电焊工工艺学 [M]. 北京：机械工业出版社，1999.